"十三五"职业教育规划教材

数控车削编程与加工项目教程

耿国卿　主编
米广杰　辛太宇　副主编

化学工业出版社
·北京·

本书内容包括数控车床基础知识及基本操作、简单轴类零件加工、复杂轴类零件加工、螺纹加工、盘套类零件加工、非圆曲面零件加工、综合零件加工，以及华中数控系统编程简介和数控车床系统的数据备份与恢复。采用项目教学法将数控车床的基本操作、编程方法与编程技巧、数控车削加工工艺有机结合起来，重点培养学生的数控车床编程与加工技能和综合运用能力。书中保留了编程指令的相对完整性和系统性，以方便学生对编程基本方法的学习和编程能力的提高。书中许多内容是作者结合多年的实践经验和研究写成的，具有一定的实用性和生产指导价值。

本书可作为高职高专院校、成人高校的机电专业、数控专业以及模具专业的教学用书，也可作为中等职业学校教材和技术工人的培训教材，还可供机械制造业有关工程技术人员参考。

图书在版编目（CIP）数据

数控车削编程与加工项目教程/耿国卿主编. —北京：化学工业出版社，2016.1（2018.2重印）
“十三五”职业教育规划教材
ISBN 978-7-122-25705-5

Ⅰ.①数… Ⅱ.①耿… Ⅲ.①数控机床-车床-车削-程序设计-高等职业教育-教材②数控机床-车床-车削-加工工艺-高等职业教育-教材 Ⅳ.①TG519.1

中国版本图书馆CIP数据核字（2015）第282205号

责任编辑：韩庆利　　文字编辑：张燕文
责任校对：王　静　　装帧设计：刘丽华

出版发行：化学工业出版社（北京市东城区青年湖南街13号　邮政编码100011）
印　　刷：三河市航远印刷有限公司
装　　订：三河市瞰发装订厂
787mm×1092mm　1/16　印张14¼　字数380千字　2018年2月北京第1版第2次印刷

购书咨询：010-64518888（传真：010-64519686）　售后服务：010-64518899
网　　址：http://www.cip.com.cn
凡购买本书，如有缺损质量问题，本社销售中心负责调换。

定　　价：29.80元

前 言 FOREWORD

本书是根据教育部关于职业教育教学改革的意见，依据有关国家职业标准，以培养职业能力为本位，适应数控技术人才市场需求，紧密结合生产实际，并注意及时跟踪先进技术的发展，融合多年的教学成果和实践经验编写的。

本书以FANUC系统为基础，以工作过程为导向，以典型工作任务为载体，以培养数控加工职业能力为核心，采用项目教学法将数控车床的基本操作、编程方法与编程技巧、数控车削加工工艺有机结合起来，重点培养学生的数控车床编程与加工技能和综合运用能力。全书包括1个项目准备和简单轴类零件加工、复杂轴类零件加工、螺纹加工、盘套类零件加工、非圆曲面零件加工、综合零件加工6个项目，以及华中数控系统编程简介和数控系统的数据备份与恢复2个附录。书中保留了编程指令的相对完整性和系统性，以方便学生对编程基本方法的学习和编程能力的提高。

书中每个项目内容包括知识准备、指令学习和典型工作任务。在教材编写结构上采用“由浅入深”、“由易到难”的原则；在教学方法上，知识准备内容是完成工作任务所需要的工艺知识，以学生自学为主，培养学生的自学能力；指令学习是完成工作任务的技术手段，培养学生的编程能力，在教师的指导下学习；典型工作任务是重点培养学生完成一个完整工作任务所需要的分析能力、编程能力以及加工工艺知识的综合运用能力。书中许多内容是作者结合多年的实践经验和研究写成的，具有一定的实用性和生产指导价值。

本书由泰山职业技术学院耿国卿任主编，米广杰、辛太宇任副主编，参加编写的人员还有孙涛、舒敏、李科、牛化武、李文峰、程春艳、杨欣峰、张群英。

本书配套电子课件，可赠送给用书的院校和老师，如果需要，可登录www.cipedu.com.cn下载。

本书不足之处，敬请读者批评指正。

编　者

目 录 CONTENTS

项目准备 数控车床基础知识及基本操作 …… 1
0.1 认识数控车床 …… 1
0.1.1 数控机床的产生和发展 …… 1
0.1.2 数控机床的特点 …… 2
0.1.3 数控车床的分类 …… 3
0.1.4 数控车床的结构及组成 …… 6
0.2 数控机床坐标系 …… 7
0.2.1 机床坐标系 …… 7
0.2.2 工件坐标系 …… 9
0.3 数控车床基本操作 …… 9
0.3.1 数控车床操作面板 …… 9
0.3.2 数控车床安全操作规程 …… 12
0.3.3 数控车床基本操作 …… 13
0.4 数控车床对刀 …… 17
0.4.1 试切法对刀 …… 18
0.4.2 设置刀具补偿参数 …… 22
0.5 工件的装夹 …… 23
0.6 数控车刀的型号及安装 …… 26
0.6.1 刀具的基本知识 …… 26
0.6.2 刀具的材料 …… 28
0.6.3 车刀的种类和型号 …… 29
0.6.4 常用外圆车刀及安装 …… 32
0.7 数控车削基本知识 …… 33
0.7.1 轴类零件常用材料及热处理 …… 33
0.7.2 加工余量及切削用量的选择 …… 34
0.7.3 数值处理 …… 37
0.7.4 切削液的合理选用 …… 38
0.8 轴类工件的测量 …… 38
练习题 …… 41
项目1 简单轴类零件加工 …… 43
1.1 知识准备 …… 43
1.1.1 数控程序的结构 …… 43
1.1.2 数控系统的功能指令 …… 44
1.1.3 数控编程的特点 …… 47
1.2 指令学习 …… 47
1.2.1 插补功能指令 G01/G02/G03 …… 47
1.2.2 固定循环指令 G90/G94 …… 52
1.3 典型工作任务 …… 57
1.3.1 短轴加工 …… 57
1.3.2 销轴加工 …… 59
1.3.3 中间轴加工 …… 60
1.3.4 长轴加工 …… 64
1.3.5 外沟槽零件加工 …… 67

练习题 …… 70
项目 2　复杂轴类零件加工 …… 73
2.1　知识准备 …… 73
2.1.1　数控加工工艺路线的设计 …… 73
2.1.2　数控加工工艺原则 …… 74
2.2　指令学习 …… 74
2.2.1　恒线速度功能 G96 …… 74
2.2.2　刀尖圆弧半径补偿指令 G41/G42/G40 …… 77
2.2.3　复合循环指令 G70/G71/G72/G73/G75 …… 80
2.2.4　子程序指令 M98/M99 …… 85
2.3　典型工作任务 …… 87
2.3.1　短轴加工 …… 87
2.3.2　锥轴加工 …… 89
2.3.3　锥体零件加工 …… 90
2.3.4　心轴加工 …… 92
2.3.5　球形轴加工 …… 95
练习题 …… 97
项目 3　螺纹加工 …… 100
3.1　知识准备 …… 100
3.1.1　螺纹车削加工方法 …… 100
3.1.2　螺纹的测量 …… 102
3.1.3　普通螺纹参数 …… 104
3.1.4　普通螺纹车刀的几何参数与装夹 …… 107
3.1.5　梯形螺纹加工 …… 110
3.2　指令学习 …… 115
3.2.1　螺纹插补指令 G32 …… 115
3.2.2　螺纹切削固定循环指令 G92 …… 120
3.2.3　螺纹切削复合循环指令 G76 …… 124
3.3　典型工作任务 …… 126
3.3.1　普通外螺纹轴加工 …… 126
3.3.2　普通内螺纹套加工 …… 129
3.3.3　梯形螺纹轴加工 …… 131
练习题 …… 133
项目 4　盘套类零件加工 …… 135
4.1　知识准备 …… 135
4.1.1　钻中心孔 …… 135
4.1.2　钻孔 …… 136
4.1.3　铰孔 …… 138
4.1.4　车孔 …… 139
4.1.5　薄壁零件加工 …… 140
4.2　指令学习 …… 141
4.3　典型工作任务 …… 142
4.3.1　轴套加工 …… 142
4.3.2　内外轮廓加工 …… 144
4.3.3　薄壁衬套加工 …… 146
4.3.4　端面及内沟槽加工 …… 149
练习题 …… 152

项目5　非圆曲面零件加工 …… 156
5.1　知识准备 …… 156
5.1.1　宏程序的概念 …… 156
5.1.2　宏变量 …… 157
5.1.3　运算指令 …… 158
5.1.4　转移与循环指令 …… 159
5.1.5　宏程序调用 …… 160
5.2　指令学习 …… 162
5.2.1　椭圆宏程序 …… 162
5.2.2　双曲线宏程序 …… 167
5.2.3　抛物线宏程序 …… 169
5.3　典型工作任务 …… 170
5.3.1　椭圆手柄加工 …… 170
5.3.2　双曲线轴加工 …… 173
5.3.3　抛物线轴加工 …… 175
练习题 …… 178
项目6　综合零件加工 …… 180
6.1　偏心轴加工 …… 180
6.2　梯形螺纹轴加工 …… 185
6.3　密封座加工 …… 190
6.4　配合件加工 …… 194
练习题 …… 198
附录 …… 204
附录A　华中数控系统编程简介 …… 204
附录B　数控系统的数据备份与恢复 …… 216
参考文献 …… 221

项目准备 数控车床基础知识及基本操作

0.1 认识数控车床

0.1.1 数控机床的产生和发展

数字控制（Numerical Control，简称 NC）技术，是用数字化的信息对某一对象进行自动控制的技术。采用数控技术的控制系统称为数控系统。采用通用计算机硬件结构，用控制软件来实现数控功能的数控系统，称为计算机数控（CNC）系统。

数控机床（Numerical Control Machine Tool）是指采用了数字控制技术的机床，它通过数字化的信息对机床的运动及其加工过程进行控制，实现要求的机械动作，自动完成加工任务。数控机床是典型的技术密集且自动化程度很高的机电一体化加工设备。

随着科学技术的不断发展，机械产品日趋精密、复杂，改型也日益频繁，对机床的性能、精度、自动化程度等提出了越来越高的要求。尤其是在航空航天、造船、军工和计算机等工业中，零件精度高、形状复杂、批量小、品种多、加工困难、劳动强度大，传统的机械加工方法已难以保证质量及零件的同一性。为解决这一系列的问题，1952 年，美国帕森斯公司和麻省理工学院研制成功了世界上第一台数控铣床，用它来加工直升机叶片轮廓检查用样板。这台数控机床被称为世界上第一台数控机床，其控制器采用电子管，并成功实现了三轴联动的控制。1954 年 11 月，在帕森斯专利的基础上，第一台工业用数控机床由美国本笛克斯公司（Bendix Corporation）生产出来。1958 年美国的 KEANEY&TRECKER 公司在世界上首先研制成功了带有自动换刀装置的加工中心。

半个世纪以来，数控技术得到了迅猛的发展，加工精度和生产效率不断提高。数控机床的发展至今已经历了两个阶段和六个时代。

（1）数控（NC）阶段（1952～1970 年）

早期的计算机运算速度低，不能适应机床实时控制的要求，人们只好用数字逻辑电路“搭”成一台机床专用计算机作为数控系统，这就是硬件连接数控，简称数控（NC）。随着电子元器件的发展，这个阶段经历了三代，即 1952 年的第一代——电子管数控机床，1959 年的第二代——晶体管数控机床，1965 年的第三代——小规模集成电路数控机床。

（2）计算机数控（CNC）阶段（1970 年至今）

1970 年，通用小型计算机已出现并投入成批生产，人们将它移植过来作为数控系统的核心部件，从此进入计算机数控阶段。这个阶段也经历了三代，即 1970 年的第四代——小型计算机数控机床（CNC），1974 年的第五代——微型计算机数控系统（MNC），1990 年的第六代——基于 PC 的数控机床（PC-BASED）。

前三代数控装置属于采用专用控制计算机的硬件数控装置，一般称为 NC 数控装置，早已淘汰；1970 年以后的小型计算机或微型计算机取代硬件控制计算机，许多控制可以用专门编制程序实现，于是被称为软件控制系统。目前，数控系统均采用第五代以上数控系统，现在大部分教科书中将现代数控系统称为 CNC。

20 世纪 80 年代初，国际上又出现了柔性制造系统（Flexible Manufacturing System，FMS），它是由一个物料运输系统将所有的数控设备连接起来形成的数控制造系统，其中的设备不限于切削加工设备，也可以是电加工、激光加工、热处理、冲压剪切设备以及装配、检验等设备。柔性制造系统由中央计算机集中控制，可以实现无固定加工顺序的随机自动制造。它是实现计算机集成制造系统的重要基础。

计算机集成制造系统（Computer Integrated Manufacturing System，CIMS）是采用现代计算机技术，将计算机辅助设计（Computer Aided Design，CAD）、计算机辅助制造（Computer Aided Manufacturing，CAM）、计算机辅助管理（Computer Aided Management）集成在一起，将制造工厂全部生产活动所需要的各种分散的自动化系统有机地集成起来，将制造过程中的物料流和信息流组成一个协调平衡的运动系统，实现总体的优化来适应市场竞争的需要。

0.1.2 数控机床的特点

随着微电子技术和计算机技术的不断发展，数控技术也随之不断更新，发展非常迅速，几乎每 5 年更新换代一次，其在制造领域的加工优势逐渐体现出来。

（1）适应性强，具有高柔性

适应性即柔性，是指数控机床随生产对象变化而变化的适应能力。在数控机床上改变加工零件时，只需重新编制程序，输入新的程序后就能实现对新的零件的加工，而不需改变机械部分和控制部分的硬件，且生产过程是自动完成的。这就为复杂结构零件的单件、小批量生产以及试制新产品提供了极大的方便。适应性强是数控机床最突出的优点，也是数控机床得以生产和迅速发展的主要原因。

（2）能实现复杂运动

数控机床几乎可以实现任意轨迹的运动和任何形状的空间曲面的加工。如用普通机床难以加工的螺旋桨、气轮机叶片等空间曲面，都可以用数控机床完成加工。

（3）加工精度高，产品质量稳定

数控机床是按数字形式给出的指令进行加工的，一般情况下工作过程不需要人工干预，这就消除了操作者人为产生的误差。在设计制造数控机床时，采取了许多措施，使数控机床的机械部分达到了较高的精度和刚度。数控机床工作台的移动当量普遍达到了 0.01～0.0001mm，而且进给传动链的反向间隙与丝杠螺距误差等均可由数控装置进行补偿，高档数控机床采用光栅尺进行工作台移动的闭环控制。数控机床的加工精度由过去的±0.01mm 提高到±0.005mm 甚至更高。定位精度 20 世纪 90 年代初中期已达到±0.002～±0.005mm。此外，数控机床的传动系统与机床结构都具有很高的刚度和热稳定性。通过补偿技术，数控机床可获得比本身精度更高的加工精度。尤其提高了同一批零件生产的一致性，产品合格率高，加工质量稳定。

（4）自动化程度高，劳动强度低（改善劳动条件）

数控机床加工前经调整后，输入程序并启动，就能自动连续地进行加工，直至加工结束。操作者主要是进行程序的输入、编辑、装卸零件、刀具准备、加工状态的观测、零件的检验等工作，劳动强度极大降低，机床操作者的劳动趋于智力型工作。另外，机床一般是封闭式加工，既清洁又安全。

(5) 生产效率高，减少辅助时间和机动时间

零件加工所需的时间主要包括机动时间和辅助时间两部分。数控机床主轴的转速和进给量的变化范围比普通机床大，因此数控机床每一道工序都可选用最有利的切削用量。由于数控机床结构刚性好，因此允许进行大切削用量的强力切削，这就提高了数控机床的切削效率，节省了机动时间。数控机床的移动部件空行程运动速度快，工件装夹时间短，刀具可自动更换，辅助时间比一般机床大为减少。

数控机床更换被加工零件时几乎不需要重新调整机床，节省了零件安装调整时间。数控机床加工质量稳定，一般只进行首件检验和工序间关键尺寸的抽样检验，因此节省了停机检验时间。在加工中心机床上加工时，一台机床实现了多道工序的连续加工，生产效率的提高更为显著。

(6) 具有良好的经济效益

数控机床虽然设备昂贵，加工时分摊到每个零件上的设备折旧费较高。但在单件、小批量生产的情况下，使用数控机床加工可节省划线工时，减少调整、加工和检验时间，节省直接生产费用。数控机床加工零件一般不需制作专用夹具，节省了工艺装备费用。数控机床加工精度稳定，减少了废品率，使生产成本进一步下降。此外，数控机床可实现一机多用，节省了厂房面积和建厂投资。因此使用数控机床可获得良好的经济效益。

(7) 有利于生产管理的现代化

数控机床使用数字信息与标准代码处理、传递信息，特别是在数控机床上使用计算机控制，为计算机辅助设计、制造以及管理一体化奠定了基础。

0.1.3 数控车床的分类

数控车床能够自动完成轴类、盘套类零件的内外圆面、圆锥面、圆弧面、螺纹等切削加工，并能进行切槽、钻、扩、铰孔等加工。数控车床品种繁多，规格不一，可按如下方法进行分类。

(1) 按数控车床的结构分类

按数控车床的主轴位置结构可分为卧式数控车床和立式数控车床。

① 卧式数控车床　主轴轴线为水平位置的数控车床为卧式数控车床。卧式数控车床又分为水平式床身数控车床和倾斜式床身数控车床。

a. 水平式床身数控车床　目前国内大部分经济型数控车床都采用这种形式，它与传统的普通车床床身形式接近。水平式床身数控车床在刀架配置方面大部分为前置式四工位自动转位刀架，如图 0-1 所示。

图 0-1　水平式床身数控车床

图 0-2　倾斜式床身数控车床

b. 倾斜式床身数控车床　一般为全功能型。其床身一般有倾斜 45°和 60°两种。其倾斜床身结构可以使车床具有更大的刚性，并易于排除切屑。全功能数控车床具有高精度、高效率、高柔性化等综合特点，适合中小批量形状复杂零件的多品种、多规格生产。倾斜式床身数控车床刀架一般为后置式多工位转塔式自动转位刀架，如图 0-2 所示。

② 立式数控车床　轴线垂直于水平面，一个直径很大的圆形工作台，用来装夹工件。它有单立柱和双立柱两种。这类机床主要用于加工径向尺寸大、轴向尺寸相对较小的大型盘类零件，如图 0-3 所示。

图 0-3　立式数控车床

（2）按数控车床的功能分类

按数控车床的功能可分为经济型数控车床、全功能型数控车床、车削加工中心。

① 经济型数控车床　是对普通车床进行改造后形成的简易型数控车床，成本较低，但自动化程度和功能都比较差，车削加工精度也不高，适用于要求不高的回转类零件的车削加工。

② 全功能型数控车床　又称标准型数控车床，是根据车削加工要求在结构上进行专门设计并配备通用数控系统而形成的数控车床，其数控系统功能强，自动化程度和加工精度也比较高，适用于一般回转类零件的车削加工。

③ 车削加工中心　是在全功能型数控车床基础上发展起来的一种复合加工机床。一般来说，车削加工中心具有以下三个特征：其一是采用动力刀架；其二是具有 C 轴功能；其三是刀架容量大，更高级的机床还带有刀库。除了具有一般两轴联动数控车床的各种车削功能外，车削中心的转塔刀架上有能使刀具旋转的动力刀座，主轴具有按轮廓成形要求连续（不等速回转）运动和进行连续精确分度的 C 轴功能，可以三轴三联动。控制轴除 X、Z、C 轴之外，还可具有 Y 轴。由于增加了 C 轴和铣削动力头，这种数控车床的加工功能大大增强，除可以进行一般车削外，还可以进行径向和轴向铣削、曲面铣削、中心线不在零件回转中心的孔和径向孔的钻削等加工，如图 0-4 所示。

图 0-4　车削加工中心

④ 车铣复合加工中心　是一种在车削加工中心基础上发展起来的、控制轴数更多、复合加工功能更强大的先进的复合加工机床，典型的如五轴车铣复合加工中心。

五轴车铣复合加工中心以车削功能为主，并集成了铣削和镗削等功能，至少具有三个直线进给轴和两个圆周进给轴，且配有自动换刀系统。

这种车铣复合加工中心是在三轴车削中心基础上发展起来的，相当于一台车削加工中心和一台铣削加工中心的复合。因此，可以在一台车铣复合加工中心上经过一次装夹，完成全部车、铣、钻、镗、攻螺纹等加工，通过多轴联动可以加工复杂形状的异形零件，如叶轮等。通过增加特殊功能模块，实现更多工序集成，如将齿轮加工、内外磨削加工、深孔加工、型腔加工、激光淬火、在线测量等功能集成到车铣复合加工中心上，真正做到所有复杂零件的完整加工。车铣复合加工中心工艺范围之广和能力之强，已成为当今复合加工机床的佼佼者，是世界范围内最先进的机械加工设备之一，如图 0-5 所示。

（3）按伺服系统的控制方式分类

数控车床按伺服系统的控制方式可分为开环控制数控车床、半闭环控制数控车床、闭环控制数控车床。

图 0-5　车铣复合加工中心

① 开环伺服控制系统　是指不带位置检测反馈装置的控制系统，由步进电机驱动线路和步进电机组成。数控装置经过控制运算发出脉冲信号，每一脉冲信号使步进电机转动一定的角度，通过滚珠丝杠推动工作台移动一定的距离。信号流是单向的（数控装置→进给系统），故系统稳定性好，如图 0-6 所示。

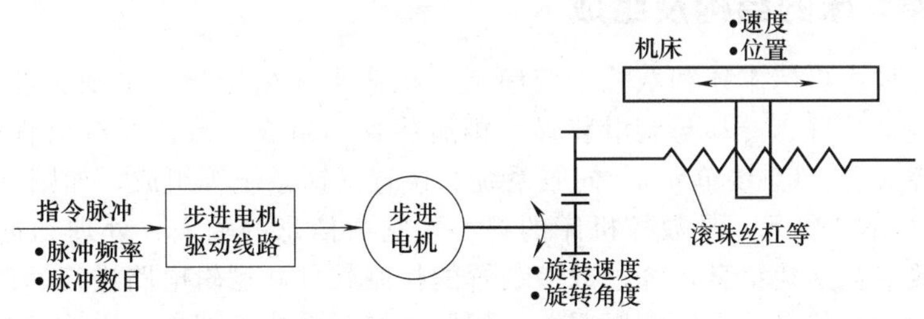

图 0-6　开环伺服系统

② 闭环伺服控制系统　是在机床移动部件位置上直接装有直线位置检测装置，将检测到的实际位移反馈到数控装置的比较器中，与输入的原指令位移值进行比较，用比较后的差值控制移动部件进行补充位移，直到差值消除时才停止，达到精确定位的控制系统，能得到更高的速度、精度和驱动功率，如图 0-7 所示。

闭环控制系统的定位精度高于半闭环控制，但结构比较复杂，调试维修的难度较大，常用于高精度和大型数控机床。

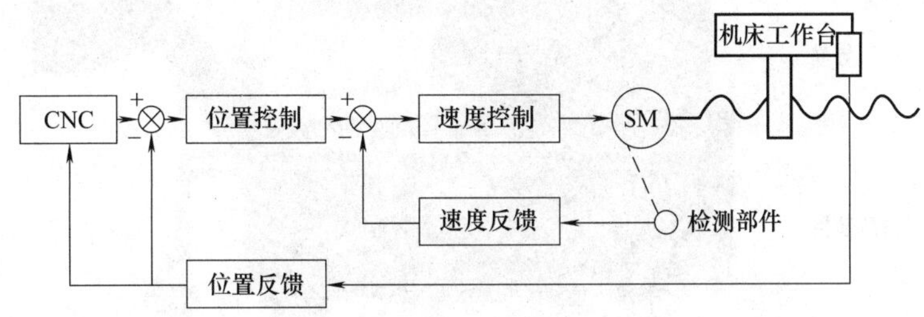

图 0-7　闭环伺服系统

③ 半闭环伺服控制系统　是在开环控制系统的伺服机构中装有角位移检测装置，通过检测伺服机构的滚珠丝杠转角间接检测移动部件的位移，然后反馈到数控装置的比较器中，

与输入原指令位移值进行比较，用比较后的差值进行控制，使移动部件补充位移，直到差值消除为止的控制系统。系统的位置采样点是从伺服电机或丝杠的端部引出，采样旋转角度进行检测，不是直接检测最终运动部件的实际位置，如图 0-8 所示。

半闭环环路内不包括或只包括少量机械传动环节，因此可获得稳定的控制性能，其系统的稳定性虽不如开环系统，但比闭环要好，其精度较闭环差，较开环好，但可对这类误差进行补偿，因而仍可获得满意的精度。半闭环伺服系统结构简单、调试方便、精度较高，因而在现代 CNC 机床中得到了广泛应用。

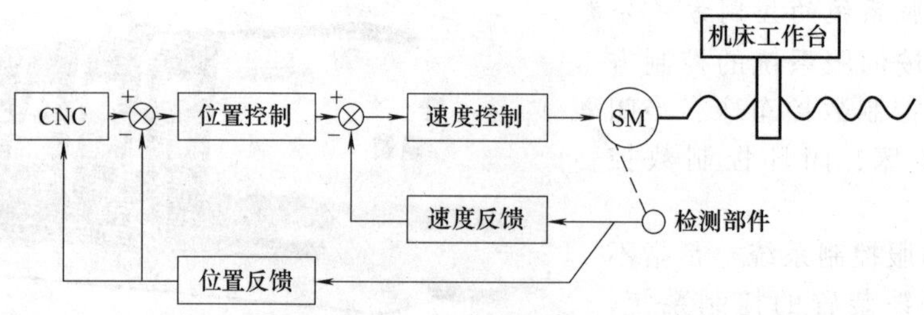

图 0-8 半闭环伺服系统

数控车床的分类方法还有很多，如按特殊或专门工艺性能可分为螺纹数控车床、活塞数控车床、曲轴数控车床等。

0.1.4 数控车床的结构及组成

数控车床主要由机床本体和数控系统组成。机床本体由床身、主轴、进给装置、导轨、刀架、液压与气动装置、冷却与润滑装置、排屑装置等组成。数控系统由程序载体、输入/输出装置、数控装置（CNC 单元）、伺服系统、位置反馈系统等组成，如图 0-9 所示。

数控装置（CNC 单元）是数控机床的核心，它由信息的输入、处理和输出三个部分组成。数控装置接受数字化信息，经过数控装置的控制软件和逻辑电路进行译码、插补、逻辑处理后，将各种指令信息输出给伺服系统，伺服系统驱动执行部件作进给运动。

当前，在数控车床上使用的主流系统有 FANUC（法那科）、SIEMENS（西门子）、三

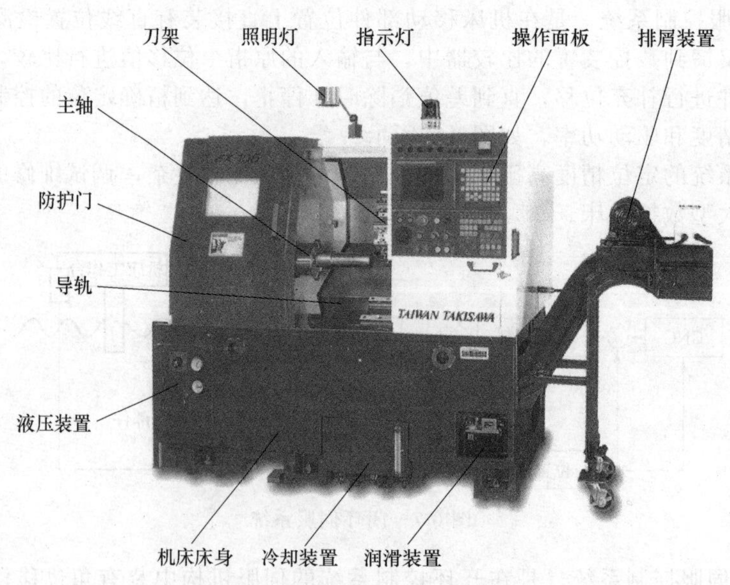

图 0-9 数控车床的结构及组成

菱、广数、华中等。这些数控系统的编程方法及编程格式基本类似，本书以 FANUC 0i-T 数控系统的规范进行编程。

0.2 数控机床坐标系

0.2.1 机床坐标系

(1) 机床坐标系

在数控机床上，机床的动作是由数控装置控制的，为了确定机床的成形运动和辅助运动，必须先确定机床上运动的方向和运动的距离，这就需要一个坐标系才能实现，这个坐标系就称为机床坐标系。

机床坐标系中 X、Y、Z 轴的关系，采用右手笛卡尔直角坐标系，如图 0-10 所示。用右手拇指、食指和中指分别代表 X、Y、Z 轴，三个手指互相垂直，所指方向分别为 X、Y、Z 的正方向。围绕 X、Y、Z 轴的回转运动分别用 A、B、C 表示，其正方向用右手螺旋定则确定。与＋X、＋Y、＋Z、＋A、＋B、＋C 相反的方向分别用＋X′、＋Y′、＋Z′、＋A′、＋B′、＋C′表示。

(2) 运动方向的确定

确定机床坐标轴时，一般是先确定 Z 轴，再确定 X 轴，最后确定 Y 轴。机床的某一运动部件的运动正方向规定为增大工件与刀具之间距离的方向。即刀具远离工件为正方向，反之为负方向。

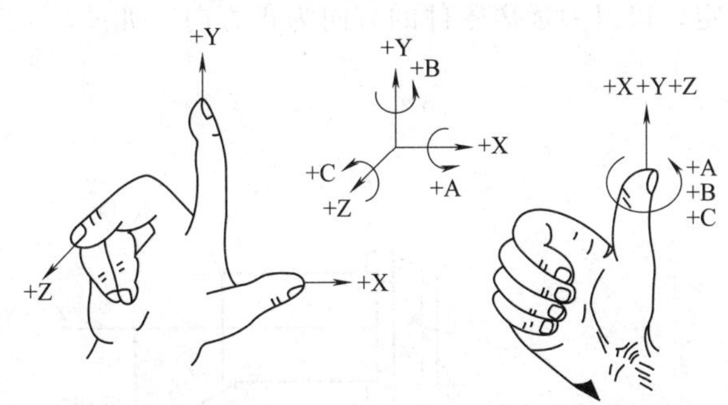

图 0-10 右手笛卡尔直角坐标系与右手螺旋定则

数控机床的进给运动，有的是由主轴带动刀具运动来实现的（如立式数控铣床 Z 轴），有的是由工作台带动工件运动来实现的（如立式数控铣床 X、Y 轴）。数控车床由主轴带动工件旋转，刀架带动车刀作进给运动。因此，标准规定假定工件不动，刀具相对静止的工件而运动。这一原则使编程人员在编写程序时不必考虑是刀具移向工件，还是工件移向刀具，而永远假定工件是静止的，刀具相对静止的工件而运动。

① Z 轴坐标的运动 一般取产生切削力的轴线即主轴轴线为 Z 轴。主轴带动工件旋转的机床有车床等。主轴带动刀具旋转的机床有铣床等。当机床有几个主轴时，选择一个垂直于工件装夹面的主轴为 Z 轴，如龙门轮廓铣床。当机床无主轴时，选择与装夹工件的工作台面相垂直的直线为 Z 轴。Z 轴的正方向是增大刀具和工件之间距离的方向。

② X 轴坐标的运动 X 轴一般位于平行于工件装夹面的水平面内，是刀具或工件定位平面内运动的主要坐标。在没有主轴的机床上（如刨床），X 轴坐标平行于主要切削方向，以该方向为正方向。对于工件作回转切削运动的机床（如车床），在水平面内取垂直于工件回转轴线（Z 轴）的方向为 X 轴，刀具远离工件的方向为正方向。

③ Y 轴坐标的运动 Y 轴正方向，根据 X、Z 轴的运动，按照右手笛卡尔直角坐标系来确定。

水平床身数控车床和倾斜床身数控车床的坐标轴及其方向如图 0-11 所示。

(3) 机床原点

以机床原点（也称机械零点）为坐标原点建立起来的直角坐标系称为机床坐标系。机床坐标系是机床固有的，对于具体机床来说，在经过设计制造调整后，这个原点便被确定下

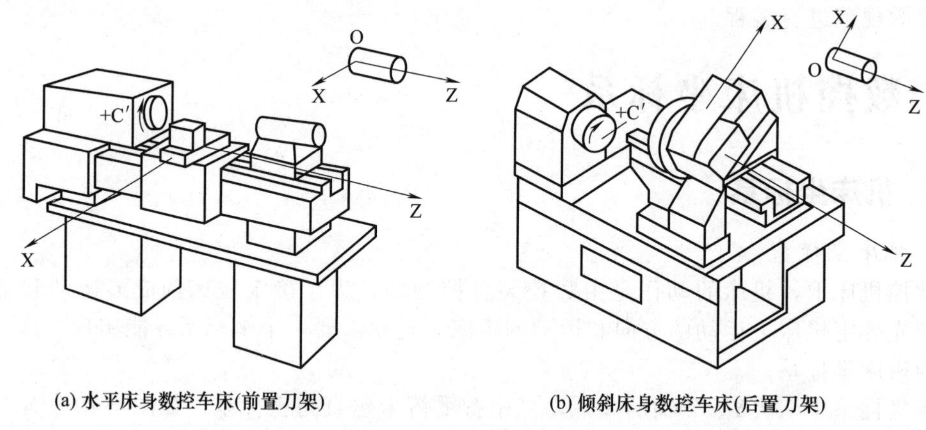

(a) 水平床身数控车床(前置刀架)　　(b) 倾斜床身数控车床(后置刀架)

图 0-11　数控车床坐标轴及其方向

来，它是机床上的固定点。数控机床的机床原点各厂家不一致，数控车床的原点一般是设在卡盘端面与主轴的中心线上，也有的设在 X、Z 轴的极限位置处。按右手笛卡尔直角坐标系规定，以刀尖远离零件的方向为正方向，如图 0-12 所示。

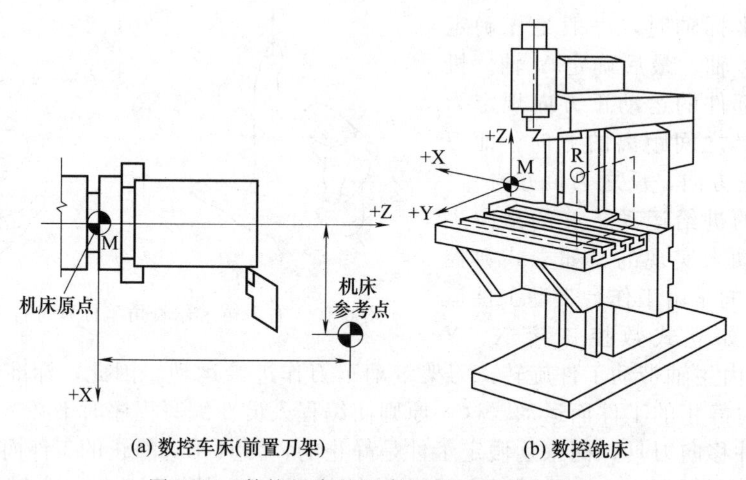

(a) 数控车床(前置刀架)　　(b) 数控铣床

图 0-12　数控机床的机床原点与机床参考点

(4) 机床参考点

为了正确建立机床坐标系，通常设置一个参考点作为测量起点，该点就是机床的参考点。机床参考点是由机床制造厂在机床装配、调试时确定的一个固定不变的点。机床参考点是硬件点，其位置是由机床制造厂家在每个进给轴行程的正极限位置处用限位开关精确调整好的，一般通过减速行程开关粗定位而由零位脉冲精确定位找到机床参考点。机床参考点可以和机床原点重合，如图 0-13（a）所示；也可以不重合，如图 0-13（b）所示。当机床参考点和机床原点重合时，回参考点的操作也称回零。

当机床开机后，应首先回参考点（或称回零）以便建立机床坐标系。目前，大多数数控机床均采用增量式编码器来作位置反馈元件，由于不是绝对式，在机床处于断电状态时 CNC 系统会失去对机械坐标系值的记忆。因此，每次开机必须重新回参考点，如果没有回参考点操作，机床会产生意想不到的运动而发生危险。回参考点后，刀具就在机床坐标系中有了一个确定的坐标位置。对于 FANUC 系统的机床，除每次开机手动返回参考点外，在

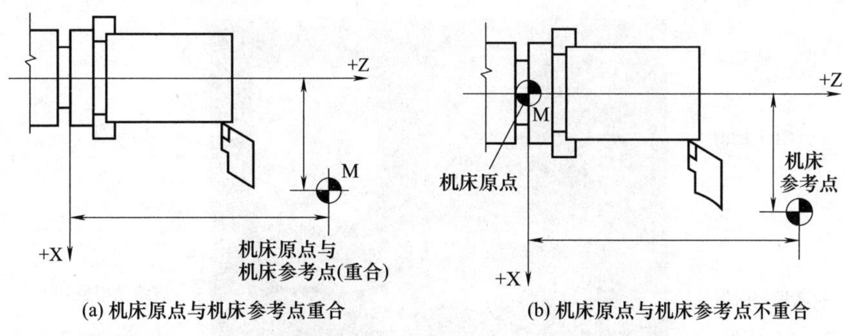

图 0-13　数控车床的机床原点与机床参考点（前置刀架）

机床工作过程中如出现按下紧急停止按钮或超程等操作，都必须重新操作回参考点一次。

对于使用伺服电机带有记忆功能绝对编码器的数控机床，已设定的参考点当电源关断时也能记忆机械位置，当系统上电后，机械坐标系自动建立，因此不需要回参考点。

0.2.2 工件坐标系

在数控编程的过程中，编程人员选择工件上的某一已知点为工件坐标系原点，建立一个新的坐标系，通常称为编程坐标系或工件坐标系。工件坐标系坐标轴的名称和方向应与所选用机床的坐标系坐标轴的名称和方向一致，坐标系的原点由编程人员根据工件的结构特点来选定。

为了方便，数控车床工件坐标系原点一般设在工件右端面的轴心上，它通过对刀来实现。工件直径方向为 X 轴，工件轴线方向为 Z 轴，刀具远离工件的方向为正方向，如图0-14所示。

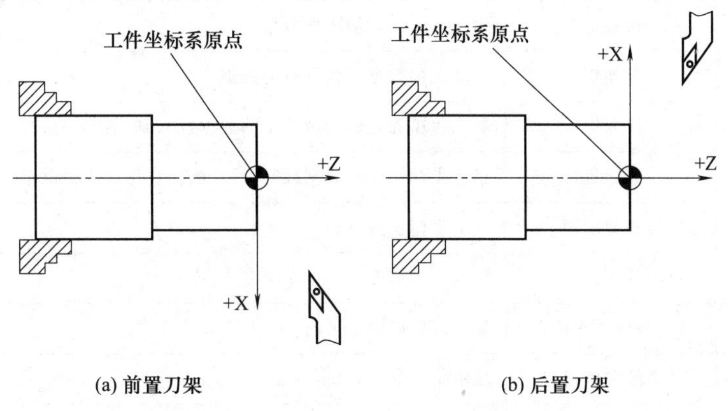

图 0-14　数控车床工件坐标系

0.3 数控车床基本操作

0.3.1 数控车床操作面板

FANUC 0i Mate-TC 系统数控车床操作面板由显示屏、MDI 键盘、机床控制面板等组成，如图 0-15 所示。控制面板上各功能键功用见表 0-1、表 0-2。

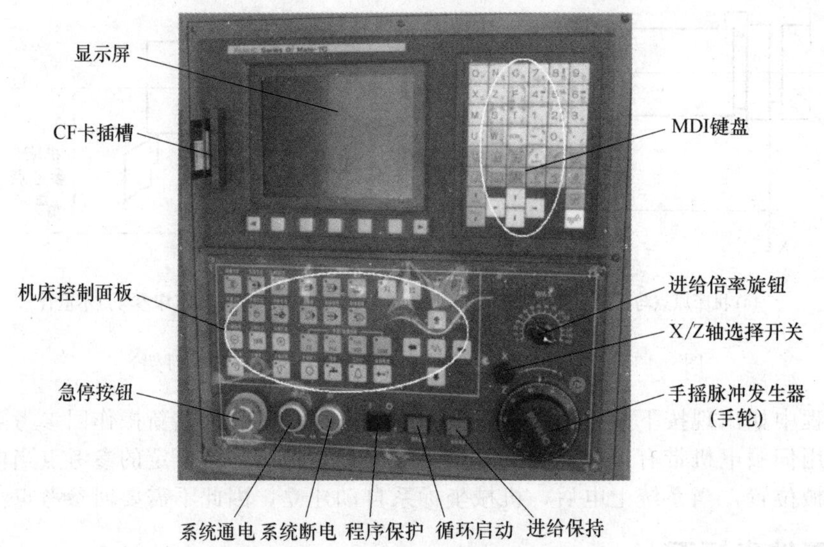

图 0-15　数控车床操作面板

表 0-1　MDI 键盘功能键的主要作用

按键	名称	功能说明
RESET	复位键	在自动方式下中止当前加工程序或取消报警
HELP	帮助键	显示系统帮助页面
SHIFT	切换键	用于上下字母的切换
INPUT	输入键	用于编辑程序和修改参数等操作
CAN	修改键	用于消除输入域内的数据
ALTER	替换键	用输入的数据替代已有的数据
INSERT	插入键	输入程序和把输入域之中的数据插入到当前光标之后的位置
DELETE	删除键	删除光标所在的数据；删除一个数控程序或者删除全部数控程序
POS	位置显示键	显示坐标位置页面
PROG	程序键	显示程序页面
OFS/SET	参数输入页面	显示刀偏或设定页面
SYSTEM	系统参数键	显示系统参数页面
MESSAGE	报警信息键	显示报警信息
CUSTOM	图形模拟键	显示零件的轨迹图形及图形参数
← ↑ ↓ →	光标移动键	向上、下、左、右移动光标
PAGE↑ PAGE↓	翻页键	向上或向下翻页
EOB	换行键	分号“;”，用于程序段的结束或换行
	数字/字母键	输入数字或字母，上下符号用 SHIFT 键切换

表 0-2 机床控制面板上各功能键功用

功能键		名称	功能说明
方式选择键	编辑	编辑方式	可以编辑、修改、删除或传输程序
	自动	自动方式	选择好加工程序，按自动方式键，按下循环启动按钮后机床自动运行
	MDI	MDI 方式	也称手动输入方式，具有输入一个程序段并执行程序段的功能。输入的程序不能存储
	JOG	手动方式	也称手动方式，通过 X、Z 的移动按钮，可以实现各自的连续移动。速度可以通过进给倍率开关选择
	手摇	手轮方式	通过轴选开关选择 X、Z 方向，同时选择好手轮倍率，摇动手轮可实现连续或单步移动
操作选择键	单段	单段方式	单段仅对自动方式有效。每按一次循环启动按钮，执行一步程序段
	回零	回参考点	按下该键，按 X、Z 的移动按钮，进行返回机床参考点操作
主轴旋转键	正转	主轴正转	手动主轴正转
	停止	主轴停止	手动主轴停止
	反转	主轴反转	手动主轴反转
系统启停键		循环启动键	用来启动自动运行和 MDI 运行
		循环停止键	用来停止自动运行和 MDI 运行
主轴转速比调整键	主轴降速	主轴降速键	按一下，主轴修调倍率递减 5%，主轴转度可以降速到 60%
	主轴 100%	主轴正常转速	按此键主轴转度按 S 码的正常转速 100%
	主轴升速	主轴升速键	按一下，主轴修调倍率递增 5%，主轴转速可以升速到 150%
超程解除键	超程解锁	超程解除	按下此键，手摇手轮向超程的反方向移动刀架，解除超程警报
进给轴和方向选择键	-X -Z ∿ +Z +X	手动进给键	手动时用来选择机床移动的轴和方向 ∿ 为快进开关。当同时按下一个方向键和该键后，机床快速移动

功能键		名称	功能说明
进给倍率旋钮		进给倍率旋钮	用来调节手动进给的倍率，也可以用于调节程序中的F值。倍率值从0～150％
程序保护开关		程序保护开关	用钥匙开关。在“1”位置程序可以被编辑；在“0”位置程序不能被编辑
指示灯	X-回零 Z-回零 电源	电源/回零指示灯	用来表明系统是否开机和回零的情况。当系统开机后，电源灯始终亮着。当进行机床回零操作时，某轴返回零点后，该轴的指示灯亮
急停开关		急停开关	按下急停按钮时，机床立即停止运动。用于紧急情况
手轮进给倍率键	X1 X10 X100	手轮进给倍率键	用于选择手轮移动倍率键，手轮每转一格机床分别移动0.001mm、0.010mm和0.100mm
手轮		手摇脉冲发生器(手轮)	手轮顺时针转，机床往正方向移动，手轮逆时针转，机床往负方向移动
轴选开关	X Z	手轮进给X、Z轴选择开关	用于手摇进给时X、Z轴选择
系统电源开关	系统启动 系统停止	系统启动/停止	用来开启和关闭数控系统。停机前先关闭系统电源后关闭机床电源

0.3.2 数控车床安全操作规程

数控机床是一种自动化程度高、结构复杂、价格昂贵的先进加工设备。数控机床的操作者要做到文明生产，并严格执行安全操作规程，以保证操作者、维修人员的安全以及设备的安全，避免发生意外的伤害事故，也能使机床保持良好的运行状态。

(1) 安全操作注意事项

① 工作时穿好工作服、安全鞋，戴好工作帽及防护镜。不允许戴手套操作机床，不得带领带操作机床。女生戴工作帽，并将长发挽入帽内。

② 学生必须在教师的指导下操作机床。如需要多人共同完成时，应注意相互间的协调一致，防止误操作对他人或自己造成伤害。

③ 电气柜内部及操作台内部有中、高压终端，不得用手及其他导电物触摸，也不得随意打开电气柜及操作柜。不得用湿手、油手触摸电控元件、开关、按钮。

④ 不要在机床周围放置障碍物，工作空间应足够大。水和油落在地面上会滑，并带来

危险，工作场地应保持整洁，过道通畅，毛坯和零件堆放整齐。

⑤ 不允许采用压缩空气清洗机床、电气柜及 CNC 单元。

⑥ 更换保险丝时一定要切断电源，并且要用相同规格的保险丝更换。

⑦ 不要敲击、拍打电气柜及操作台，因为里面装有电气系统及控制元件，否则可能引起错误的报警和事故的发生。

⑧ 不要随意改变机床参数及电气元件的设定值。

⑨ 不要在机床旁边打闹、拥挤，防止发生事故。

⑩ 机床开动时要关好防护门，防止铁屑及工件飞出伤人。

（2）工作前的准备工作

① 检查机床电源及安全状态。把所有的防护门都关好，以防止外界物质如灰尘、铁屑等进入机床电气柜及操作台内部。

② 在机床电源接通后，每次应检查润滑泵工作是否正常，各部分冷却风扇是否正常工作。如有问题，及时维修。

③ 机床发生故障时，一般操作顺序为：按下急停按钮，关闭系统电源开关，最后关闭总电源开关。此操作顺序也适用正常情况下的停机操作。当机床发生紧急情况下按下急停按钮。

（3）工作过程中的安全注意事项

① 机床启动前，一定将工件夹紧，特别注意开机时扳手不能留在卡盘或夹头上。机床导轨及运动部件上禁止放置工件及工、量具。工、量、刃具应放于附近的安全位置，做到整齐有序。

② 机床加工过程中，不能接触运动的主轴和工件，不得将头、手伸向运动的部件，否则可能引起严重事故。

③ 禁止用手接触刀尖和铁屑或用嘴吹切屑，切屑必须要用铁钩或毛刷来清理。

④ 机床开动前，必须关好机床防护门。时刻牢记“急停按钮”的位置及电源总开关位置，并时刻准备操作它，以防发生重大事故。

⑤ 严禁使用无柄锉刀打光工件；用砂布打光工件，要用“手夹”等工具，以防绞伤。

⑥ 设置卡盘运转时，应让卡盘装夹工件，负载运转。禁止卡爪张开过大和空载运行。空载运行时容易使卡盘松懈，卡爪飞出伤人。

⑦ 车床运转中，操作者不得离开岗位，发现机床异常现象应立即停车。完成一项加工任务，暂时离开机床时，应关闭系统及机床电源。

⑧ 机床出现故障时，应立即停车和关闭机床电源，并立即报告指导教师或维修人员，勿带故障操作和擅自处理。

（4）工作完成后的注意事项

① 完成操作后，要使机床停止工作时，先按下急停按钮，然后关闭系统电源开关，最后关闭机床电源开关。

② 严禁使用化学试剂擦拭机床操作面板及 CNC 操作面板，以防止起化学反应；特别是显示屏，不得用任何化学试剂擦拭。

③ 完成工作、关闭机床后，应清洁和擦拭机床，打扫环境卫生，整理工件。

④ 如果长时间不工作，应保持 7 天给机床送一次电，使电气元件及数控系统得电运行 2～3h，以驱赶电气柜及操作台内部的潮气，以及为电池充电。

0.3.3 数控车床基本操作

（1）开机、超程解除、急停、回参考点、关机

① 开机

a. 打开机床电源开关（一般在数控机床后侧），接通机床电源。

b. 按下机床面板上的[系统启动]键，系统上电，显示屏上显示初始页面。系统进行自检查状态。

c. 旋转释放[急停]按钮，按[RESET]复位键解除报警。系统进入待机状态，可以进行操作。

【注意】

若开机后机床报警，检查急停按钮是否打开或超程。如果超程，则一直按下[超程解除]键，同时用[手摇]方式向超程相反的方向摇动刀架，并离开参考点一定距离，报警解除。

② 超程解除　在X、Z伺服轴行程的两端各有一个极限开关，作用是防止伺服机构碰撞而损坏。每当伺服机构碰到行程极限开关时，就会出现超程报警。这时机床不能进行正常操作。解除超程状态，可进行如下操作。

a. 用手一直按下[超程解除]键，选择[手摇]方式，手轮倍率选择[×100]，用轴选开关选择X轴或Z轴，向相反方向摇动手柄，使刀架离开一段距离。

b. 松开[超程解除]键，这时超程报警解除。重新进行回参考点操作。

③ 急停

a. 在数控车床的运行过程中，当遇到危险或紧急情况时迅速按下[急停]按钮，数控系统立即进入急停状态，伺服系统及主轴立即停止工作。

b. 排除故障后，旋转[急停]按钮，解除急停状态。机床重新进行回参考点操作。

④ 回参考点　机床开机后，必须首先进行回参考点操作。具有断电记忆功能绝对编码器的机床不用进行回参考点操作。

a. 按下[回零]键或[回参考点]键，然后按[+X]键，刀架向X轴正方向移动，显示屏上坐标参数显示变化。待X轴回零指示灯亮了，表明该轴已回到参考点。

b. 待X轴回零指示灯亮后，方可按下[+Z]键，刀架向Z轴正方向移动，显示屏上坐标参数显示变化。待Z轴回零指示灯亮了，表明该轴已回到参考点。

c. 回参考点后，方可进行其他操作。

【注意】

不回参考点，机床会产生意想不到的运动，发生碰撞及伤害事故。机床重开机后必须进行回参考点操作。当进行机床锁住、图形演示、机床空运行以及急停操作后，必须重回参考点操作。

为保证安全，回参考点时必须先回[+X]，再回[+Z]；如果先回[+Z]则可能导致刀架电机与尾座发生碰撞的事故。

回参考点操作前，应使刀架位于减速开关和负限位开关之间。数控机床参考点就在行程正极限位置内侧附近。如果在回参考点时，机床已经在参考点附近，则必须先手动移动机床远离参考点，再进行回参考点的操作，否则，就会引发超程报警。

⑤ 关机

a. 首先按下[急停]按钮，以减少电流对系统硬件的冲击。

b. 按下机床面板上的[系统停止]键，系统断电。

c. 关闭机床电源开关。

（2）手动、手摇操作

① 手动操作　在手动方式（JOG）中，可以使刀架连续或点动运行。

a. 按手动键，进入手动运行方式。分别按－X、＋X、－Z、＋Z键，可以使刀架按相应的方向运动。

b. 如果同时按住快进开关，分别按下－X、＋X、－Z、＋Z键，则刀架快速运动。

c. 速度可以用进给倍率旋钮来调节，倍率值从0～150%。

【注意】

在手动方式操作使刀架运动时，要时刻注意刀架的运动位置，防止与工件或尾座发生碰撞。

② 手摇操作　刀架的运动可以通过手轮来实现。在微动、对刀、移动刀架等操作中使用此功能。通过轴选开关选择X、Z轴方向，同时选择好手轮倍率来调节刀架运动速度。

a. 按下手摇键，用轴选开关选择X轴或Z轴方向，选择合适的手轮倍率，转动手轮则刀架移动。

b. 速度可以用手轮倍率旋钮用来调节，倍率值为×1、×10、×100。

【注意】

用手摇时动作要轻柔，并注意观察刀架的运动位置。当需要微动时，不要转动手柄，应该通过转动手轮外圈控制运动速度。

（3）主轴旋转操作

主轴旋转操作可以通过MDI方式和手动方式操作。

① MDI方式

a. 按下MDI方式键，按PROG键，显示屏上显示可编辑程序页面。按下面步骤操作：输入M03 S300→按EOB键→按INSERT键，在显示屏上出现程序段“M03 S300;”字样，然后按下循环启动按钮，机床主轴旋转。此时主轴正转，转速为300r/min。

b. 按下红色主轴停止键，或者按下复位键RESET，主轴停止转动。

② 手动方式　机床开机后，通过MDI方式已经使主轴旋转后，可以使用手动方式操作主轴旋转。

a. 按下手动方式键，按主轴正转键，主轴转动。主轴转速可以通过显示屏上显示的转速数值知道。按主轴升速或主轴降速键可以使转速升降，升降范围最大150%，最小60%。按主轴设定键，转速变为设定值的100%。

b. 按下红色主轴停止键，或者按下复位键RESET，主轴停止转动。

【注意】

在主轴旋转操作前，一定要检查工件已经可靠夹紧，将扳手拿离三爪卡盘（这点要特别注意），活动部件以及防护门上不要放工、量具，关好防护门，才可按循环启动按钮使主轴转动。

在机床操作和运行中要习惯于用复位键RESET，按下此键，则机床主轴、进给、程序运行以及其他动作都停止，系统处于复位状态。

(4) 换刀操作

换刀操作可以通过 MDI 方式和手动方式操作。

① MDI 方式　按下 MDI 方式键，按 PROG 键，显示屏上显示可编辑程序页面。按下面步骤操作：输入 T0101→按 EOB 键→按 INSERT 键，在显示屏上出现程序段“T0101;”字样，然后按下 循环启动 按钮，刀架转动到 1 号刀位。2 号刀位为“T0202”，3 号刀位为“T0303”，依此类推。

T0101 指令中前两位数字是刀位号，后两位数字是刀补号。

② 手动方式　按下 手动 方式键，按 手动选刀 键，刀架转动。继续按此键，直到选择的刀具转到合适位置。

【注意】

在换刀操作前，一定要检查使刀具处于安全位置，防止刀具与工件以及尾座、顶尖等发生碰撞。

(5) MDI 方式

MDI 方式也称手动输入方式。它具有从 MDI 操作面板输入一个程序段的指令并执行该程序段的功能。常在主轴运转、换刀、对刀等操作中使用该方式。

① 按下 MDI 键，按 PROG 键进入程序页面，CRT 显示“O0000”程序名。

② 输入程序段，按 循环启动 按钮，机床运行。

【注意】

MDI 方式中的程序不能存储，当机床方式转换、机床断电时内容消失。程序输入应在编辑方式中进行。

例如，试切工件端面和外圆。操作如下。

① 在 MDI 方式下，输入“M03 S300；T0101;”显示屏上显示输入的程序段：

O0000;

M03 S300;

T0101;

② 注意刀具是否在安全位置。按 循环启动 按钮，机床运转并换刀。01 号刀位上安装外圆车刀。

③ 在手摇方式下，选择进给倍率 ×100，转动手轮，使刀具切削工件端面；然后调整刀具位置，手摇切削工件外圆。注意，使用手轮外圈转动，速度要均匀适中。

④ 将刀具移动离开工件并处于安全位置，按 RESET 复位键，机床停车。

(6) 编辑方式

在编辑方式下，可以输入新程序或对已有的程序进行编辑和修改。

① 按 编辑 键，进入编辑方式。

② 按 PROG 键，输入新程序名，如“O1123”，按 INSERT 插入键，屏幕显示输入的程序名。按 EOB 键→ INSERT 键，屏幕显示分段并自动生成段号。依次输入程序。

③ 用 CAN 键可以取消输入的字符；按 DELET 键可以删除输入的内容，按 ALTER 键，可以替换原来的内容，编辑的位置通过光标移动。

【注意】

输入的程序名如果与机床系统已有的程序名重复，则产生报警。这时按RESET复位键取消报警，改换另一个程序名；或清除系统中原来的程序。

（7）自动方式

在编辑方式下选择一个程序，将光标移动到程序第一段（可以按RESET复位键，光标会自动到第一段），然后在自动方式下，按下循环启动按钮，事先编好的程序可以自动执行。若使机床暂停，按下RESET复位键。如有意外发生，立即按下急停按钮。

① 在编辑方式下，按PROG键，显示屏上显示编写好的程序。或通过检索查找出需要的程序。按RESET复位键，光标会自动到程序第一段。

② 按下自动键，机床进入自动运行方式。按下循环启动按钮，程序可以自动执行。如按下单段键，则每按一次循环启动按钮，执行一段程序。

③ 速度可以用进给倍率旋钮来调节，倍率值从0～150%。

【注意】

① 在运行程序前，一定要确定已经进行回参考点操作和已经正确对刀，并检查程序的正确性。

② 不要随便运行系统里不熟悉的程序，因为每个程序在编写时对刀位置不一样，每次工件安装伸出长度不一样。贸然运行有可能导致撞刀、撞毁机床以及造成人身伤害等严重后果。

③ 运行程序前必须用光标箭头或按RESET键将光标位置移动到程序首段（程序名）。否则光标在哪里则程序就从哪里执行。如果从中间的程序段开始执行，则有可能主轴没有旋转，并且没有正确换刀，造成刀具与工件碰撞。

（8）选择程序和删除程序

① 选择系统内存中原有的程序

a. 按编辑键，进入编辑方式。

b. 按PROG键，进入加工程序列表页面。通过PAGE↑和PAGE↓进行翻页，查找系统存储的所有程序。输入所要选择的程序名，如“O1023”，按检索软键，该程序在屏幕上显示。

② 删除一个程序　将系统内存中无用的程序删除，以释放系统内存空间。

a. 按编辑键，进入编辑方式。

b. 按PROG键，进入程序名单显示页面。输入所要删除的程序名，如“O1123”，按DELET键，该程序删除。

③ 删除全部程序　该操作是删除系统内存中所有程序。

a. 按编辑键，进入编辑方式。

b. 按PROG键，进入程序名单显示页面。输入“O-9999”，按DELET键，所有程序删除。第一个字母是英文字母“O”。

0.4 数控车床对刀

对刀是数控加工中的主要操作和重要技能。在一定条件下，对刀的精度可以决定零件的加工精度，同时，对刀效率还直接影响数控加工效率。数控程序中所有的坐标数据都是在编程坐标系中确立的，程序是按刀尖的运动轨迹来编写的，想要加工出一个零件，就需要知道刀尖在编程坐标系中的位置。要建立编程坐标系与机床坐标系之间的关系，是通过对刀来实现的。

普通经济型数控车床的刀架一般是四个刀位，每把刀安装时的刀尖位置不相同，通过对刀操作，计算出刀偏量后输入到数控系统中，建立工件坐标系（编程坐标系），在对工件进行切削时保证刀具刀位点坐标一致，这个过程就是对刀。对刀的实质就是测量出每把刀具的刀位点与加工坐标系原点重合时在机床坐标系的坐标值。

刀位点是指刀具的定位基准点，也就是对刀和加工的基准点，如图 0-16 所示。

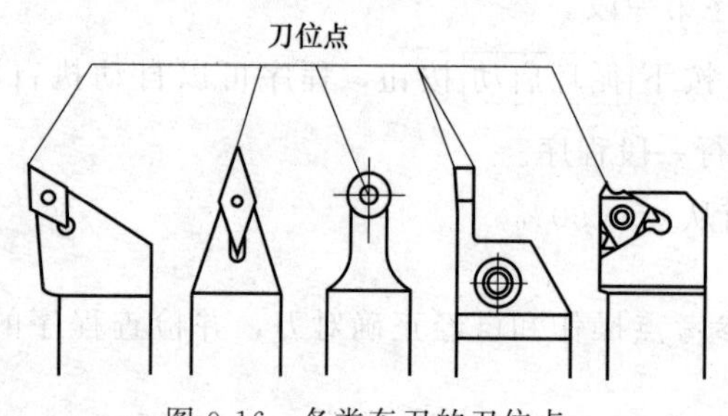

图 0-16　各类车刀的刀位点

常用的对刀方式有 G50（或 G92）、G54 和 T 功能对刀三种。采用 G50 指令构建工件坐标系时，对刀操作即是测定某一位置处刀具刀位点相对于工件原点的距离。采用 G54 指令建立工件坐标系时，是先测定出欲设置的工件原点在机床坐标系中的坐标（即相对于机床原点的偏置值），并把该偏置值预置在为 G54 设置的寄存器中。由于 G54 的原点是以固定不变的机床坐标原点为基准的，对刀位置无严格要求，而 G50（或 G92）的原点则对起刀位置有较高的要求，因此在实际使用中，G54 对刀比 G50（或 G92）对刀更方便。

另外，在现代机床中，更多的机床直接采用刀偏设置通过 T 指令来构建工件坐标系，即直接将工件零点在机床坐标系中的坐标值设置到刀偏地址寄存器中。对于使用多把刀具的情形，因各刀具装夹的长短不同，单一的 G54 指令不可能适用于所有刀具，采用 T 指令可以为每把刀具建立统一的坐标系，因此更为合适。本书将介绍 T 指令对刀。

刀具功能也称为 T 功能，用于指令加工中所用刀具号及自动补偿编组号的地址字，其自动补偿内容主要指刀具的刀位偏差及刀具半径补偿。

在数控车床中，其地址符 T 的后续数字由四位数组成，前两位为刀具号，后两位为刀具补偿的编组号，同时为刀尖圆弧半径补偿的编组号。例如，T0203 表示将 02 号车刀转到切削位置，并执行第 03 组刀具补偿值。

在使用刀具功能时，为了方便，尽可能地使刀号和刀偏号一致，如 T0101、T0202、T0303、T0404。在需要调头加工的批量加工过程中，为了避免重复对刀以提高加工效率，可以采用这种方法：用 1 号外圆刀（T01）对工件的左端对刀，用 01 号刀补，即 T0101；调头对工件右端进行对刀，用 05 号刀补，即 T0105。依此类推，有 T0202、T0206、T0303、T0307 等。这样容易记忆也不易混淆。

0.4.1 试切法对刀

对刀的方法有很多种，按对刀的精度可分为粗略对刀和精确对刀；按是否采用对刀仪可分为手动对刀和自动对刀；按是否采用基准刀，又可分为绝对对刀和相对对刀等。但无论采用哪种对刀方式，都离不开试切对刀，试切对刀是最基本的对刀方法。

（1）单刀对刀

数控加工中应首先确定零件的加工原点，以建立准确的加工坐标系，同时还要考虑不同刀具尺寸对加工的影响，这些都需要通过对刀来解决。对刀的准确与否，直接影响到加工零件的精度；对刀方法的处理，则影响数控机床的操作。

对刀就是在机床上确定刀补值，以建立工件坐标系原点的过程，如图 0-17 所示。

操作步骤如下。

① 机床开机，回参考点操作。

② 在三爪自定心卡盘上装夹 ϕ35mm 的工件毛坯（初学者可以用尼龙 06、聚丙烯棒料练习），在刀架的 1 号刀位装夹 90°外圆车刀，2 号刀位装夹切槽刀，3 号刀位装夹 60°螺纹车刀，4 号刀位装夹端面车刀。按一定的规律装夹刀具，可便于选刀和使用。

装夹刀具时要使刀尖与工件回转中心等高，刀具装正。

③ 在 MDI 方式下，输入程序“M03 S300；T0101；”按 循环启动 按钮使主轴正转，300r/min，选 T0101 号外圆车刀。也可手动选刀。

注意，即使开机时刀架上已经是 01 号刀，也要重新选择一次，使系统确认刀具。

④ 在手摇方式下，转动手轮手柄使刀具切削工件右端面并切平。如果工件为钢料，一次切削背吃刀量不要太大。操作步骤如图 0-18 所示。

此时手摇刀架使刀具在 X 方向退出（注意不要在 Z 方向上有移动），按 OFFS/SET 键，按 补正 软键，按 形状 软键，进入刀具补偿页面。注意，必须是在“形状”状态里。在 01 号刀补的 Z 刀偏栏里，输入“Z0”，按 测量 软键，Z 轴方向的工件坐标零点就在工件右端面上，如图 0-19 所示。

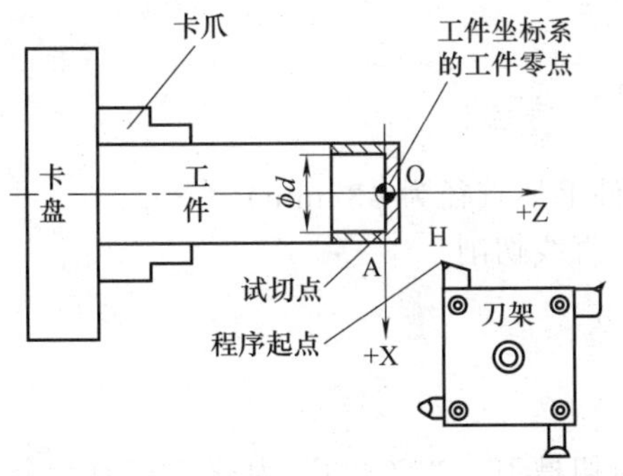

图 0-17　对刀操作

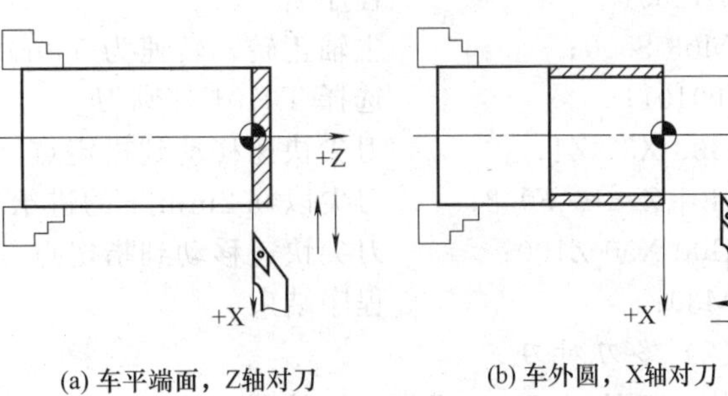

(a) 车平端面，Z轴对刀　(b) 车外圆，X轴对刀

图 0-18　对刀操作

⑤ 主轴继续旋转。手摇刀具切削工件外圆。手摇刀架使刀具在 Z 方向退出（注意不要在 X 方向上有移动），按 RESET 复位键或主轴停止键停车。用游标卡尺或千分尺测量工件被切处外圆的直径值，例如测得直径值为 ϕ33.38mm，移动光标进入 01 号刀补的 X 刀偏值里，输入“X33.38”，按 测量 软键，X 轴方向的工件坐标零点就在工件回转中心上。

这样工件坐标系 X 轴和 Z 轴的零点就在工件右端面的回转中心上。

当重新装夹工件或更换工件时，在 Z 轴上由于工件右端面装夹的位置发生了变化，因此 Z 轴必须重新对刀。而 X 轴上，

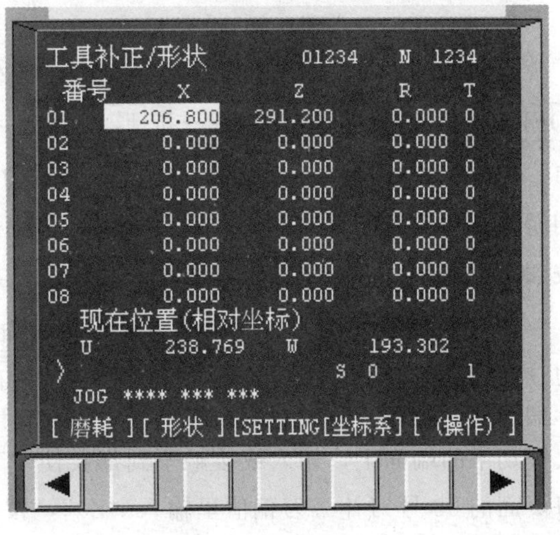

图 0-19　刀具补偿页面

由于三爪卡盘具有自定心功能，X 轴的零点在工件回转中心线上没有变化，所以 X 轴不必重新对刀。但是，如果重新装夹刀具，则必须在 X 轴和 Z 轴上重新对刀。

刀具补偿刀偏栏里 X 和 Z 的数值，有的是正，有的是负，数值大小也不一致。此数值是数控系统计算出来的，它和具体的机床，以及和机床原点、参考点的位置有关。在某选定机床上，不同的数值表示刀架中心在机床坐标系中的坐标位置，从而也间接地反映了刀尖在机床坐标系中的位置。

对刀完成后，在自动方式下（用单段方式）运行下面程序：

```
O1234;               程序名
M03 S500;            主轴正转，转速为 500r/min
T0101;               选择 T0101 外圆刀
G00 X40 Z4;          刀尖快速移动到指定点
G01 X0 Z0 F0.2;      刀尖以 0.2mm/r 的进给速度直线移动到指定点
G00 X50 Z100;        刀尖快速移动到指定点
M30;                 程序结束
```

执行程序的动作结果是，刀具快速移动到坐标点（X40，Z4），然后进给移动到工件坐标系的零点（X0，Z0），然后快速退出，最后主轴停止，程序结束。

也可以执行下面程序对工件加工一刀，然后用游标卡尺测量一下工件，检验对刀是否准确。

```
O1235;               程序名
M03 S500;            主轴正转，转速为 500r/min
T0101;               选择 T0101 外圆刀
G00 X32 Z4;          刀尖快速移动到指定点（工件毛坯直径为 φ35mm）
G01 Z-10 F0.2;       刀尖以 0.2mm/r 的进给速度直线切削
G00 X50 Z100;        刀尖快速移动到指定点
M30;                 程序结束
```

（2）多刀对刀

装夹刀具："T0101" 为 90°外圆车刀，"T0202" 为切槽刀，"T0303" 为螺纹车刀。全部对刀。

① 装夹工件，机床回参考点。

② 在 MDI 方式下，输入 "M03 S300；T0101；" 按 [循环启动] 按钮，主轴运转并选刀。

③ T0101 外圆车刀对刀。手摇使外圆车刀切平工件右端面，在 X 方向退刀，按 [OFFS/SET] 键→按 [补正] 软键→按 [形状] 软键，进入刀具补偿页面，在 01 号刀补 Z 刀偏值里，输入 "Z0"，按 [测量] 软键。然后手摇车刀切削外圆，Z 方向退刀，按 [RESET] 键停车，用游标卡尺测量工件直径，例如为 ϕ33.38mm，在 01 号刀补 X 刀偏值里输入 "X33.38"，按 [测量] 软键。"T0101" 对刀完毕，如图 0-20 所示。

④ T0202 切槽刀对刀。手动方式下按 [主轴正转] 键重新使主轴转动，换 "T0202" 切槽刀。注意换刀时的安全位置，防止刀具与工件碰撞。手摇方式下手摇切槽刀纵向刚好接触工件端面（此时发出摩擦声响。接触法对刀）。注意，要使切槽刀左刀尖刚好接触到工件的上次被切平的端面上，切入或接触不到都会使 "T0202" 对刀不准产生误差。按上述方法在对刀页面的 02 号刀补 Z 刀偏值里输入 "Z0"，按 [测量] 软键。然后切削外圆，Z 方向退出，停车，测量被切削的工件直径，例如为 ϕ30.60mm，在刀补页面的 02 号刀补 X 刀偏值里输入

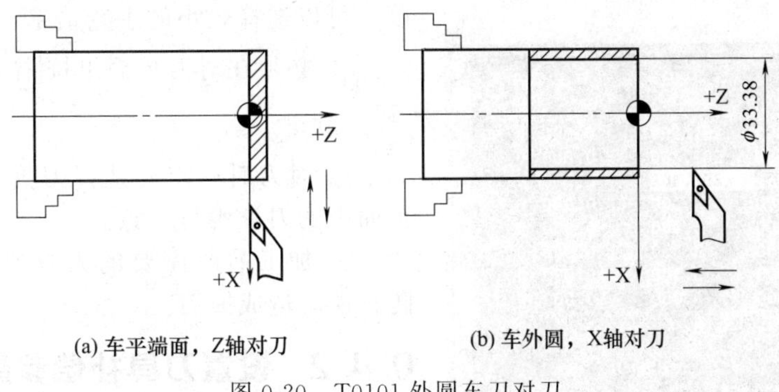

图 0-20 T0101 外圆车刀对刀

“X30.60”，按[测量]软键。“T0202”对刀完毕，如图 0-21 所示。T0202 切槽刀在 X 轴对刀时，也可以用“接触法对刀”：使切槽刀刚好接触到上次外圆车刀切削的外圆表面，然后输入上次测得的直径值“X33.38”，按[测量]软键。

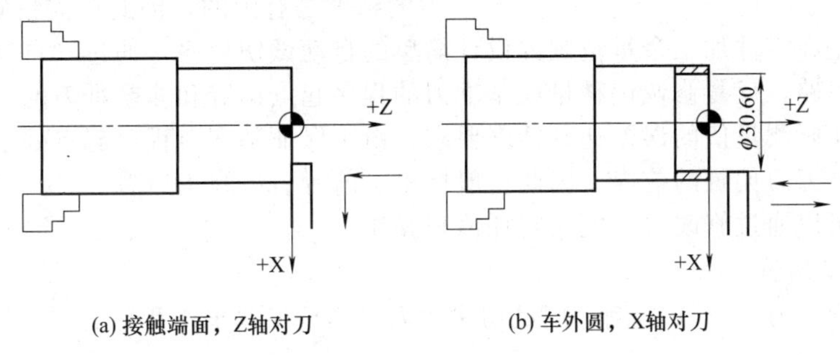

图 0-21 T0202 切槽刀对刀

⑤ T0303 螺纹车刀对刀。重新启动主轴转动，换“T0303”螺纹车刀。用观察法移动螺纹车刀使刀尖对准工件右端面，按上述方法在刀补页面的 03 号刀补 Z 刀偏值里输入“Z0”，按[测量]软键。移动螺纹车刀用“接触法对刀”使刀尖刚好接触到上次被切削的工件外圆表面，然后在对刀页面的 03 号刀补 X 刀偏值里输入上次测得的直径值“X33.38”，按[测量]软键。“T0303”对刀完毕，如图 0-22 所示。

所有的车刀都对刀完成，对刀刀补页面如图 0-23 所示。

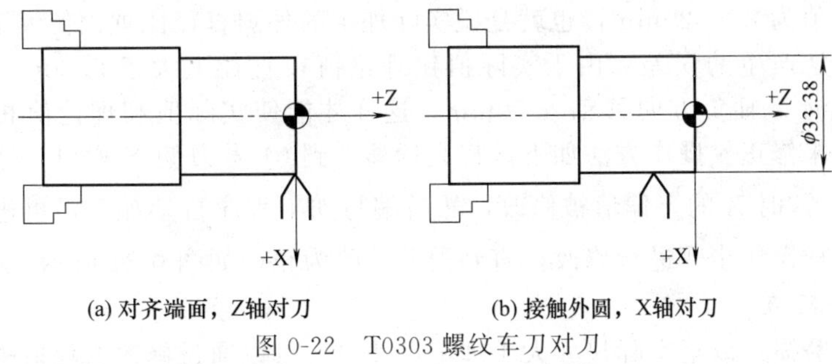

图 0-22 T0303 螺纹车刀对刀

如要使对刀更加精确，在对刀完成后，通过编程在自动方式下对试件进行试切，然后测量，测得的误差在每个刀偏值里进行修改。

(3) 注意事项

① 用手摇切削时动作要轻柔，车刀接近和切削工件时要通过转动手轮外圈控制运动速

度。可以选择较小的手轮倍率。

② 必须在对刀页面里按[补正]软键后，再按[形状]软键。

③ 对刀时一定要选择刀具的刀补号与补偿页面中的刀补番号一致。

④ 加工前所需要的刀具要依次全部对好，防止遗忘造成撞刀。

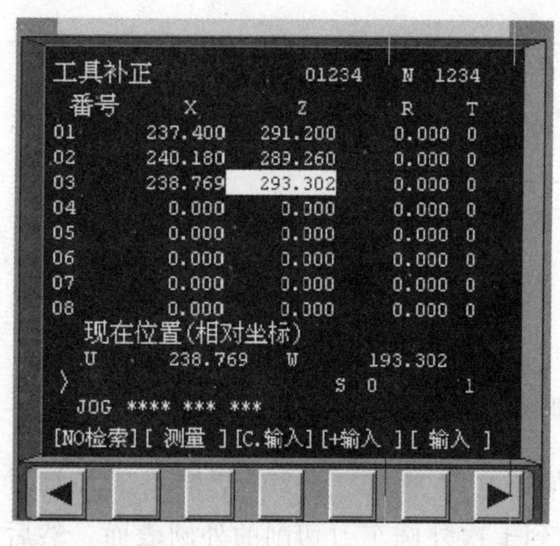

图 0-23 刀具对刀页面

0.4.2 设置刀具补偿参数

从理论上说，通过试切、测量、计算，得到的对刀数据应是准确的，但实际上由于机床的定位精度、重复定位精度、工件材料变形、操作方式等多种因素的影响，使手动试切法对刀的精度是有限的，因此还需精确对刀。

精确对刀是在零件加工余量范围内设计简单的自动试切程序，通过“自动试切→测量→误差补偿”的思路，反复修调偏移量或基准刀的程序起点位置和非基准刀的刀偏值，使程序加工指令值与实际测量值的误差达到精度要求。由于保证基准刀程序起点处于精确位置是得到准确的非基准刀刀偏置的前提，因此一般修正了前者后再修正后者。

精确对刀可以通过修改刀偏值或磨耗值来操作。

（1）修改刀偏值

以一把外圆车刀 T0101 为例，用试切法对刀，然后编写加工程序并自动运行。

```
O1212;
M03 S500;
T0101;
G00 X30 Z4;
G01 Z-10 F0.2;
G00 X50 Z100;
M30;
```

按[循环启动]按钮自动加工，理论上加工的外圆直径为 ϕ30mm，用千分尺测量工件外圆直径，测得实际值为 ϕ30.20mm，也就是说实际加工的外圆直径比理论值大了 0.20mm。这个数值就是试切法产生的误差。由于实际值比理论值在直径上大了 0.20mm，要想消除误差，必须使刀尖向 X 轴负方向移动 0.20mm，这样才能使实际值和理论值相符。这时可以通过修改刀偏值来修正。操作方法如下。将光标移动到 01 号刀偏 X 栏里，输入“−0.20”，按[+输入]软键，这时 X 的刀偏值被修改，然后编写加工程序自动加工，再进行测量，如果还有误差，按同样操作步骤进行修改，直到误差消除为止，如图 0-24 所示。

（2）修改磨耗值

到刀具发生磨损，以至实际尺寸大于理论尺寸时，可以通过修改磨耗值来修正。上述对刀误差也可以通过修改磨耗值来消除。操作方法如下。理论上加工的外圆直径为 ϕ30mm，用千分尺测量工件外圆直径，测得实际值为 ϕ30.20mm。也就是说实际加工的外圆直径比理论值大了 0.20mm。要想消除误差，必须使刀尖向 X 轴负方向移动 0.20mm。按[OFFS/SET]键→[补正]软键→[磨耗]软键，进入刀具补偿页面。在 01 号刀补 X 磨耗栏里，

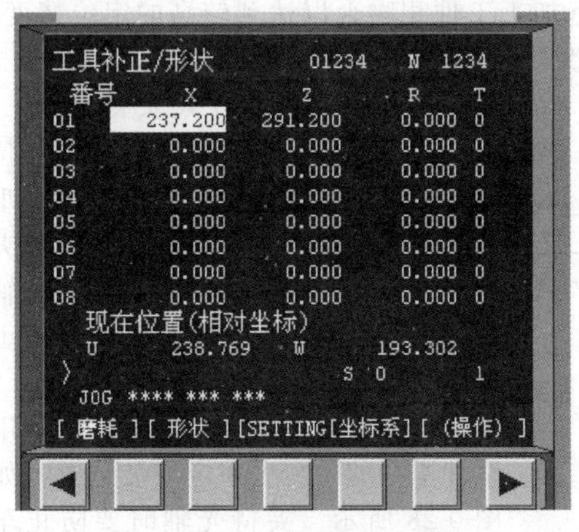

图 0-24　修改刀偏值

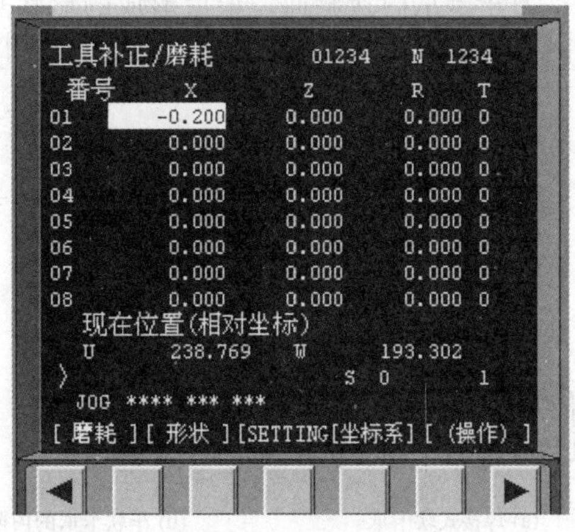

图 0-25　修改磨耗值

输入“−0.20”，按【输入】软键或【INPUT】键，这时 X 的磨耗值被修改，如图 0-25 所示，这个数值即使关机断电也会保存。当对 01 号刀补重新对刀时，01 号刀补的磨耗值被自动清零。

0.5　工件的装夹

轴类零件按其长径比可分为短轴、长轴和细长轴。一般轴类零件采用三爪自定心卡盘和顶尖安装。

（1）三爪自定心卡盘装夹工件

一般来说，轴的长度 L 和直径 D 之比小于或等于 5（$L/D\leqslant 5$），而长度不超过 150mm 的轴为短轴。长径比大于 25（$L/D>25$）的称为细长轴，大多数轴介于两者之间。

短轴通常安装在三爪自定心卡盘上，如图 0-26 所示。

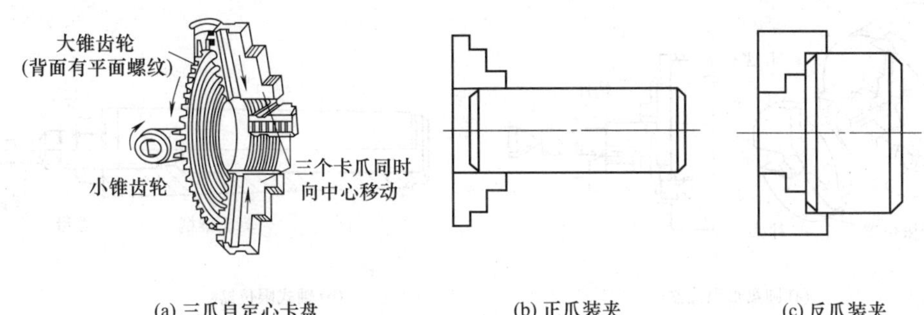

(a) 三爪自定心卡盘　(b) 正爪装夹　(c) 反爪装夹

图 0-26　三爪自定心卡盘的结构和工件安装

三爪卡盘是车床上应用最广的通用夹具，适合于安装短圆棒料或盘类工件（直径较大的盘状工件，可用反三爪夹持）。当转动小锥齿轮时，大锥齿轮便转动，它背面的平面螺纹就使三个卡爪同时向中心靠近或退出，以夹紧不同直径的工件。三爪卡盘装夹方便，能自动定心，但其定心准确度不高，约为 0.05～0.15mm。三爪自定心卡盘的夹紧力不大，一般只适宜于装夹重量较轻的中、小型零件。工件上同轴度要求较高的表面应在一次装夹中车出。

由于三爪自定心卡盘定心精度不高，当加工同轴度要求较高的工件时，二次装夹常常采用软爪。软爪是硬度较低的卡爪，一般用未经淬火的 45 钢制造，可以进行车削。具体做法一般是在三爪卡盘的三个卡爪上装夹相应大小的金属棒料，用外圆刀车平端面，然后再用内孔车刀车卡爪内接触面，最后形成的形状基本与待加工工件相吻合以达到较高的定位精度，如图 0-27 所示，软爪不但能够提高装夹和加工精度，而且不易夹伤工件表面。

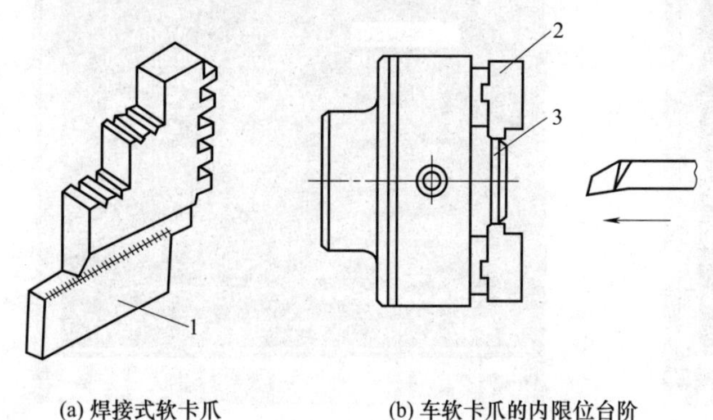

(a) 焊接式软卡爪　(b) 车软卡爪的内限位台阶

图 0-27　软爪的制作

1,2—软卡爪；3—定位圆柱

(2) 一夹一顶方式装夹工件

对一般较长的轴类工件，或形位精度较高的工件，可采用一端用三爪卡盘装夹，另一端用顶尖顶住的装夹方法。这种装夹方法能承受较大的轴向切削力，且刚性大大提高，同时可提高切削用量。

这种方法夹紧台阶轴时，可利用轴件本身的阶台去限定安装位置，如图 0-28 所示。夹持光轴时要防止车刀进给过程中，由于切削力的作用，而迫使轴件向主轴方向慢慢移动位置，这样，轻则影响轴的尺寸精度，重则就有使轴件另一端脱离尾座后顶尖的危险而发生事故。为防止这种情况发生，可使用限位装置，如图 0-29 所示。

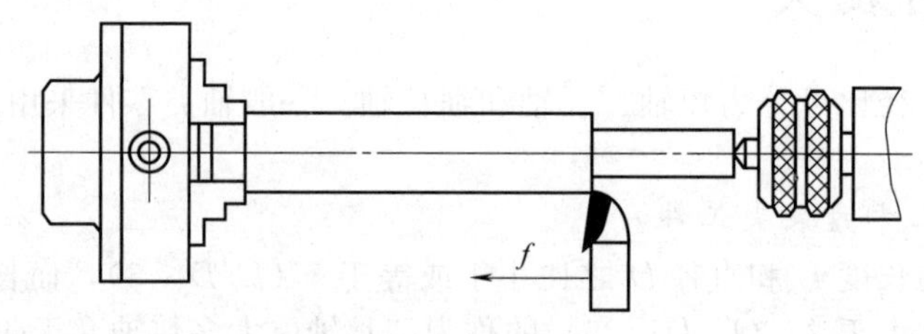

图 0-28　一夹一顶装夹工件

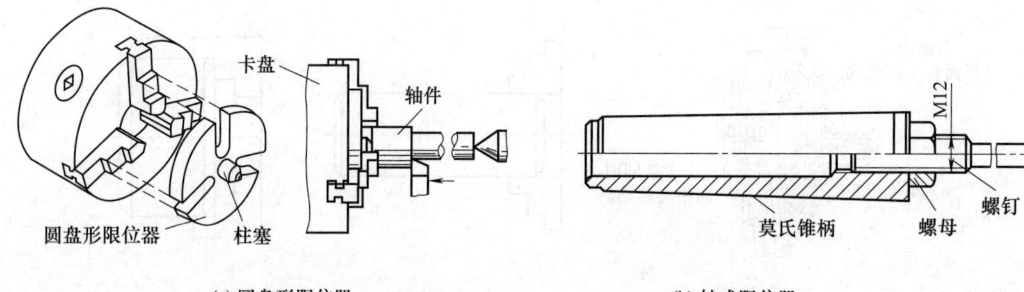

(a) 圆盘形限位器　(b) 轴式限位器

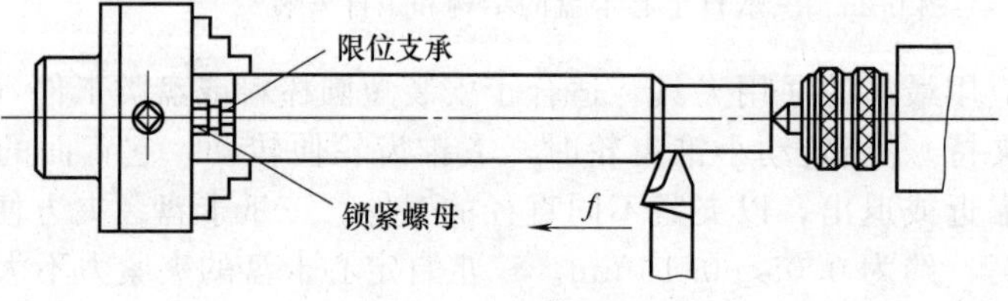

(c) 螺纹式限位器

图 0-29　夹持光轴使用的限位装置

常用顶尖有普通顶尖（死顶尖）和活顶尖两种，如图 0-30 所示。

普通顶尖刚性好，定心准确，但与工件中心孔之间因产生滑动摩擦而发热过多，容易将中心孔或顶尖“烧坏”。尾架上是死顶尖，则轴的右中心孔应涂上润滑脂，以减小摩擦。死顶尖适用于低速、加工精度要求较高的工件。

活顶尖将顶尖与工件中心孔之间的滑动摩擦改成顶尖内部轴承的滚动摩擦，能在很高的转速下正常工作，但活顶尖存在一定的装配积累误差，以及当滚动轴承磨损后，会使顶尖产生径向摆动，从而降低了加工精度，故一般用于轴的粗车或半精车。

(3) 双顶法装夹工件

双顶法就是在主轴顶尖（前顶尖）和尾座顶尖（后顶尖）之间安装工件，主轴转动时，通过拨盘推动夹头而带动轴件转动进行车削，如图 0-31 所示。

前顶尖有两种安装方式，一是将顶尖插入主轴锥孔内，另一种是夹在卡盘上。夹头形式普遍采用鸡心夹头。双顶法安装工件的优点是，定位精度高，可重复安装，多次调头装夹。

双顶法装夹工件时应保证前、后顶尖与机床主轴同轴，可采用试切法进行校验。

(a) 普通固定顶尖　(b) 硬质合金固定顶尖

(c) 回转顶尖

图 0-30　顶尖的种类

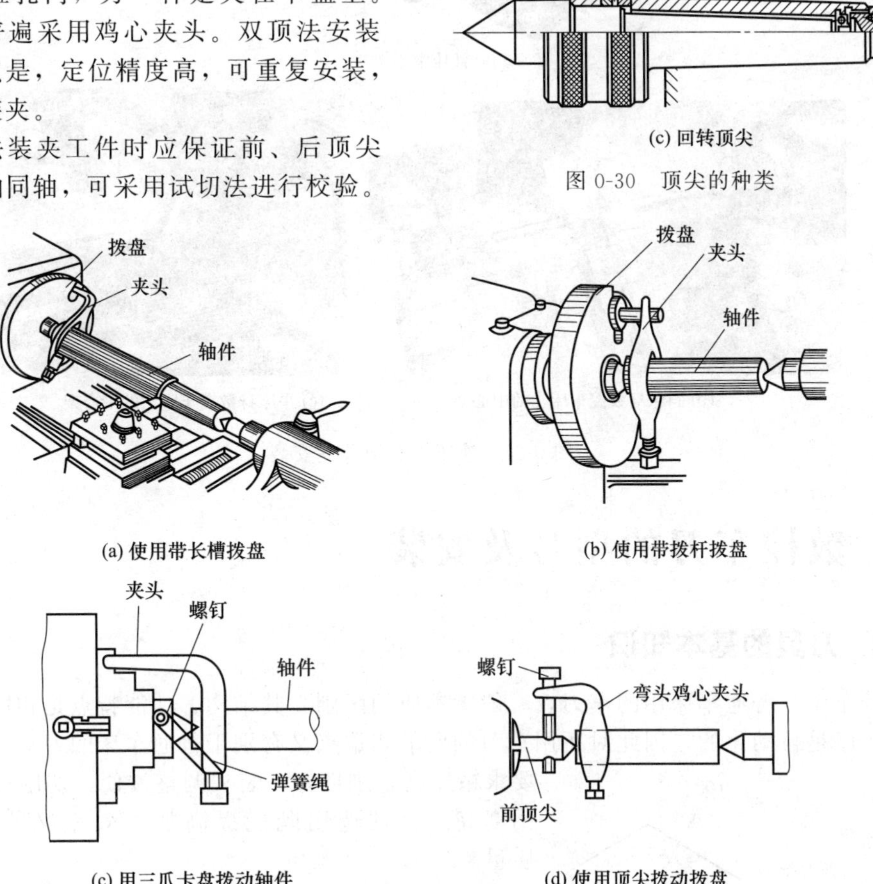

(a) 使用带长槽拨盘　(b) 使用带拨杆拨盘

(c) 用三爪卡盘拨动轴件　(d) 使用顶尖拨动拨盘

图 0-31　双顶法安装轴类工件

(4) 细长轴的装夹

数控车床上加工细长轴（长径比 $L/D>25$）时，为了防止工件受径向切削力的作用而产生弯曲变形，常用中心架或跟刀架作为辅助支承，以增加工件刚性，如图 0-32 所示。

数控车床的中心架一般有两种形式，一种为可编程液压中心架，一种为手动中心架。可编程液压中心架的自动化程度高，可以在加工程序中按照加工内容、加工顺序编入加工的步骤，达到程序化自动加工。可编程液压中心架多用在小批量复杂零件，在一次装夹中完成除夹持的部分外其余全部加工的车铣复合加工的中心类机床上。手动中心架一般使用在批量比较大，分步加工的场合，由于工件多次装夹，中心架起到长工件一头在装夹过程中支撑定心的作用，手动中心架多用在数控车床上。

(a) 液压中心架

(b) 斜床身数控车床上的中心架

(c) 平床身数控车床上的中心架

图 0-32　液压中心架及其安装

0.6　数控车刀的型号及安装

0.6.1　刀具的基本知识

数控车床与普通车床用的车刀，一般无本质的区别，其结构、功能特点是相同的。但数控车床工序是自动化的，因此对所用车刀的要求侧重点又有别于普通车床的刀具，数控刀具要求精度高，刚性好，装夹调整方便，切削性能强，耐用度高。合理选用既能提高加工效率又能提高产品质量。

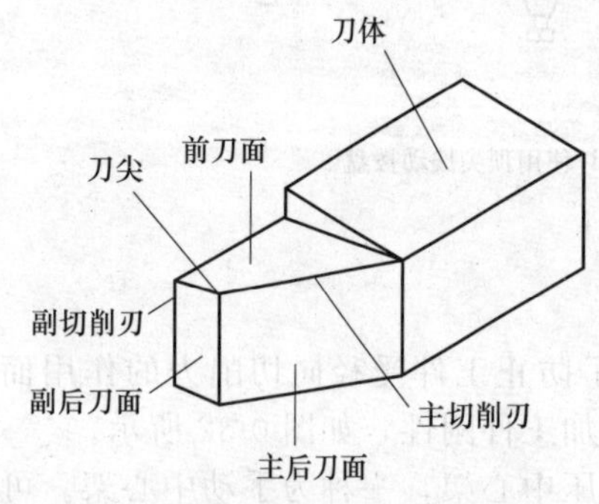

图 0-33　车刀切削部分的结构

（1）车刀的组成部分

车刀是由刀头和刀体（也称刀杆）组成。刀头用来切削，因此又称切削部分。刀体是用来将刀夹固在刀架或刀座上的部分，如图 0-33 所示。

车刀的切削部分一般由三面两刃一尖组成。

前刀面：刚形成的切屑沿其流出的表面。

主后刀面：和工件加工表面相对的表面。

副后刀面：和工件已加工表面相对的表面。

主切削刃：前刀面和主后刀面的交线，它承担着主要的切削任务。

副切削刃：前刀面和副后刀面的交线，它承担少量的切削任务。

刀尖：主切削刃和副切削刃的交点，它通常是一小段过渡圆弧。

(2) 车刀的切削角度及其作用

① 前角 γ_o 是水平面与前刀面之间的夹角，如图 0-34 所示。其作用是使刀刃锋利，便于切削。但前角也不能太大，否则会削弱刀刃的强度，容易磨损甚至崩坏。

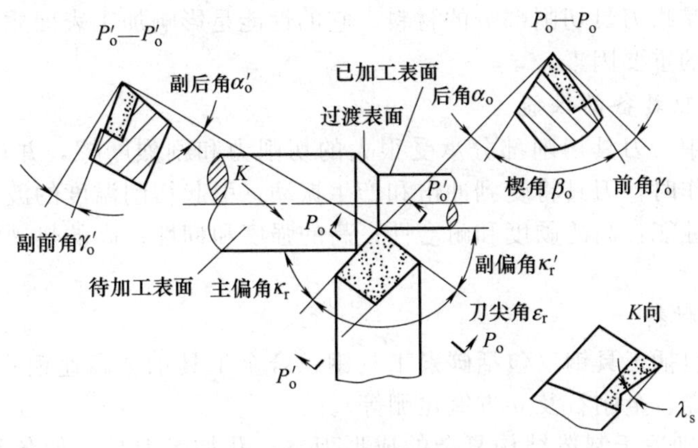

图 0-34　车刀的基本角度

加工塑性材料时，屑片多成带状，切削力集中在离刀刃较远的部位上，刀刃不容易崩坏，因此前角一般选大些。用硬质合金车刀加工钢件时，一般选取 $\gamma_o=10°\sim20°$。

加工铸铁等脆性材料时，屑片成崩碎状，使刀刃附近集中一个冲击力，容易使刀刃崩坏，因此前角 γ_o 一般要选小些。用硬质合金车刀加工脆性材料时，一般选取 $\gamma_o=5°\sim15°$。

② 后角 α_o 是包含主切削刃的铅垂面与主后刀面之间的夹角。其作用是减小车削时主后刀面与工件的摩擦。后角一般为 $3°\sim12°$。粗加工时选较小值，精加工时选较大值。

③ 主偏角 κ_r 是进给方向与主切削刃之间的夹角。其作用如下。

a. 改善切削条件和提高刀具寿命。在相同的进给量和切深的条件下工作，减小主偏角可以使屑片变薄，刀刃单位长度上的切削负荷减轻，同时加强了刀尖，增大了散热面积，从而改善了切削条件，使刀具寿命提高。

b. 主偏角的大小直接影响车削时径向力的大小。在切削力同样大小的情况下，主偏角太小时，工件的径向力显著增大。所以车削细长轴时，为减小径向力，常用 $\kappa_r=75°$ 或 $\kappa_r=90°$的车刀。车刀常用的主偏角有 45°、60°、70°、90°等。

④ 副偏角 κ'_r 是进给运动的反方向与副切削刃之间的夹角。其主要作用是减小副切削刃与已加工表面之间的摩擦，以改善加工表面质量。在同样吃刀深度和进给量的情况下，减小副偏角，可以减小车削后的残留面积，使表面粗糙度降低，表面质量提高。一般选取$\kappa'_r=5°\sim15°$。

⑤ 刃倾角 λ_s 在切削平面中测量，是主切削刃与基面的夹角。其作用主要是控制切屑的流动方向，如图 0-35 所示。主切削刃与基面平行，$\lambda_s=0°$；刀尖处于主切削刃的最低点，λ_s 为负值，刀尖强度增大，切屑流向已加工表面，用于粗加工；刀尖处于主切削刃的最高点，λ_s 为正值，刀尖强度削弱，切屑流向待加工表面，用于精加工。一般选取车刀刃倾角 $\lambda_s= -4°\sim4°$。

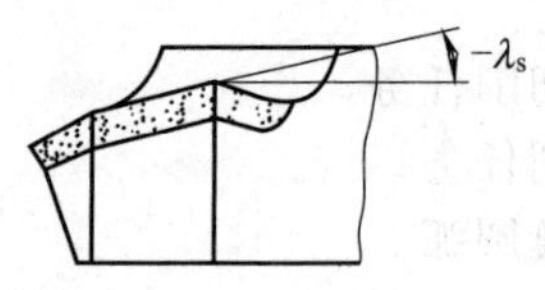

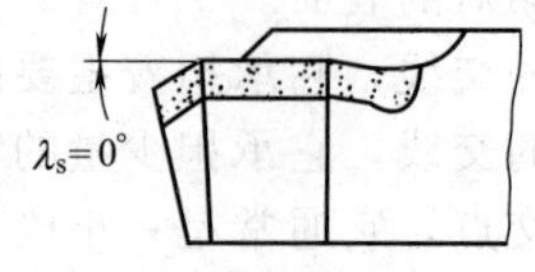

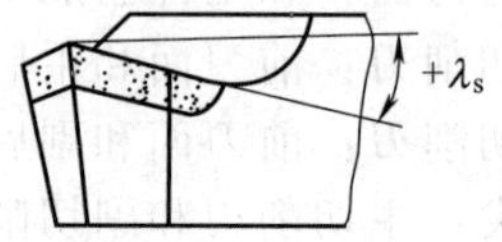

图 0-35　车刀的刃倾角

0.6.2　刀具的材料

刀具材料一般是指刀具切削部分的材料。它的性能是影响加工表面质量、切削效果、刀具寿命和加工成本的重要因素。

（1）刀具材料应具备的性能

金属切削过程中，刀具切削部分承受很大的切削力和剧烈摩擦，并产生很高的切削温度；在断续切削工作时，刀具将受到冲击和产生振动，引起切削温度的波动。因此，刀具材料应具备下列基本性能：高的硬度和耐磨性；高的强度和韧性；高的热硬性；较好的工艺性与经济性。

（2）常用刀具材料

常用刀具材料包括工具钢（包括碳素工具钢、合金工具钢、高速钢）、硬质合金、超硬刀具材料（包括陶瓷、金刚石及立方氮化硼等）。

① 高速钢　特别适于制造结构复杂的成形刀具、孔加工刀具，如各类铣刀、拉刀、齿轮刀具、螺纹刀具等；高速钢硬度、耐磨性、耐热性不及硬质合金，但它刃磨方便，容易磨得锋利，所以用来制造低速精加工车刀，如宽刃大进给车刀、梯形螺纹精车刀及成形车刀。

② 硬质合金　是用具有高耐磨性和耐热性的碳化钨、碳化钛和钴的粉末，在高压下成形，并经1500℃的高温烧结而成。钴起黏结作用。

硬质合金的硬度为74～82HRC，有较好的耐磨性和热硬性，在800～1000℃仍然保持良好的热硬性，对高速切削十分有利。缺点是韧性差，较脆，怕冲击，但可通过切削角度的合理刃磨加以弥补。

常用硬质合有金钨钴合金和钨钛钴合金两类。

钨钴类硬质合金是由WC和Co烧结而成，代号为YG，其韧性较好，一般适用于加工铸铁和有色金属等脆性材料或冲击性较大的工件。但由于它的热硬性差，一般不用于加工碳钢等塑性材料。

钨钴类硬质合金按含钴量不同又分为YG3、YG6、YG8等多种牌号。牌号中的数字是含钴的百分数，含钴量越高，其承受冲击的性能越好。因此，YG8常用于粗加工；YG6和YG3常用于半精加工和精加工。

钨钛钴类硬质合金是以WC为基体，添加TiC，用Co作黏结剂烧结而成。加入TiC可以增加合金的耐热性，可以提高硬度和减少刀具磨损，但韧性差，更脆。其代号为YT。这类硬质合金的热硬性较好，在高温下比钨钴类硬质合金耐磨，所以常用来加工钢类和其他韧性较好的塑性材料。但由于它性脆，不耐冲击，因此不宜于加工铸铁等脆性材料。

钨钛钴类硬质合金按TiC的含量不同又分为YT5、YT15和YT30等多种牌号。牌号中的数字是TiC含量的百分数。TiC的含量越高，热硬性越好，但钴的含量相应越低，韧性也越差，越不耐冲击。因此，YT5常用于粗加工，YT15和YT30常用于半精加工和精加工。

添加钽（铌）类硬质合金是在以上两种硬质合金中添加少量其他碳化物（如TaC或NbC）而派生出的一类硬质合金，代号为YW，既适用于加工脆性材料，又适用于加工塑性材料。常用牌号为YW1、YW2。

③ 涂层刀具材料　硬质合金或高速钢刀具通过化学或物理方法在其上表面涂覆一层耐磨性好的难熔金属化合物，既能提高刀具材料的耐磨性，而又不降低其韧性。

对刀具表面涂覆的方法有两种：化学气相沉积法（CVD 法），适用于硬质合金刀具；物理气相沉积法（PVD 法），适用于高速钢刀具。

涂层材料可分为 TiC 涂层、TiN 涂层、TiC 与 TiN 涂层、Al_2O_3 涂层等。

④ 其他刀具材料

a. 陶瓷　是以氧化铝（Al_2O_3）或以氮化硅（Si_3N_4）为基体，再添加少量金属，在高温下烧结而成的一种刀具材料。一般适用于高速下精细加工硬材料。一些新型复合陶瓷刀具也可用于半精加工或粗加工难加工的材料或间断切削。陶瓷材料被认为是提高生产率的最有希望的刀具材料之一。

b. 人造金刚石　是碳的同素异形体，是目前最硬的刀具材料，显微硬度达 10000HV。它有极高的硬度和耐磨性，与金属摩擦因数很小，切削刃极锋利，能切下极薄切屑，有很好的导热性，较低的热膨胀系数，但它的耐热温度较低，在 700～800℃时易脱碳，失去硬度，抗弯强度低，对振动敏感，与铁有很强的化学亲合力，不宜加工钢材，主要用于有色金属及非金属的精加工、超精加工以及作磨具、磨料用。

c. 立方氮化硼　是由六方氮化硼（白石墨）在高温高压下转化而成的，其硬度仅次于金刚石，耐热温度可达 1400℃，有很高的化学稳定性，较好的可磨性，抗弯强度与韧性略低于硬质合金。一般用于高硬度、难加工材料的半精加工和精加工。

0.6.3 车刀的种类和型号

车刀是用于普通车床、转塔车床、自动车床和数控车床的刀具，它是生产中加工回转面工件时应用最为广泛的一种刀具。根据加工表面特征车刀分为外圆车刀、切断（槽）刀、螺纹车刀、内孔车刀、内切槽刀等。从结构上车刀分为整体式车刀、焊接式车刀、机夹式车刀、可转位车刀和成形车刀，其中可转位车刀的应用日益广泛，在车刀中所占比例逐渐增加。

可转位车刀是将可转位的硬质合金刀片用机械方法夹持在刀杆上形成的。刀片具有供切削时选用的几何参数（不需磨）和三个以上供转位用的切削刃。当一个切削刃磨损后，松开夹紧机构，将刀片转位到另一切削刃后再夹紧，即可进行切削，当所有切削刃磨损后，则可取下再代之以新的同类刀片。可转位车刀是一种先进刀具，由于其不需重磨、可转位和更换刀片等优点，从而可降低刀具的刃磨费用和提高切削效率。

（1）可转位车刀型号及编号说明

ISO 标准和我国标准规定了外圆车刀型号的含义。例如车刀型号 MCLNR2525M12E，下面分别对十个号位（表 0-3）具体内容作说明（表 0-4～表 0-10 和图 0-36、图 0-37）。

表 0-3　车刀型号的十个号位

M	C	L	N	R	25	25	M	12	E
(1)	(2)	(3)	(4)	(5)	(6)	(7)	(8)	(9)	(10)

① 压紧方式

表 0-4　压紧公式

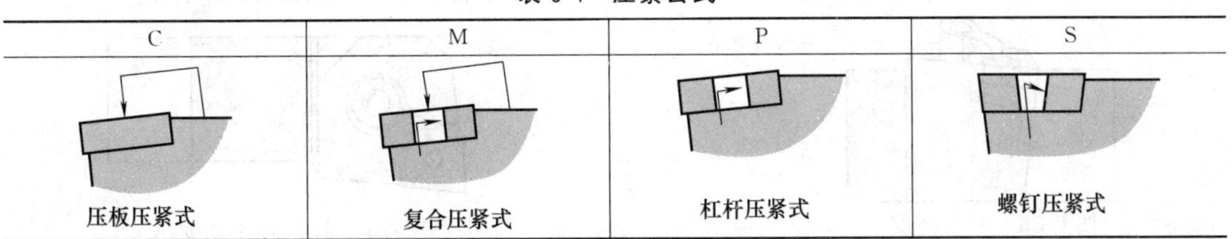

C	M	P	S
压板压紧式	复合压紧式	杠杆压紧式	螺钉压紧式

② 刀片形状

表 0-5　刀片形状

C	D	R	S	T	V	W
80°	55°			60°	35°	80°

③ 刀具形式与主偏角

表 0-6　刀具形式与主偏角

A	B	C	D	E	F	G
90°	75°	90°	45°	60°	90°	90°
H	J	K	L	M	N	P
107°30′	93°	75°	95° 95°	50°	63°	62°30′
Q	R	S	T	U	V	W
107°30′	75°	45°	60°	93°	72°30′	60°

④ 刀片后角

表 0-7　刀片后角

B	C	D	E	N	P
5°	7°	15°	20°	0°	11°

⑤ 切削方向

表 0-8　切削方向

R	L	N
右切	左切	左右切

⑥ 刀尖高度　只标注到整数，例如刀尖高度 8mm，标为 08，如图 0-36 所示。

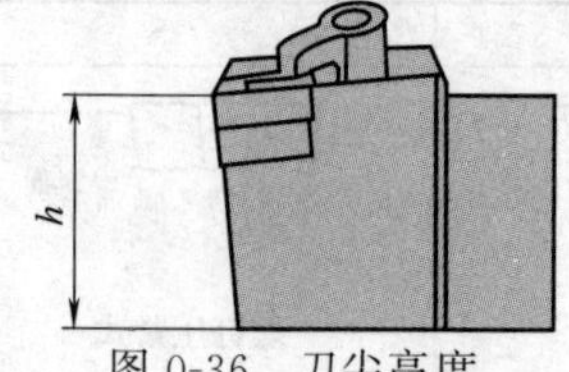

图 0-36　刀尖高度

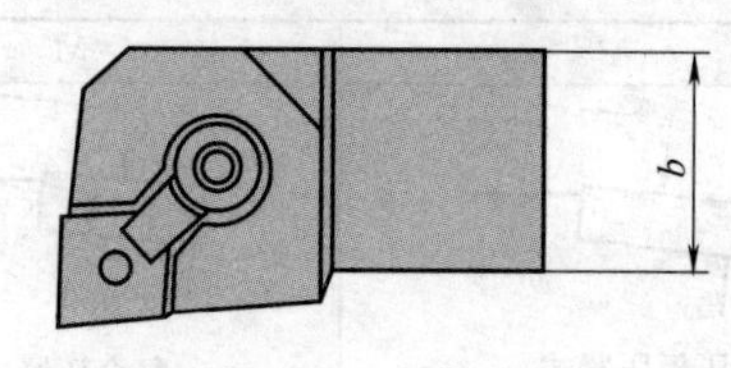

图 0-37　刀体宽度

⑦ 刀体宽度　只标注到整数，例如刀体宽度 8mm，标为 08，如图 0-37 所示。

⑧ 刀具长度

表 0-9　刀具长度　　mm

E	F	H	K	M	P	Q	R	S	T
70	80	100	125	150	170	180	200	250	300

⑨ 切削刃长

表 0-10　切削刃长

C	D	R	S	T	V	W
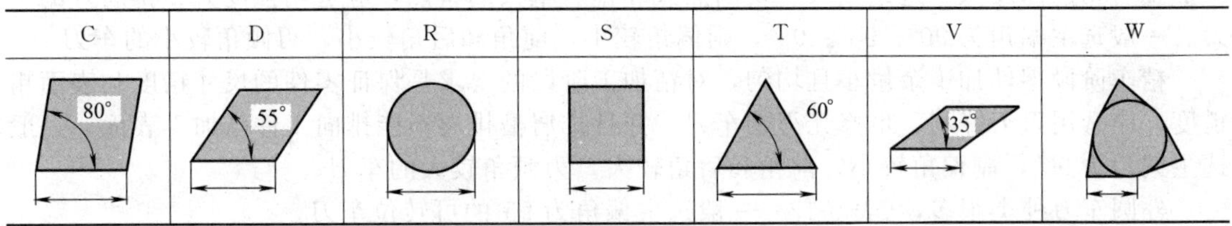						

⑩ 自编号　制造商根据需要可以自行编号。

(2) 刀片编号说明

刀片的国际编号通常由九位组成（包括八位、九位编号，仅在需要时标出）。此外，制造商根据需要可以增加编号。下面分别进行说明（表 0-11）。

表 0-11　刀片编号说明

举例	C	N	M	G	12	04	04	S	R
说明	刀片形状	刀片法后角	精度代号	断槽及夹固形式	切削刃长度	刀片厚度	刀尖圆弧半径	刃口钝化代号	切削刃方向

① 刀片形状　可转位车刀刀片的形状有三角形、正方形、棱形、五边形、六边形和圆形等。刀片是由硬质合金厂压模成形，使刀片具有供切削时选用的几何参数（不需刃磨）；同时，刀片具有三个以上供转位用的切削刃，当一个切削刃磨损后，松开夹紧机构，将刀片转位到另一切削刃，即可进行切削，当所有切削刃都磨损后再取下，换上新的同类型的刀片。

② 刀片厚度与刀片法后角　其选用原则是使刀片有足够的强度来承受切削力，通常是根据背吃量与进给量来选用的，如有些陶瓷刀片就要选用较厚的刀片。刀片法后角常用的是 0°（代号 N）、5°（代号 B）、7°（代号 C）、11°（代号 P），0°一般用于粗车、半精车，5°、7°、11°一般用于半精车、精车、仿形及加工内孔。

③ 刀片的几何槽形　在数控车床上一般使用直接压制出断屑槽形的刀片，它能使切屑横向产生收缩变形，切削轻快，断屑可靠，切削热产生得少，使用寿命长，只是价格高一些。

④ 切削刃长度　应根据背吃刀量进行选择，一般通槽形的刀片切削刃长度选≥1.5 倍的背吃刀量，封闭槽形的刀片切削刃长度选≥2 倍的背吃刀量。

⑤ 刀尖圆弧半径　常用压制成形的刀尖圆弧半径有 0.2mm、0.4mm、0.5mm、0.8mm、1.2mm、1.6mm、2.0mm、2.4mm 等。

a. 选择刀尖半径时要考虑粗加工时的强度及精加工时的表面纹理。

b. 粗加工时，应尽量选用大刀尖圆弧半径，以获得坚固的切削刃。大刀尖圆弧半径允许使用高进给量，但不能超过最大推荐进给量。如果有振动倾向，选择小的刀尖圆弧半径。对于粗加工，常用的半径为 $R1.2 \sim 1.6$mm，经验公式为 $f_{粗}=0.5\times$刀尖圆弧半径；$f_{粗}$ 为粗加工时的进给量。

c. 精加工时，可根据有关公式计算出合适的刀尖圆弧半径值，或刀尖圆弧半径选定时，计算出进给量值。不宜选择过大的刀尖圆弧半径。

0.6.4 常用外圆车刀及安装

（1）外圆车刀的选择

轴类零件数控车削一般分粗、精车完成。粗车阶段，工件毛坯加工余量大且不均匀，对粗加工阶段的要求是尽可能在短时间内切除掉工件上的大部分余量，保证生产率，因此，粗车加工有切削深度大、进给量大、切削热大和排屑量大的特点，应选用强度大、排屑好的车刀。一般选主偏角为90°、93°、95°，副偏角较小，前角和后角较小，刃倾角较小的车刀。

精车阶段零件加工余量小且均匀，对精加工阶段的要求是保证零件的尺寸精度和表面粗糙度，应选用刀刃锋利、带修光刃的车刀，并且排屑槽排屑不能排向工件已加工表面，一般选主偏角为90°，副偏角较小，前角和后角较大，刃倾角较大的车刀。

外圆车刀种类很多，（表0-12）一般选主偏角为95°的可转位车刀。

表0-12 常用可转位车刀

车刀	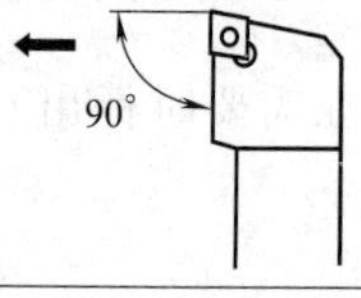 90°	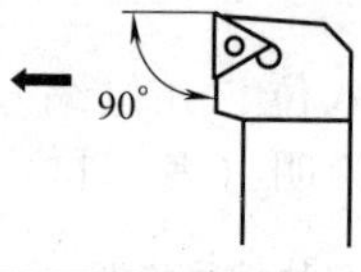 90°	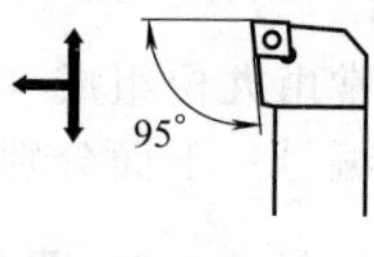 95°	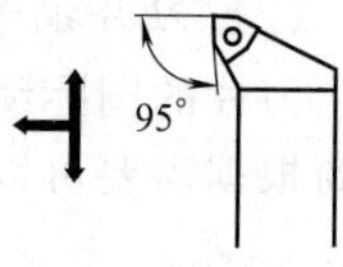 95°
形式代号	SCGCR/L	STGCR/L	SCLCR/L	SWLCR/L
车刀	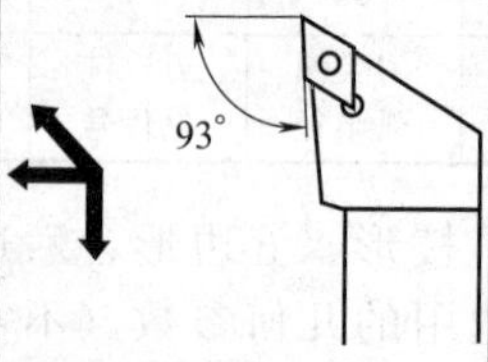 93°	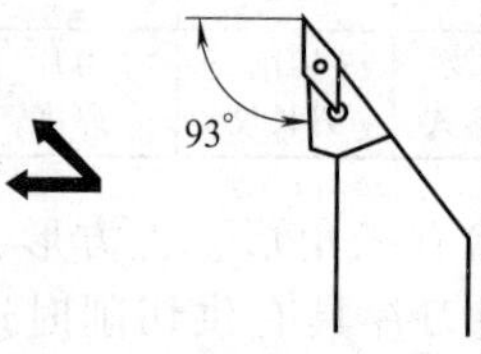 93°	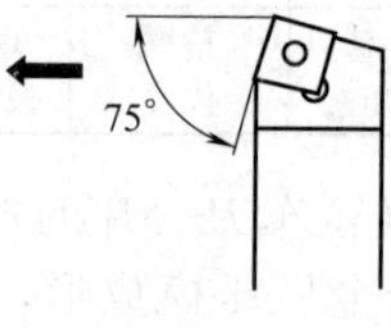 75°	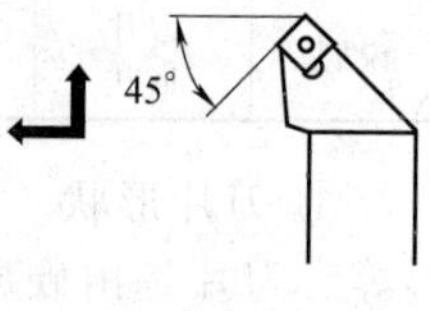 45°
形式代号	SDJCR/L	SVJCR/L	SSBCR/L	SSSCR/L

（2）刀片材料的选择

一般YG类合金刀片较适合于加工铸铁等脆性材料，对应ISO标准中的K类刀片材料；YT类合金材料比较适合于加工钢等塑性材料，对应ISO标准中的P类刀片材料；YW类属于万能类、通用类刀片，适合于加工奥氏体不锈钢、钛合金等高硬度难加工材料，对应ISO标准中的M类和W类刀片。

（3）车刀的安装

车削外圆、台阶圆、端面及内孔时各种类型车刀的安装与要求相同。车刀安装得是否正确，将直接影响到切削能否顺利进行和工件加工质量的好坏。

① 车刀的刀杆应与进给方向垂直以保证主偏角和副偏角不变。

② 为避免加工中产生振动，车刀伸出刀架部分的长度应尽量短，以增强其刚性，一般为刀柄厚度的1～1.5倍；内孔车刀刀杆伸出长度以被加工孔的长度为准，且大于被加工孔的长度。

③ 焊接车刀可以使用垫片来调整车刀刀尖高度。垫片一般用长150～200mm、宽略小于刀槽厚2～3mm的钢片。垫片要结实，垫片的数量应尽量少，一般不要超过3块。

④ 车刀至少要用两个螺钉压紧，并要轮流拧紧螺钉（图0-38）。

车刀刀尖应与工件回转中心等高。外圆车刀刀尖高于工件的轴线，车刀的实际后角减小，车刀后刀面与工件之间的摩擦力变大；刀尖低于工件的轴线，则车刀的实际前角减小，切削阻力增大。另外，如果车刀刀尖与工件回转中心不等高，在车削圆锥表面时会产生双曲线误差。

如果车刀刀尖与工件回转中心不等高，还会在车削端面至中心时留下凸台。使用硬质合金刀具时，忽视此点，车至工件中心处会使刀尖崩碎。

(4) 调整刀尖高度使其对准工件回转中心的常用方法

① 在尾座上装上顶尖，调整车刀高度，使刀尖与顶尖的尖部等高。

② 将车刀靠近工件端面，用目测估计车刀的高低，然后夹紧车刀，试车端面，再根据所车削端面的回转中心调整到合适高度。

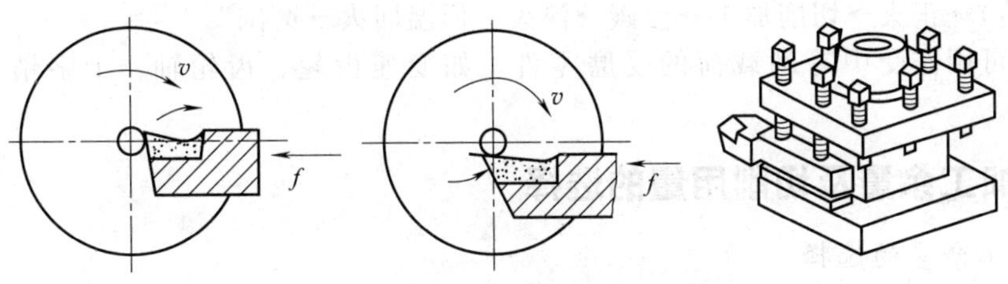

图 0-38　车刀的装夹

0.7　数控车削基本知识

0.7.1　轴类零件常用材料及热处理

轴类零件是机器中经常遇到的典型零件之一。它主要用来支承传动零部件，传递转矩和承受载荷。轴类零件是旋转体零件，其长度大于直径，一般由外圆柱面、圆锥面、内孔和螺纹及相应的端面所组成。根据结构形状的不同，轴类零件可分为光轴、阶梯轴、空心轴和异形轴（包括曲轴、凸轮轴和偏心轴等）四类。

轴类零件应根据不同的工作条件和使用要求选用不同的材料，并采用不同的热处理规范（如调质、正火、淬火等）获得一定的强度、韧性和耐磨性。常用的轴类材料如下。

(1) Q235A、Q255A 等普通碳素结构钢

该类材料一般不进行热处理，材料强度低，塑性好，硬度较低，硬度一般不大于165HBS，切削中易产生“粘刀”现象，影响表面粗糙度。适用于不重要场合。

(2) 45、40Cr 等调质钢

45 钢和 40Cr 是轴类零件的常用材料，经过调质处理（淬火加高温回火）后，可得到较好的机械加工性能，而且能获得较高的强度和韧性等综合力学性能。

45 钢为优质碳素结构钢，调质处理后，其抗拉强度为 700～850MPa，屈服强度为450～550MPa。适合于尺寸较小、负荷较轻的零件，如普通的齿轮、轴等零件。

40Cr 为合金结构钢。由于材料中添加了合金元素，提高了淬透性和力学性能，调质处理后，其抗拉强度为 1000MPa，屈服强度为 800MPa。适合于尺寸较大、负荷较重的零件，如重要的齿轮、轴、套筒、连杆螺钉、螺栓等。

对调质硬度要求较低（一般为 170～230HBS）和中等硬度者（22～26HRC），可调质后进行切削加工。如果要求调质零件的硬度较高（平均硬度大于 28HRC），可先进行粗加工，然后调质。对精度要求较高的零件，调质后还需进行精加工。

如果零件需要表面淬火处理，硬度可达 50HRC 以上。对这类零件，可采取“毛坯→调质（或正火）→机械加工→表面淬火→磨削加工”的工艺路线。

（3）20、20CrMnTi 等渗碳钢

渗碳钢的含碳量一般都很低，大约介于 0.1%～0.25%之间，它们均属于低碳钢范畴。这样低的含碳量可保证渗碳零件心部具有足够的韧性和塑性。常用渗碳钢的热处理工艺规范都是在渗碳之后进行淬火，然后再进行低温回火，这样可以得到“表硬里韧”的性能。

20 钢渗碳处理后，抗拉强度为 420MPa，屈服强度为 250MPa。

20CrMnTi 渗碳处理后，抗拉强度为 1200MPa，屈服强度为 900MPa。表面硬度达58～60HRC，心部硬度为 30～45HRC。

20CrMnTi 正火后的硬度为 170～210HBS，切削加工性能良好。其加工工艺路线为：“毛坯（锻造）→正火→切削加工→渗碳→淬火、低温回火→磨削”。

这类钢可用作受中等动载荷的受磨零件，如变速齿轮、齿轮轴、十字销头、花键轴套等。

0.7.2 加工余量及切削用量的选择

（1）加工余量的选择

加工余量有加工总余量（毛坯余量）和工序余量之分：加工总余量是指从毛坯到成品之间的整个工艺过程中所切除的材料层的厚度；工序余量是指完成某工序所需要切除的材料层的厚度。通常零件的加工要经过粗加工、半精加工和精加工才能达到图纸要求，因此，零件的加工总余量等于中间工序加工余量之和。

工件加工余量的大小，将直接影响工件的加工质量、生产效率和经济性。例如，加工余量太小时，不易去掉上道工序所遗留下来的表面缺陷及表面的相互位置误差而造成废品；加工余量太大时，会造成加工工时和材料的浪费，甚至因余量太大而引起很大的切削热和切削力，使工件变形，影响加工质量。

在选择加工余量时，应考虑以下几个因素。

① 零件的大小不同，切削力、内应力引起的变形也不同，通常工件越大，变形也越大，所以加工余量也相应地大一些。

② 零件在热处理后要发生变形，因此这类零件要适当增大一点加工余量。

③ 加工方法、装夹方式和工艺装备的刚性，也会引起零件的变形，所以也要考虑加大余量。

（2）切削用量的确定

切削用量又称切削要素，它是度量主运动和进给运动大小的参数。它包括背吃刀量、进给量和切削速度（称为切削三要素），如图 0-39 所示。正确地选用切削用量，对保证产品质量、提高切削效率和经济效益具有重要作用。

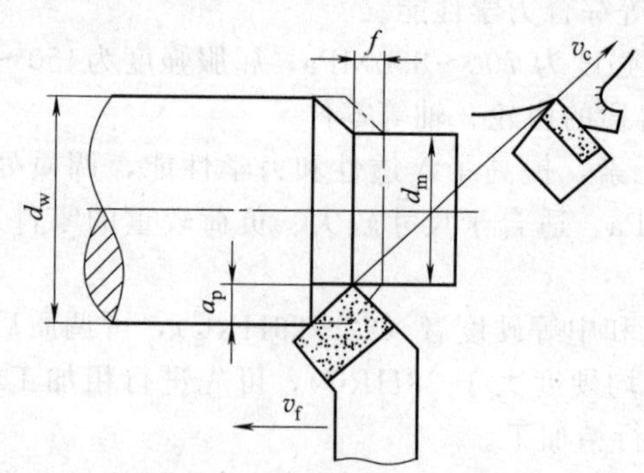

图 0-39 切削用量三要素

① 背吃刀量（a_p） 车削工件上已加工表面与待加工表面之间的垂直距离，称为背吃刀量，即每次进给车刀时车刀切入工件的深度（mm）。

外圆车削时：

$$a_p=\frac{d_w-d_m}{2}$$

式中 a_p——背吃刀量，mm；

d_w——工件待加工表面的直径，mm；

d_m——工件已加工表面的直径，mm。

② 进给量 刀具在进给方向上相对于工件的位置移动量称为进给量。进给量有两种表示

方法。

a. 每转进给量 f　工件每转一转，刀具相对于工件沿进给方向移动的距离（mm/r）。

b. 进给速度 v_f　刀具每分钟沿进给方向移动的距离（mm/min）。

两种进给量之间的关系：

$$v_f = fn$$

式中　n——主轴转速，r/min；

f——每转进给量，mm/r；

v_f——进给速度，mm/min。

③ 切削速度（v_c）　在切削加工中，刀具切削刃上的某一点相对于工件待加工表面在主运动方向上的瞬时速度（m/min），也可以理解为车刀在 1min 内车削工件表面的理论展开直线长度（假定切屑没有变形或收缩）。切削速度的计算公式为

$$v_c = \frac{\pi d n}{1000}$$

式中　v_c——切削速度，m/min；

d——工件待加工表面直径，mm；

n——车床主轴转速，r/min。

车时，当转速一定时，工件上不同直径的切削速度是不同的，在计算时应取最大的切削速度。在车端面或切断、切槽时切削速度随直径的变化而变化。有些加工中为了保证工件表面质量，可采用恒速切削指令 G96。

在实际生产加工中，往往是已知工件的直径，然后根据刀具材料、工件材料和加工性质等因素来选择切削速度，再根据切削速度求出合理的主轴转速范围给到加工程序中。计算公式为

$$n = \frac{1000 v_c}{\pi d}$$

（3）合理选择切削用量的目的

在工件材料、刀具材料、刀具几何参数、车床等切削条件一定的情况下，合理选择切削用量，不仅对切削阻力、切削热、积屑瘤、工件的加工精度、表面粗糙度有很大的影响，而且还与提高生产率、降低生产成本有密切关系。虽然加大切削用量对提高生产率有利，但过分增加切削用量却会增加刀具磨损，影响工件质量，甚至会撞坏刀具，严重时还会产生“憋车”现象，所以必须合理地选择切削用量。

（4）选择切削用量的一般原则

切削用量的选择主要依据工件材料、加工精度和表面粗糙度的要求，还应考虑刀具合理的耐用度、工艺系统刚度及机床功率等条件。其基本原则是：应首先选择一个尽可能大的背吃刀量；其次选择一个较大的进给量；最后，在刀具耐用度和机床功率允许的条件下选择一个合理的切削速度。

① 粗车时切削用量的选择　粗车时，加工余量较大，主要应考虑尽可能提高生产率和保证必要的刀具寿命。加工中对刀具寿命影响最小的是背吃刀量 a_p，其次是进给量 f，影响最大的是切削速度 v_c。这是因为切削速度对切削温度影响最大，切削速度增大，导致切削温度升高，刀具磨损加快，刀具使用寿命明显下降。所以，应首先选择尽可能大的背吃刀量，然后再选择合适的进给量，最后在保证刀具经济耐用度的条件下，尽可能选择较大的切削速度。

a. 选择背吃刀量 a_p　背吃刀量应根据工件的加工余量和工艺系统的刚性来选择。在保留半精加工余量（1～3mm）和精加工余量（0.1～0.5mm）后，应尽量将剩下的余量一次

切除，以减少走刀次数。

若加工余量太大，一次切去所有的余量将引起明显振动，或者刀具强度不允许，机床功率也不够，这时就分两次或多次进刀，但第一次进刀必须选得大一些。特别是当切削表面层有硬皮的铸铁、锻件毛坯或切削不锈钢等冷硬现象较严重的材料时，应尽量使切削深度超过硬皮或冷硬层厚度，以避免刀尖过早磨钝或破损。

b. 选择进给量 f　制约进给量的主要因素是切削力和表面粗糙度要求。粗车时，对加工表面的粗糙度要求不高，只要工艺系统的刚性和刀具强度允许，可以选择较大的进给量，否则应适当减少。

c. 选择切削速度 v_c　粗车时切削速度的选择，主要考虑切削的经济性，即要保证刀具的经济耐用度，又要保证切削负荷不超过机床的额定功率。

刀具的耐热性好，则切削速度可选高些。用硬质合金车刀比用高速钢车刀切削时的切削速度高。

工件的强度、硬度高或塑性太大或太小，切削速度均应选得低些。

断续切削时，也应取较低的切削速度。

② 半精车和精车时切削用量的选择　半精车、精车时的切削用量，应以保证加工质量为主，并兼顾生产率和必要的刀具寿命。半精车、精车时切削深度是根据加工精度和表面粗糙度的要求由粗车后留下的余量确定的。半精车、精车的切削深度较小，产生的切削力不大，加大进给量对工艺系统的强度和刚性的影响较小，主要受表面粗糙度的限制。此时，应尽可能选择较高的切削速度。

a. 选择切削速度　为了抑制切削瘤的产生，提高表面粗糙度，当用硬质合金车刀切削时，一般可选用较高的切削速度，目前有些涂层刀具的切削速度可以达到250m/min以上，这样既可以提高生产率，又可以提高工件表面质量。但是，如果采用高速钢车刀时，则要选用较低的切削速度，以降低切削温度。

b. 选择进给量　半精车和精车时，制约增大进给量的主要因素是表面粗糙度。尤其精车时通常选择较小的进给量。

c. 选择背吃刀量　半精车和精车的背吃刀量，是根据加工精度和表面粗糙度的要求并由粗加工留下的余量决定的。若精车时选用的是硬质合金刀具，由于其刃口在砂轮上不易磨得很锋利（至少有 $R0.2$mm 的刀尖圆弧）。因此，最后一刀的切削深度不宜选得过小，一般大于刀尖圆弧半径，否则很难满足工件的表面粗糙度要求。若选用高速钢车刀，则可选较小的背吃刀量。一般半精加工时，背吃刀量可取0.5～2mm；精加工时，可取0.2～0.4mm。

数控车削加工中常用切削用量见表0-13。

表 0-13　数控车削加工中常用切削用量

刀具材料	工件材料	粗加工			精加工		
		背吃刀量/mm	进给量/$mm \cdot r^{-1}$	切削速度/$m \cdot min^{-1}$	背吃刀量/mm	进给量/$mm \cdot r^{-1}$	切削速度/$m \cdot min^{-1}$
硬质合金	碳钢	5	0.3	220	0.4	0.12	260
	低合金钢	5	0.3	180	0.4	0.12	220
涂层刀具	高合金钢（退火）	5	0.3	120	0.4	0.12	160
	铸钢	5	0.3	80	0.4	0.12	140
	不锈钢	4	0.3	80	0.4	0.12	120
	钛合金	3	0.2	40	0.4	0.12	60
	铝合金	3	0.3	1600	0.5	0.2	1600

续表

刀具材料	工件材料	粗加工			精加工		
		背吃刀量 /mm	进给量 /mm·r^{-1}	切削速度 /m·min^{-1}	背吃刀量 /mm	进给量 /mm·r^{-1}	切削速度 /m·min^{-1}
涂层刀具	灰铸铁	4	0.4	120	0.5	0.2	150
	球墨铸铁	4	0.4	100	0.5	0.2	120
陶瓷	淬硬钢	0.2	0.15	100	0.1	0.1	150
	灰铸铁	1.5	0.4	500	0.3	0.2	550
	球墨铸铁	1.5	0.4	350	0.3	0.2	380

0.7.3 数值处理

(1) 中值尺寸

图纸中给的数值尺寸需要处理为编程尺寸，以便在加工中更好地保证加工精度。例如一外圆直径尺寸 $\phi56_{-0.03}^{\ 0}$ mm，如果按基本尺寸 ϕ56mm 作为编程尺寸进行编程，考虑到车削外圆尺寸时刀具的磨损及让刀变形，实际加工尺寸肯定会偏大。因此必须按平均尺寸确定编程尺寸。编程时通常需要将公差尺寸进行转换，使其公差带对称布置，方法是分别取两极限尺寸 ϕ56mm 和 ϕ55.97mm，求出平均值 ϕ55.985mm，得到编程尺寸，也就是中值尺寸。这样就可以把尺寸 $\phi56_{-0.03}^{\ 0}$ mm 换算成 ϕ (55.985±0.015) mm。

在取中值尺寸时，如果遇到比机床所规定的最小编程单位还小的数值，则尽量向其最大实体尺寸靠拢并圆整，即要使外圆稍大，孔稍小。外圆稍大，如果超差，还可以再车一刀，如果外圆小了，工件就没法补救而成为废品了。孔也是一样。

(2) 基点

一般数控机床只有直线和圆弧插补功能，当刀具路径规划好后，需要知道刀具路径上各直线和圆弧要素点的坐标数据，才能进行编程。这些编程所需数据在零件图上往往不能直接获得。这些点的坐标数据需要进行数学计算。数学处理的内容主要包括基点坐标计算、节点坐标计算。手工计算基点和节点往往比较麻烦，所以最好在 CAD 上求出。

基点是指构成零件轮廓的各相邻几何要素的交点或切点，如两条直线的交点、直线与圆弧的交点或切点等，如图 0-40 所示。

(3) 节点

当被加工零件轮廓形状与机床的插补功能不一致时，如果在只有直线和圆弧插补功能的数控机床上加工椭圆、双曲线等，或者用一系列坐标点表示的列表曲线时，要用直线或圆弧去逼近被加工曲线（拟合）。这时，逼近线段与被加工曲线的交点就称为节点，如图 0-41 所示。

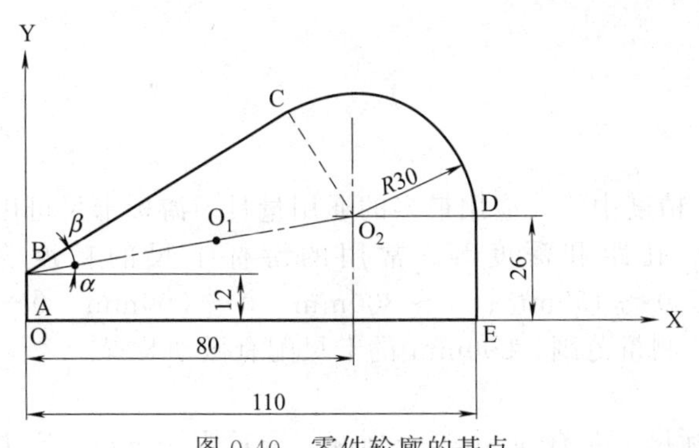

图 0-40 零件轮廓的基点

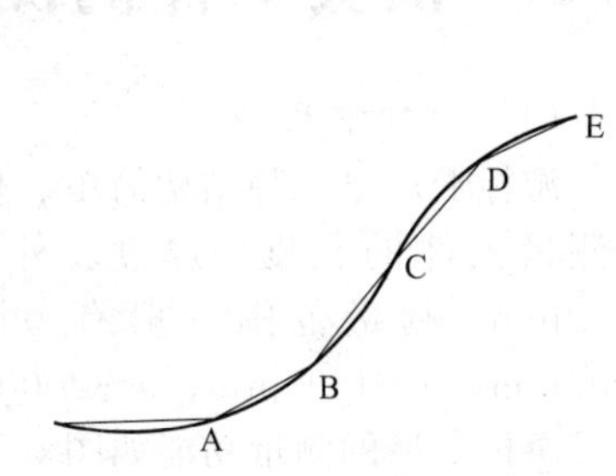

图 0-41 零件轮廓的节点

0.7.4 切削液的合理选用

切削液又称冷却液，在切削加工过程中合理地使用切削液，能够改善表面粗糙度，减少15%～30%的切削力。而且，还会使切削温度降低100～150℃，从而提高刀具寿命和提高生产率及加工质量。

(1) 切削液的种类及选用

① 切削液的种类　切削液有冷却、润滑、冲洗、防锈的作用。切削液有以下两类。

a. 乳化液　为乳化油加入15～20倍的水稀释而成（主要作用是冷却），其比热容大、流动性好，润滑防锈能力较差。

b. 切削油　主要成分是矿物油，如10号和20号机油、轻机油、煤油等（主要作用是润滑），其比热容小、流动性差，润滑防锈能力好。

② 切削液的选用原则

a. 根据工艺特点、加工性质、工件和刀具材料等条件合理地选用。

粗加工：应选用乳化液，主要作用是冷却。

精加工：应选用高浓度的乳化液或切削油，主要作用是润滑。

半封闭式加工：应选用黏度较小的乳化液，主要作用是冷却、润滑和冲屑。

b. 根据工件材料选用。

一般钢件，粗车时选用乳化液，精车是选用硫化油。

车削铸铁、铸铝等脆性金属材料时，一般不用切削液，精车时可选用煤油或7%～10%的乳化液。

车削铜合金时，不宜采用含硫的切削液，以免腐蚀工件。

车削镁合金时，严禁使用切削液，以免起火（可以使用压缩空气冷却）。

车削难加工材料时（不锈钢、耐热钢），应选用极压切削液。

c. 根据刀具材料选用。

高速钢：粗加工时选用乳化液，精加工时选用极压切削油或高浓度的极压乳化液。

硬质合金：一般不使用切削液，在加工硬度高、强度好、导热性差的材料和细长轴时，应选用切削液。

(2) 使用切削液的注意事项

① 油状乳化液必须用水稀释后才能使用。

② 切削液必须充分浇注在切削加工区域。

③ 硬质合金车刀切削时，如使用切削液必须注意一开始加工时就应连续充分地加足切削液，不得在加工中途打开切削液，否则硬质合金刀具会因突然受冷产生裂纹。

④ 添加极压添加剂（硫、氯等）和防锈剂，以提高润滑和防锈能力。

0.8 轴类工件的测量

(1) 游标卡尺

游标卡尺是一种结构简单、使用方便、精度中等、应用最多的通用量具。游标卡尺可用来测量工件的长度、厚度、外径、内径、孔距和深度等。常用的游标卡尺的精度为0.02mm。测量范围一般有0～125mm、0～150mm、0～300mm、0～500mm、0～1000mm、0～1500mm、0～2000mm几种。测量范围≥200mm的卡尺配有微动装置。

游标卡尺的测量功能如图0-42所示。

游标卡尺主尺的最小刻度为1mm，游标尺上共有50个等分刻度，全长为49mm，比主

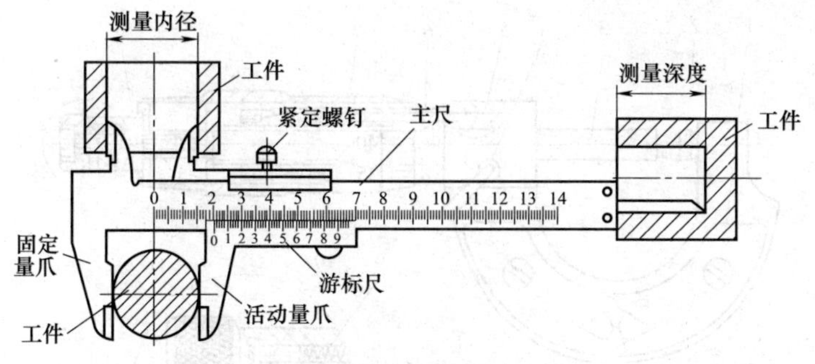

图 0-42　游标卡尺的测量功能

尺上相应刻度小 1mm，则游标尺上每一分度和主尺上的最小分度相差 1/50＝0.02mm，其精确度为 0.02mm。当量爪并拢时游标尺的零刻度线与主尺的零刻度对齐，此时示数为 0。测量时，右手拿住主尺，大拇指移动游标尺，左手拿待测外径（或内径）的物体，待测物体与量爪紧紧相贴时，即可读数。

读数时首先以游标尺零刻度线为准在主尺上读取以毫米为单位的整数部分。然后看游标尺上第几条刻度线与主尺的刻度线对齐，读出小数部分。图 0-43 中游标尺上零刻度线对应的主尺上数值为 60mm 多一些，即主尺上的整数值为 60mm；游标尺上是数字 4 后边的第 4 道刻度线与主尺上的刻度线对齐，因为游标尺上每个刻度为 0.02mm，24 个小格即为 0.48mm。此时实际测量值为 60mm＋0.48mm＝60.48mm。

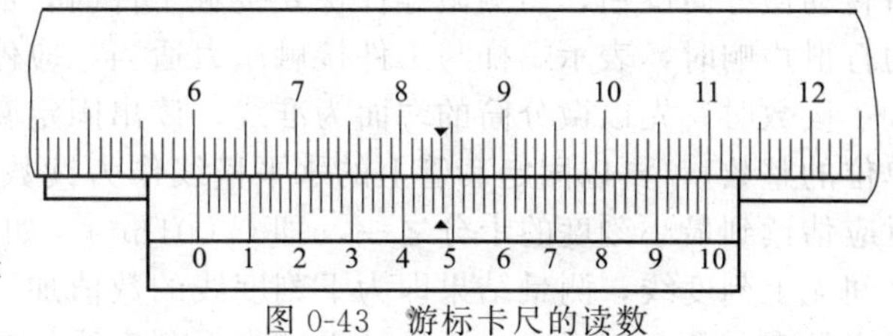

图 0-43　游标卡尺的读数

若没有正好对齐的线，则取最接近对齐的线进行读数。如有零误差，则一律用上述结果减去零误差（零误差为负，相当于加上相同大小的零误差）。

读数结果＝整数部分＋小数部分－零误差

判断游标尺上哪条刻度线与尺身刻度线对准，可用下述方法：选定相邻的三条线，如左侧的线在主尺对应线之右，右侧的线在尺身对应线之左，中间那条线便可以认为是对准了。

如果需测量几次取平均值，不需每次都减去零误差，只要从最后结果减去零误差即可。

（2）外径千分尺

千分尺是最常用的精密量具之一。千分尺的种类很多，按其用途不同可分为外径千分尺、内径千分尺和螺纹千分尺等。

外径千分尺（又称螺旋测微器）是比游标卡尺更精密的测量长度的工具，用它测长度可以精确到 0.01mm，一般测量范围有 0～25mm、25～50mm、50～75mm、75～100mm 等。

外径千分尺的构造如图 0-44 所示。千分尺的固定刻度固定在框架上，旋钮、微调旋钮和可动刻度、测微螺杆连在一起，通过精密螺纹套在固定刻度上。

千分尺是依据螺旋放大的原理制成的，即螺杆在螺母中旋转一周，螺杆便沿着旋转轴线方向前进或后退一个螺距的距离。因此，沿轴线方向移动的微小距离，就能用圆周上的读数表示出来。千分尺的精密螺纹的螺距是 0.5mm，可动刻度有 50 个等分刻度，可动刻度旋转一周，测微螺杆可前进或后退 0.5mm，因此旋转每个小分度，相当于测微螺杆前进或后退 0.5/50＝0.01mm。可见，可动刻度每一小分度表示 0.01mm，所以千分尺可准确到 0.01mm，由于还能再估读一位，可读到毫米的千分位，故称千分尺。

千分尺在使用前首先要校对零位，以检查起始位置是否正确。对于测量范围在 0～

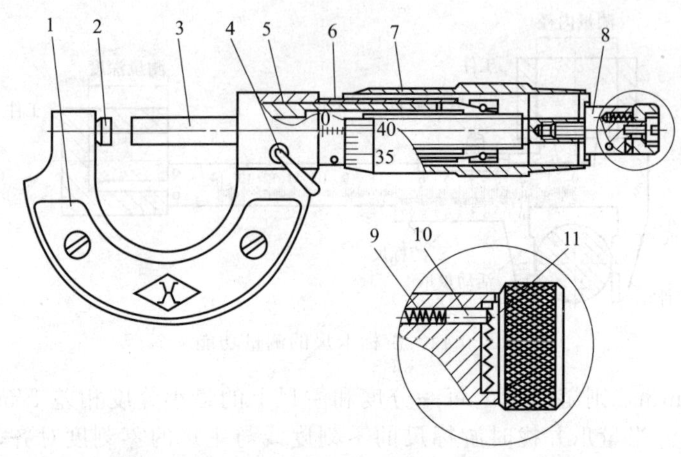

图 0-44 外径千分尺的结构

1—尺架；2—固定砧座；3—测微螺杆；4—锁紧装置；5—螺纹轴套；6—固定套管；7—微分筒；8—测力装置；9—弹簧；10—棘爪；11—棘轮

25mm 的千分尺可直接校对零位，对于测量范围大于 25mm 的千分尺要用量块或专用校准棒校对零位，如有误差可对测量结果进行修正。

测量时，先把被测量工件表面擦干净，并准确地放在千分尺的测量面上，不得偏斜。然后转动微分筒旋钮，当测微螺杆快要接触工件时，必须改为转动微调旋钮，当发出“咔咔”的打滑声响时，表示螺杆与工件接触压力适当，应停止拧动。严禁拧动微分筒旋钮。

读数时，先以微分筒的端面为准线，读出固定套管下刻度线的分度值（只读出以毫米为单位的整数），再以固定套管上的水平横线作为读数准线，读出可动刻度上的分度值，读数时应估读到最小刻度的十分之一，即 0.001mm。如果微分筒的端面与固定刻度的下刻度线之间无上刻度线，测量结果即为下刻度线的数值加可动刻度的值；如果微分筒端面与下刻度线之间有一条上刻度线，测量结果应为下刻度线的数值加上 0.5mm，再加上可动刻度的值，如图 0-45 所示。

图 0-45（a）中，先读出固定套管上露出的刻度 12mm；再读活动套管刻度 0.245mm，最后一位数为估读数字，两者相加即为 12.245mm。

图 0-45（b）中，先读出固定套管上露出的刻度 32.5mm；再读活动套管刻度 0.150mm，最后一位数为估读数字，两者相加即为 32.650mm。

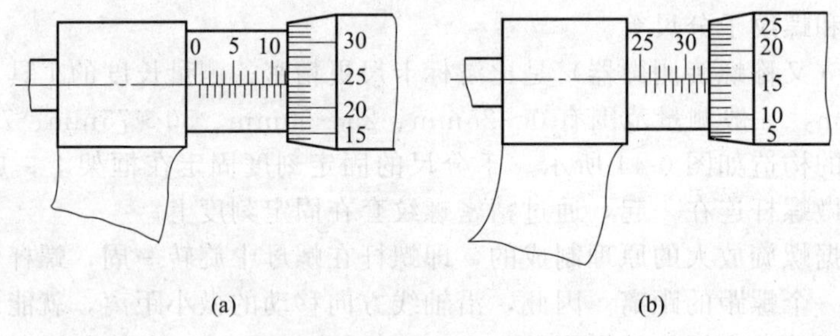

图 0-45 外径千分尺的读数

使用千分尺的注意事项如下。

① 测量时，在测微螺杆快靠近被测物体时应停止使用微分筒旋钮，而改用微调旋钮，避免产生过大的压力，既可使测量结果精确，又能保护螺旋测微器。

② 在读数时，要注意固定刻度尺上表示半毫米的刻线是否已经露出。

③ 读数时，千分位有一位估读数字，不能随便扔掉，即使固定刻度的零点正好与可动刻度的某一刻度线对齐，千分位上也应读取为“0”。

④ 使用前应先校对千分尺，如果出现零误差，应加以修正，即在最后测量的读数上去掉零误差的数值。

练习题

一、填空题（请将正确答案填在横线空白处）

1. 数控机床坐标系采用________坐标系。其中坐标轴移动的正方向是远离________的方向。

2. 一个完整的加工程序由若干个________组成，程序的开头是________，中间是________，最后是________。

3. 在材质、精车余量和刀具一定的情况下，表面粗糙度值的大小取决于________。

4. ________数控机床的核心。

5. 切削三要素是指________、________、________。

6. 粗车时为了提高加工效率优先选择较大的________，精车时为了提高工件的表面质量优先选择较大的________。

7. 切削液具有________、________、________和防锈的作用。

8. 切削用量三要素中影响切削力程度由大到小的顺序是________、________和________。

二、选择题（请将正确答案的代号填入括号内）

1. 数控机床开机时，一般要进行回参考点操作，其目的是（　　）。

A. 建立机床坐标系　B. 建立工件坐标系　C. 建立局部坐标系

2. 主轴转速 n，切削速度 v 与工件直径 d 之间的关系是（　　）。

A. $n=1000v/(\pi d)$　B. $v=1000n/(\pi d)$　C. $v=1000d/(\pi n)$

3. 控制精度最高的伺服系统是（　　）。

A. 开环系统　B. 闭环系统　C. 半闭环系统

4. 塑料滑动导轨比滚动导轨（　　）。

A. 摩擦因数小，抗振性好　B. 摩擦因数大，抗振性差　C. 摩擦因数小，抗振性差

5. 对多品种、中小批量生产的精度要求较高的零件，下列最适合加工的机床是（　　）。

A. 通用机床　B. 专用机床

C. 专门化机床　D. 数控机床

6. 以下这些指令字中，属于非模态代码的是（　　）。

A. G90　B. G04　C. G00　D. M09

7. 在更换系统电池时应在（　　）下更换；更换保险丝时应在（　　）下更换。

A. 断电状态　B. 通电状态　C. 关机状态

三、判断题（正确的请在括号内打“√”，错误的打“×”）

1. 开环数控系统是不带反馈装置的控制系统。（　　）

2. 模态G代码只在本程序段有效。（　　）

3. 操作人员若发现机床有异常时，应立即停车修理，然后再报告值班电工。（　　）

4. 在数控机床运行中，可以经常打开电气柜门散热。（　　）

5. 车削加工中心必须配备动力刀架。（　　）

6. 数控车床的安全性比普通车床高，所以可以戴手套操作。（　　）

7. 通常在编程时，不论何种机床，都假定工件静止，刀具相对工件移动。（　）

8. 数控机床编程有绝对值编程和增量值编程，使用时不能将它们放在同一程序段中。（　）

四、简答题

1. 数控机床有哪些特点?

2. 开环、闭环和半闭环系统各有什么特点?

3. 数控机床可控轴数和联动轴数有什么不同?

4. 数控车床为什么要进行回参考点操作?

五、综合题

1. 在操作数控机床前，检查一下自己和他人有哪些方面不符合安全操作规程。

2. 在数控车床的三爪卡盘上装夹一个工件，练习手动、手摇和对刀操作。

3. 已知数控车床的主轴转速为 500r/min，工件直径为 ϕ40mm，车刀的进给量为 0.2mm/r，试求：

（1）车刀在工件直径上的切削速度是多少?

（2）在主轴转速为 500r/min 时，进给量 0.2mm/r 相当于进给速度是多少（mm/min）?

（3）假如主轴转速变为 1000r/min，进给量 0.2mm/r 相当于进给速度是多少（mm/min）?

4. 加工如图 0-46 所示的零件，刀具按 A→B→C→D→E→F 的顺序移动。写出各点的绝对值坐标和后一点相对于前一点的增量值坐标（按顺序，如 B 点相对于 A 点）。

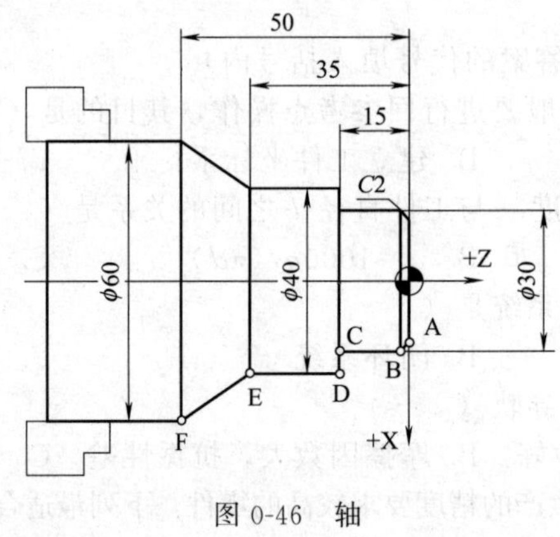

图 0-46　轴

项目1 简单轴类零件加工

1.1 知识准备

1.1.1 数控程序的结构

程序是为使机床能按要求运动而编写的数控指令的集合。数控程序的由三部分构成：程序名、程序内容、程序结束。程序内容由若干程序段组成，程序段由程序字组成，程序字由地址符和数字组成，它代表数控机床的一个位置或动作。

下面是一个加工程序：

程序	说明
O2011；	程序名
N10 M03 S500； N20 T0101； N30 G00 X20 Z4； N40 G99 G01 Z－25 F0.2； N50 X30； N60 Z－40； N70 X40； N80 G00 X50 Z150；	程序内容
N90 M30；	程序结束

（1）程序名

系统可以存储多个程序，为相互区分，在程序的开始必须冠以程序名。程序名由英文字母 O 以及后面的四位数字组成，可编的范围是 O0001～O9999。其中 O0000 系统占用，作为在 MDI 方式下输入程序用。

（2）程序段

程序段由段号和程序字组成，并用结束符“；”结束。段号用 N 表示，范围从 N0001～N9999。段号可以通过修改系统参数自动生成。程序段号可以不写，并不影响程序的执行和功能。为了方便修改，自动生成的程序段号间隔为 5 或 10，可以通过修改系统参数设置。

例如：

N40 G99 G01 Z－25 F0.2；

其中 N40 为段号；G99、G01、Z－25、F0.2 都是程序字；“；”为结束符。

需要注意的是，系统在执行程序时，是按照程序段的先后顺序依次执行的，而不是按照段号的大小顺序执行的。

（3）程序字

程序字由地址符（英文字母）和数字组成，地址符决定功能。例如：

M03 S500；

其中 M、S 为地址符；数字 03、500 与前边的地址符相结合成为一个字，代表着不同的功能。

对于 X、Z 等坐标地址符，后边的数字既可以是正数，也可以是负数，负号要写，正号不写。例如：X20，Z−40。

为了便于编写和检查，程序段中的程序字排列最好一致。一般的的顺序是

N _ M _ S _ T _ G _ X _ Z _ F _

（4）程序结束

程序的最后必须用“M30”或“M02”指令结束，否则系统报警。

1.1.2 数控系统的功能指令

数控机床的基本功能包括准备功能（G 功能）、辅助功能（M 功能）、刀具功能（T 功能）、主轴功能（S 功能）和进给功能（F 功能）。

为了让数控机床按照要求进行切削加工，就必须用程序的形式给它输入必要的指令加以控制。这种指令的规则和格式必须严格符合机床数控系统的要求和规范，否则机床就无法工作。目前国际上广泛采用两种标准规定的代码编制加工程序，即 ISO 代码和 EIA 代码。ISO 代码是由国际标准化组织制定的代码；EIA 代码是由美国电子工业学会制定的代码。我国制定的 JB 3208—1983 代码标准与国际标准等效。

（1）准备功能（G 功能）

准备功能指令又称 G 代码，由地址符 G 和其后的两位数字组成，从 G00～G99。该指令的作用是指定数控机床的加工方式，为数控装置的辅助运算、刀补运算、固定循环等做好准备。

由于国际上使用 G 代码的标准化程度较低，只有若干个指令在各类数控系统中基本相同。即使相同的系统，不同的厂家生产的机床也不完全相同，因此必须严格按照具体机床的编程说明书进行编程。

G 代码有两种：模态代码和非模态代码。

① 模态代码　只要指定一次模态 G 代码则一直有效，直到被同组的 G 代码取代。例如程序：

```
O0011;
N10 M03 S500;
N20 T0101;
N30 G00 X20 Z4;
N40 G01 Z-25 F0.2;
N50     X30;
N60     Z-40;
N70     X40;
N80 G00 X50 Z150;
N90 M30;
```

由于 G01 是模态代码，在 N40 段中指令后，后续的 N50、N60、N70 段则一直有效，G01 可以省略，直到在 N80 段中被同组的 G 代码 G00 取代为止。

② 非模态代码　这种指令只有在被指定的程序段中才有效，例如：

```
⋮
N50 G01 X10 F0.2;
N60 G04 X2;
N70 G01 X50;
⋮
```

在上述程序中，由于暂停指令 G04 是非模态代码，G04 只有在 N60 段中有效。

FANUC 0i Mate-T 系统常用的准备功能 G 代码见表 1-1。

表 1-1　FANUC 0i Mate-T 系统常用的准备功能 G 代码

<table>
<tr><th>代码</th><th>组别</th><th>功　能</th><th>附注</th></tr>
<tr><td>G00</td><td rowspan="4">01</td><td>快速定位</td><td>模态</td></tr>
<tr><td>G01</td><td>直线插补</td><td>模态</td></tr>
<tr><td>G02</td><td>顺时针圆弧插补</td><td>模态</td></tr>
<tr><td>G03</td><td>逆时针圆弧插补</td><td>模态</td></tr>
<tr><td>G04</td><td>00</td><td>暂停</td><td>非模态</td></tr>
<tr><td>G20</td><td rowspan="2">06</td><td>英制输入</td><td>模态</td></tr>
<tr><td>G21</td><td>米制输入</td><td>模态</td></tr>
<tr><td>G27</td><td rowspan="2">00</td><td>参考点返回检查</td><td>非模态</td></tr>
<tr><td>G28</td><td>参考点返回</td><td>非模态</td></tr>
<tr><td>G32</td><td>01</td><td>螺纹切削</td><td>模态</td></tr>
<tr><td>G40</td><td rowspan="3">07</td><td>刀具补偿取消</td><td>模态</td></tr>
<tr><td>G41</td><td>刀具左补偿</td><td>模态</td></tr>
<tr><td>G42</td><td>刀具右补偿</td><td>模态</td></tr>
<tr><td>G50</td><td>00</td><td>工件坐标原点设置，最大主轴速度设置</td><td>非模态</td></tr>
<tr><td>G54</td><td rowspan="6">14</td><td>第 1 工件坐标系设置</td><td>模态</td></tr>
<tr><td>G55</td><td>第 2 工件坐标系设置</td><td>模态</td></tr>
<tr><td>G56</td><td>第 3 工件坐标系设置</td><td>模态</td></tr>
<tr><td>G57</td><td>第 4 工件坐标系设置</td><td>模态</td></tr>
<tr><td>G58</td><td>第 5 工件坐标系设置</td><td>模态</td></tr>
<tr><td>G59</td><td>第 6 工件坐标系设置</td><td>模态</td></tr>
</table>

<table>
<tr><th>代码</th><th>组别</th><th>功　能</th><th>附注</th></tr>
<tr><td>G65</td><td>00</td><td>宏程序调用</td><td>非模态</td></tr>
<tr><td>G66</td><td rowspan="2">12</td><td>宏程序调用</td><td>模态</td></tr>
<tr><td>G67</td><td>宏程序调用取消</td><td>模态</td></tr>
<tr><td>G70</td><td rowspan="7">00</td><td>精车循环</td><td>非模态</td></tr>
<tr><td>G71</td><td>外圆/内孔粗车循环</td><td>非模态</td></tr>
<tr><td>G72</td><td>端面粗车循环</td><td>非模态</td></tr>
<tr><td>G73</td><td>仿形粗车循环</td><td>非模态</td></tr>
<tr><td>G74</td><td>端面钻孔循环</td><td>非模态</td></tr>
<tr><td>G75</td><td>切槽复合循环</td><td>非模态</td></tr>
<tr><td>G76</td><td>螺纹车削复合循环</td><td>非模态</td></tr>
<tr><td>G90</td><td rowspan="3">01</td><td>外径/内径车削固定循环</td><td>模态</td></tr>
<tr><td>G92</td><td>螺纹车削固定循环</td><td>模态</td></tr>
<tr><td>G94</td><td>端面车削固定循环</td><td>模态</td></tr>
<tr><td>G96</td><td rowspan="2">02</td><td>恒线速度控制</td><td>模态</td></tr>
<tr><td>G97</td><td>主轴恒转速控制</td><td>模态</td></tr>
<tr><td>G98</td><td rowspan="2">05</td><td>每分钟进给速度</td><td>模态</td></tr>
<tr><td>G99</td><td>每转进给速度</td><td>模态</td></tr>
</table>

（2）辅助功能（M 功能）

辅助功能也称 M 功能，用以指令数控机床中的辅助装置的开关动作或状态，如主轴的正反转、冷却液开关等。辅助功能指令由地址符 M 和后面的两位数字组成，从 M00～M99。由于数控机床实际使用的符合 ISO 标准的这种地址符（表 1-2）标准化程度与 G 指令一样不高，指定代码少，不指定和永不指定代码多，因此 M 功能代码常因数控系统生产厂家及机床结构的差异和规格的不同而有所差别。因此，编程人员必须熟悉具体所使用数控系统的 M 功能指令的功能含义，不可盲目套用。

FANUC 0i Mate-T 系统常用的辅助功能 M 代码见表 1-2。

（3）刀具功能（T 功能）

刀具功能也称 T 功能，用于指令加工中所用刀具号及自动补偿编组号的地址字，其自动补偿内容主要指刀具的刀位偏差及刀具半径补偿。

在数控车床中，其地址符 T 的后续数字为四位数组成，前两位为刀具号，后两位为刀具补偿的编组号，同时为刀尖圆弧半径补偿的编组号。

表 1-2　FANUC 0i Mate-T 系统常用的辅助功能 M 代码

M 代码	功能	附注	M 代码	功能	附注
M00	程序停止	非模态	M08	切削液开	模态
M01	计划停止	非模态	M09	切削液关	模态
M02	程序结束	非模态	M30	程序结束	非模态
M03	主轴正转	模态	M98	子程序调用	模态
M04	主轴反转	模态	M99	子程序返回	模态
M05	主轴停止	模态			

例如，T0203 表示将 02 号车刀转到切削位置，并执行第 03 组刀具补偿值。

在使用刀具功能时，为了方便，尽可能地使刀号和刀偏号一致。例如 T0101、T0202 等。

(4) 主轴功能（S 功能）

主轴功能又称 S 功能，是指定主轴转速的指令，它是由地址符 S 及其后面的数字表示，对具有无级调速功能的数控机床，用地址符 S 及其后面的数字直接指令轴的转速（r/min）。例如：

S1200；

S1200 表示主轴恒定转速为 1200r/min。

(5) 进给功能（F 功能）

进给功能也称 F 功能，在切削零件时，用以指定切削进给速度，进给的方式可以分为每分钟进给和每转进给两种。

① 每分钟进给（mm/min）　即刀具每分钟走的距离，单位为 mm/min，必须通过 G98 指令来指令。每分钟进给与主轴转速大小无关，其进给进度不随主轴转速的变化而变化。例如：

G98 G01 Z－60 F100；

表示进给速度为 100mm/min。

② 每转进给（mm/r）　即主轴每转一圈，刀具向进给方向移动的距离，单位为 mm/r，可以通过 G99 指令。一般数控车床系统默认“每转进给”方式。例如：

G01 G99 Z－60 F0.2；

表示数控车床主轴每转一圈，刀具向进给方向移动 0.2mm，与普通车床的走刀量概念完全相同。其进给速度随主轴的变化而变化。

对于数控车床，当主轴的速度很低时，会产生进给波动，一般用“每转进给”方式（G99）较为方便。

需要注意的是，G98、G99 均为模态代码，一旦指定，就一直有效，直到被另外一个代码（G98 或 G99）取代。这点务必注意。

③ 两者换算关系

$$f=v_f/n$$

或

$$v_f=fn$$

式中　n——主轴转速，r/min；

v_f——进给速度，mm/min；

f——进给量，mm/r。

例如当主轴转速 $n=500$r/min 时，如果进给量 $f=0.2$mm/r，则进给速度 $v_f=0.2\times500=100$mm/min，两者具有相同效果。编程指令为

G99 G01 X __ Z __ F0.2；

或 G98 G01 X __ Z __ F100；

1.1.3 数控编程的特点

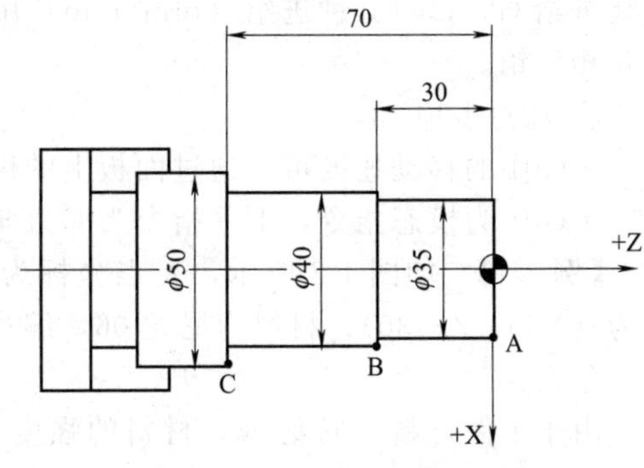

图 1-1 直径编程坐标表示

（1）直径编程

数控车床中，有两种编程方式：直径编程和半径编程，可以通过系统参数进行设置。但为方便起见，一般都采用直径编程方式。

如图 1-1 所示，A 点的 X 坐标直接用直径值 X35 表示。B 点的 X 坐标为 X40。

（2）绝对坐标与增量坐标

编程时表示刀具（或机床）运动位置的坐标通常有两种：绝对坐标和增量坐标（又称相对坐标）。

① 绝对坐标 是指刀具（或机床）的位置坐标都是以固定的坐标原点（工件坐标系原点）为基准计算的，此坐标系称为绝对坐标系。

例如，图 1-1 中，A 点的绝对坐标为 X＝35，Z＝0；B 点的绝对坐标为 X＝40，Z＝－30；C 点的绝对坐标为 X＝50，Z＝－70。

② 增量坐标 又称相对坐标，它是相对于前一位置实际移动的距离，方向与机械坐标系相同。

X 方向的增量用 U 表示，其值为后一点与前一点的直径差；Z 方向的增量用 W 表示。

图 1-1 中，B 点相对于 A 点的增量为 U＝40－35＝5，W＝－30；C 点相对于 B 点的增量为 U＝50－40＝10，W＝ －(70－30)＝ －40。

1.2 指令学习

1.2.1 插补功能指令 G01/G02/G03

（1）快速定位 G00

G00 指令是以快速移动速度移动刀具到达指定的位置。

G00 指令的移动速度是由机床制造商在系统参数中分别对每个坐标轴设定的，当两坐标轴合成运动时通常不是直线运动，在进刀和退刀时应注意避免刀具与工件相撞。

编程格式：

G00 X __ Z __ ；绝对值编程

G00 U __ W __ ；增量值编程

式中，X、Z 为目标点的绝对坐标；U、W 为目标点的增量坐标。

（2）直线插补 G01

G01 指令是使刀具以 F 指定的进给速度沿直线移动到指定的位置。

F 指定的进给速度一直有效，直到指定新值。因此不必对每个程序段都指定 F。如果没有指令 F 代码，进给速度被当作零或系统报警。

① 编程格式

G01 X __ Z __ F __；绝对值编程

G01 U __ W __ F __；增量值编程

式中，X、Z 为目标点的绝对坐标；U、W 为目标点的增量坐标；F 为进给速度。

进给速度F有两种方式：每转进给（mm/r）可以用G99指令，一般数控车床系统默认每转进给G99；每分钟进给（mm/min）用G98指令。G99和G98都是模态代码，两者可以互相注销。

② 注意事项

• G01的移动速度可以通过面板上的进给倍率旋钮进行调整。

• G01为模态指令，下一指令为G01时可以省略。

【例1-1】 如图1-2所示，A点坐标为（X60，Z30）；B点坐标为（X30，Z5）；C点坐标为（X30，Z−30）；材料为尼龙06，编写外圆 ϕ30mm的加工程序。

分析：

由于工件材料为尼龙06，材料的强度和硬度都比较低，切削加工性好，背吃刀量可以到5mm以上，因此采用1刀车削完成。粗糙度要求 Ra6.3μm，主轴转速可以选为500r/min，进给速度选0.2mm/r。在编程时注意，不要用G00直接到达工件端面（Z0），要留一定的安全距离。初学者可以选择安全距离为4mm，熟练以后可以定为2mm。自动运行程序时，可以用[单段]方式，以检查对刀是否正确。如果刀具在快速到达安全距离后还不停止，则有可能与工件碰撞。其原因可能是对刀不正确，或者机床没有回参考点。这时迅速按下[RESET]复位键停止程序运行，或按下[急停]按钮停止机床。按下[急停]按钮以后机床必须重新回参考点。在进行编程练习时，采用尼龙06棒料作为实训材料，可以有效保护设备、刀具以及人身安全，熟练以后可以采用45钢。

操作机床要时刻注意安全。在运行程序之前，检查工件是否夹紧，刀具是否处于安全位置，卡盘扳手是否已从三爪卡盘上取下（特别注意），机床移动部件上不要放置工、量具等，然后关好防护门（防止工件、切屑、刀具碎片等飞出伤人），最后启动机床运行程序。

操作如下：

① 机床开机，回参考点。

② 外圆车刀T0101进行对刀。

③ 手摇或手动刀具至工件右端面附近，检查是否处于安全区域内。

④ 在[编辑]方式下，输入程序。将光标位置移动到程序的首段。

⑤ 在[自动]方式下，按[循环启动]按钮。可以用[单段]方式运行程序。

绝对值编程：

```
O2010；                    程序名
N10 T0101；                换T0101外圆车刀
N20 M03 S500；             主轴正转，500mm/r
N30 G00 X30 Z5；           刀具快速定位至B点
N40 G01 Z−30 F0.2；        直线切削至C点。该段中X30省略
N50 G00 X60 Z30；          快速定位至A点
N60 M30；                  程序结束并返回首段
```

增量值编程：

```
O2011；                    程序名
N10 T0101；                换T0101外圆车刀
N20 M03 S500；             主轴正转，500mm/r
N30 G00 U−30 W−25；        刀具快速定位至B点
N40 G01 W−35 F0.2；        直线切削至C点。该段中U0省略
```

N50 G00 U30 W60；　　快速定位至 A 点
N60 M30；　　程序结束并返回首段

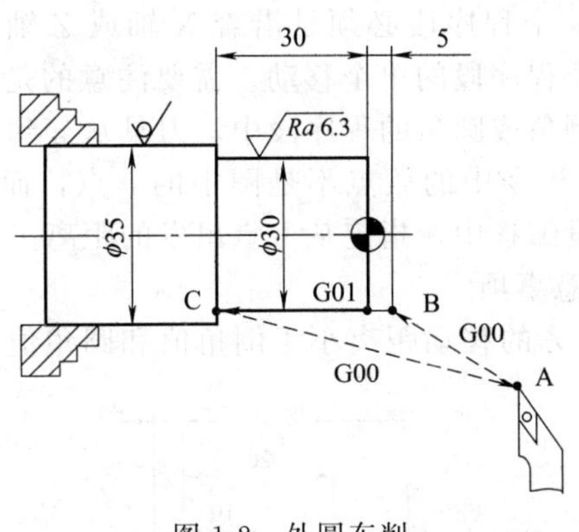

图 1-2　外圆车削

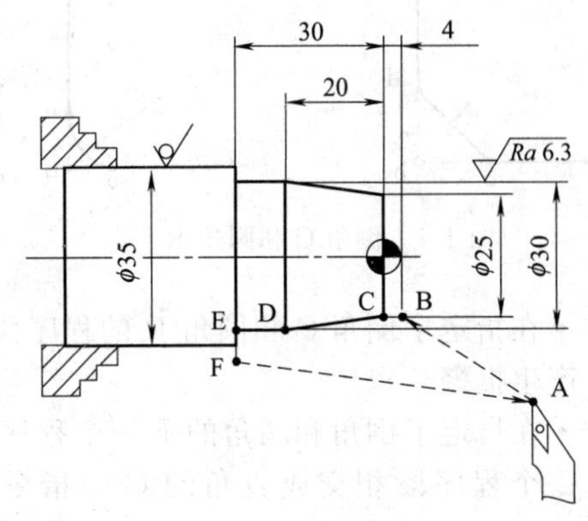

图 1-3　锥面车削

【例 1-2】 如图 1-3 所示，材料为尼龙 06，编写加工程序。

操作同上。

绝对值编程：

程序	说明
O2011；	程序名
N10 M03 S500；	主轴正转，500mm/r
N20 T0101；	换 T0101 外圆车刀
N30 G00 X25 Z4；	刀具快速定位至 B 点
N40 G01 Z0 F0.2；	直线切削至 C 点
N50 X30 Z－20；	直线切削至 D 点
N60 Z－30；	直线切削至 E 点
N70 X40；	直线切削至 F 点
N80 G00 X50 Z100；	快速定位至 A 点
N90 M30；	程序结束并返回首段

增量值编程：

程序	说明
O2011；	程序名
N10 M03 S500；	主轴正转，500mm/r
N20 T0101；	换 T0101 外圆车刀
N30 G00 X25 Z4；	刀具快速定位至 B 点
N40 G01 W－4 F0.2；	直线切削至 C 点
N50 U5 W－24；	直线切削至 D 点
N60 W－10；	直线切削至 E 点
N70 U10；	直线切削至 F 点
N80 G00 X50 Z100；	快速定位至 A 点
N90 M30；	程序结束并返回首段

(3) 倒角 C 和圆角 R

在两个相交成直角的程序段之间（零件的拐角处）可以插入一个倒角 C 或圆角 R 指令。

① 编程格式

G01 X(U)__ C __；倒角

G01 X(U)__ R __；圆角

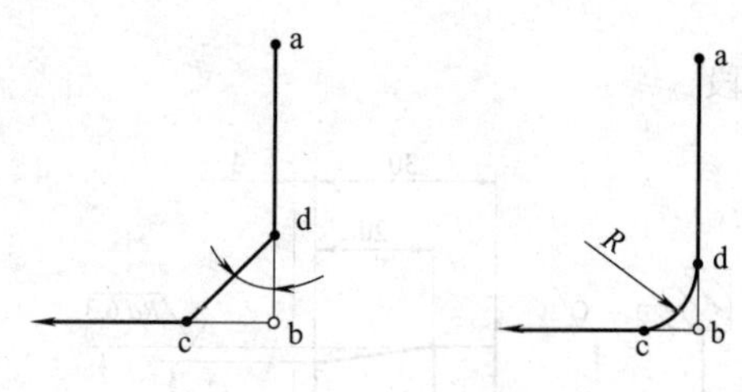

图 1-4 倒角 C 和圆角 R

② 说明 如图 1-4 所示，对于倒角 C 或圆角 R 的移动必须是以 G01 方式沿着 X 轴或 Z 轴的单个移动，下一个程序段必须是沿着 X 轴或 Z 轴的垂直于前一个程序段的单个移动。需要注意的是，在跟着一个倒角或圆角的程序段中，刀具从 a 到 b 到 c 点移动，指令中的始点不是图中的 c 点，而是 b 点。在增量编程中，指定从 b 点出发的距离。

③ 注意事项

• 在指定了倒角 C 和圆角 R 的程序段中，X 或 Z 的移动距离小于倒角值和圆角值的数值会产生报警。

• 在指定了倒角和圆角的下一个程序段中没有与上一个程序段相交成直角的 G01 指令，会产生报警。

• 单程序段的停止点是图 1-4 中的 c 点，而不是 d 点。

• 在一个螺纹切削的程序段中，不能使用倒角 C 和圆角 R。

• 如果用 G01 在相同程序段中指定了 C 和 R，最后指定的那个地址有效。

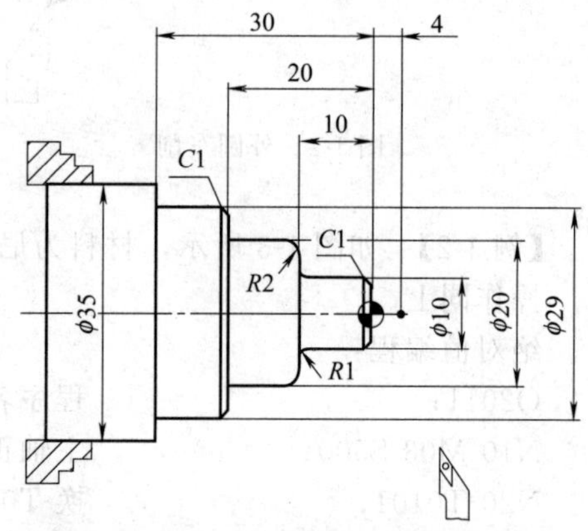

图 1-5 倒角与倒圆角

【例 1-3】 如图 1-5 所示零件，材料为尼龙 06，用倒角 C 和圆角 R 指令编写加工程序。

程序：

```
O2013;                          程序名
N10 T0101;                      换 T0101 外圆车刀
N20 M03 S500;                   主轴正转，500mm/r
N30 G00 X0 Z4;                  快速定位
N40 G01 Z0 F0.2;                直线切削到达端面
N50     X10 C1;                 车端面并倒角 C1
N60     Z-10 R1;                车外圆并倒圆角 R1
N70     X20 R2;                 车端面并倒圆角 R2
N80     Z-20;                   车外圆
N90     X29 C1;                 车端面并倒角 C1
N100    Z-30;                   车外圆
N110 G00 X50 Z100;              退刀
N120 M30;                       程序结束
```

(4) 圆弧切削指令 G02/G03

G02、G03 指令用于圆弧切削，刀具从圆弧起点沿着圆弧移动到终点。G02 为顺时针圆弧，G03 为逆时针圆弧。

① 编程格式

G02 X(U)__ Z(W)__ R __ F __；

G03 X(U)__ Z(W)__ R __ F __；

式中，X、Z 为圆弧终点的绝对坐标；U、W 为圆弧终点的增量坐标；R 为圆弧半径；F 为进给量。

② 圆弧方向判断　G02、G03 方向的判断如图 1-6 所示。

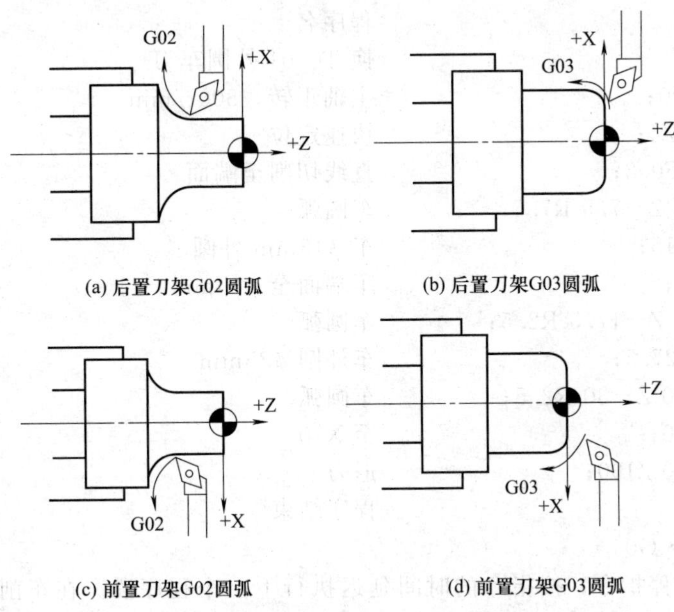

图 1-6　圆弧插补 G02、G03 方向

③ 车削圆弧时的注意事项　在车削圆弧时，如果车刀的副偏角过小，就会产生干涉，如图 1-7 所示。因此，在加工圆弧时应选择有足够大的副偏角的车刀，避免产生过切。

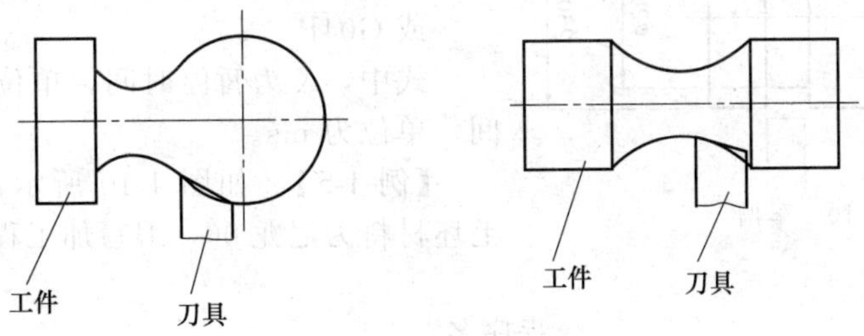

图 1-7　车圆弧时刀具发生干涉

当车削如图 1-8 所示的较大的圆弧时，如果采用右手刀切削整个圆弧，则车刀的副偏角需要很大，亦即车刀必须磨得很尖，这样刀的强度就很弱，不利于切削。因此，可以采取右边用右手刀，左边用左手刀的方式进行加工。

【例 1-4】　如图 1-9 所示，材料为尼龙 06，编写加工程序。

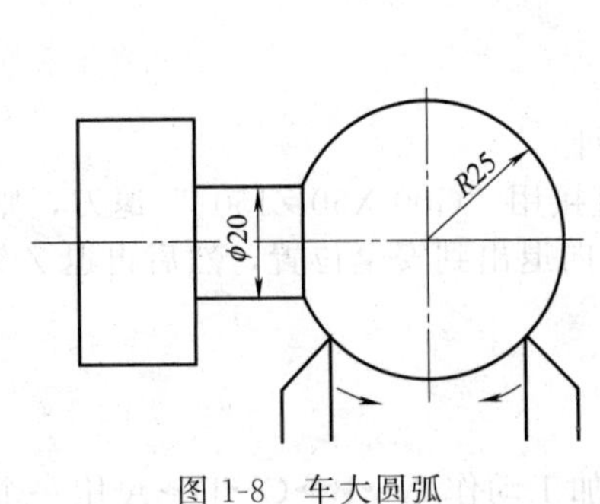

图 1-8　车大圆弧

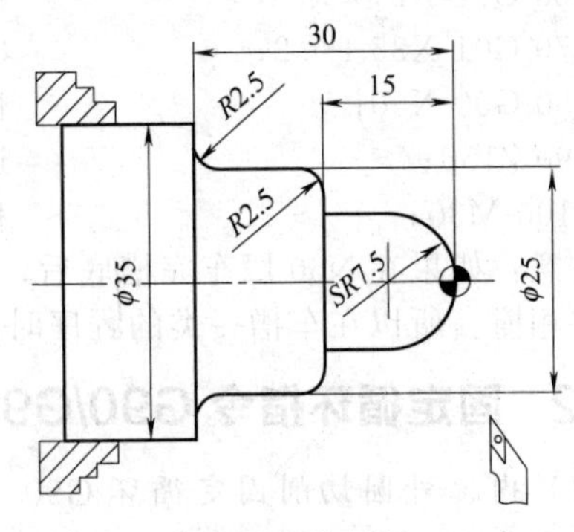

图 1-9　车圆弧

程序：

```
O2016；                                   程序名
N10 T0101；                               换 T0101 外圆车刀
N20 M03 S500；                            主轴正转，500r/min
N30 G00 X0 Z4；                           快速定位
N40 G01 Z0 F0.2；                         直线切削至端面
N50 G03 X15 Z-7.5 R7.5；                  车圆弧
N60 G01 Z-15；                            车 φ15mm 外圆
N70      X20；                            车端面至 φ20mm
N80 G03 X25 Z-17.5 R2.5；                 车圆弧
N90 G01 Z-27.5；                          车外圆 φ25mm
N100 G02 X30 Z-30 R2.5；                  车圆弧
N110 G01 X40；                            至 X40
N120 G00 X50 Z100；                       退刀
N130 M30；                                程序结束
```

（5）暂停指令 G04

G04 为进给暂停指令，按指令的时间延迟执行下一个程序段。在车削槽时，常用 G04 指令使刀具在槽底进行短暂停留，使槽底面得到较高的表面质量。

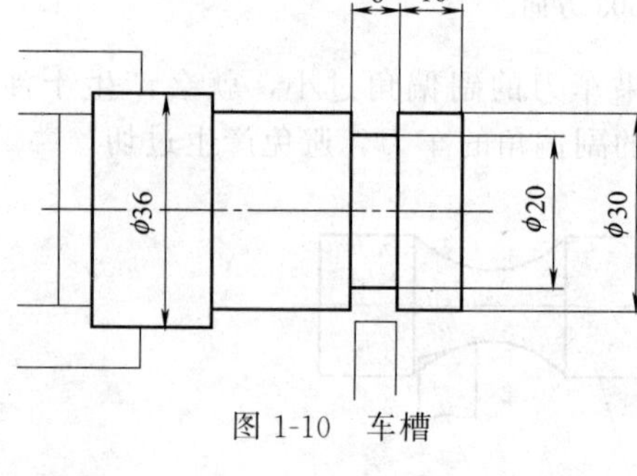

图 1-10　车槽

编程格式：

G04X __；

或 G04P __；

式中，X 为暂停时间，单位为 s；P 为暂停时间，单位为 ms。

【例 1-5】　如图 1-10 所示，切槽刀宽 6mm，毛坯材料为尼龙 06，编写加工程序。

程序：

```
O3018；                          程序名
N10 T0202；                      换 T0202 切槽刀
N20 M03 S300；                   主轴正转，300r/min
N30 G00 X35；                    X 向快速定位
N40      Z16；                   Z 向快速定位
N50 G01 X20 F0.1；               车槽
N60 G04 X2；                     槽底暂停 2s
N70 G01 X35 F0.2；               G01 退出，保证两侧粗糙度值
N80 G00 X50；                    快速退出
N90 Z150；                       退刀
N100 M30；                       程序结束并返回
```

注意：如果在 N60 段车完槽底后，在 N70 段就直接用“G00 X50 Z150；”退刀，则车刀和工件相撞。所以在车槽一类的程序时，要先在 X 方向退出到安全位置，然后再退 Z 轴。

1.2.2　固定循环指令 G90/G94

（1）内、外圆切削固定循环 G90

该指令用于内、外圆柱面的切削。它将一个连续加工动作 A→B→C→D→A 用一个指令

G90 完成，从而简化程序。G90 为模态代码。

如图 1-11 所示，A 为循环起点，C 为切削终点，即程序段指令的目标点。循环动作为：刀具从循环起点 A 快速移动至 B 点，以 F 指定的进给速度直线切削至终点 C，然后退刀至 D 点，最后快速回到循环起点 A。

编程格式：

G90 X(U)__ Z (W)__ F __；

式中，X、Z 为目标点的绝对坐标；U、W 为目标点的增量坐标；F 为进给速度。

【例 1-6】 如图 1-12 所示，材料为 45 钢，设背吃刀量≤2mm，编写加工程序。

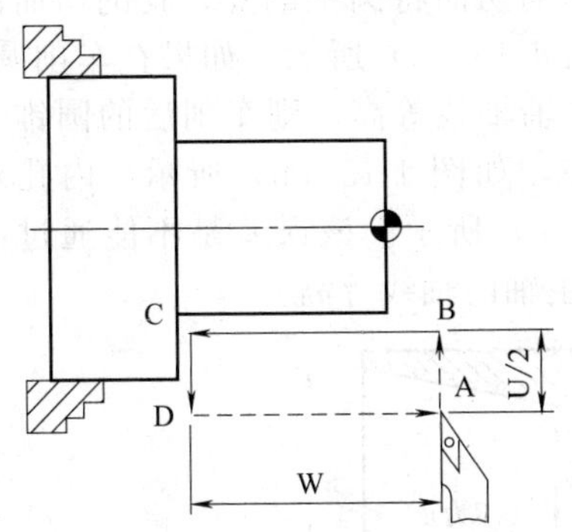

图 1-11 内、外圆切削循环 G90 的循环路径

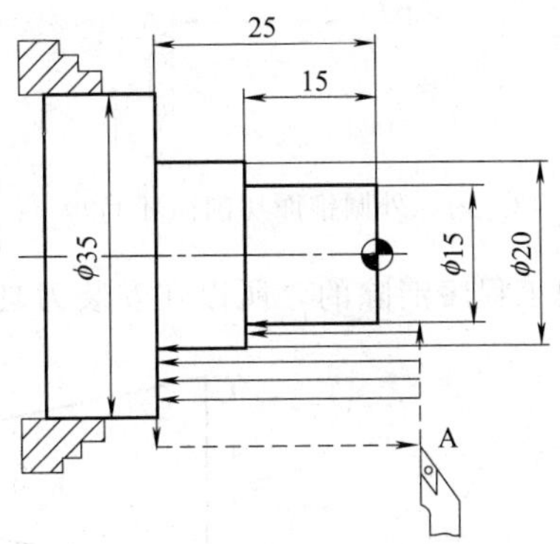

图 1-12 内、外圆切削循环 G90

程序：

O2001；	
N10 T0101；	
N20 M03 S500；	
N30 G00 X40 Z4；	快速定位到循环起点 A
N40 G90 X31 Z－25 F0.2；	切削第 1 刀，背吃刀量 2mm
N50 X27；	切削第 2 刀，背吃刀量 2mm
N60 X23；	切削第 3 刀，背吃刀量 2mm
N70 X20；	切削第 4 刀，背吃刀量 1.5mm
N80 X17 Z－15；	切削第 5 刀，背吃刀量 1.5mm
N90 X15；	切削第 6 刀，背吃刀量 1mm
N100 G00 X50 Z100；	退刀
N110 M30；	程序结束

（2）圆锥切削固定循环 G90

该指令用于内、外圆锥面的切削。它将一个连续加工动作用一个指令 G90 完成，从而简化了程序。

如图 1-13 所示，A 为循环起点，B 为切削起点，C 为切削终点，即程序段指令的目标点。循环动作为：刀具从循环起点 A 快速移动至 B 点，以进给速度 F 直线切削至 C 点，然后退刀至 D 点，最后快速回到循环起点 A。

① 编程格式

G90 X(U)__ Z(W)__ R __ F __；

式中，X、Z 为切削终点的绝对坐标；U、W 为切削终点的增量坐标；R 为圆锥面切削起点与切削终点的半径差；F 为进给速度。

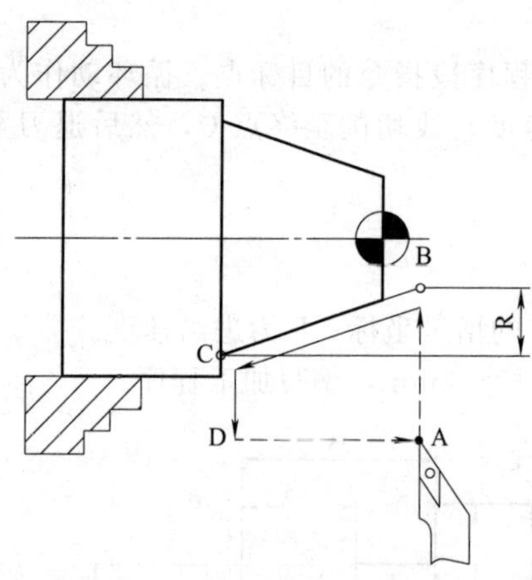

图 1-13　内、外圆锥面切削循环 G90

② 注意事项

• 必须指定锥体的 R 值。

• 切削功能的用法与外圆切削循环类似。

③ R 值正负的判断　如果切削起点的 X 坐标值小于终点的 X 坐标值，R 值为负，反之为正，如图 1-14 所示。

④ 车削锥面时的双曲线误差　根据圆锥体形成的原理可知，圆锥母线是一条直线，如果用一个平行并离开圆锥轴线的剖切面将圆锥剖开，其剖切面的外形是双曲线，如图 1-15（a）所示。如果在车削圆锥时，车刀刀尖未与主轴轴线等高，则车削后的圆锥表面会产生双曲线误差，如图 1-15（b）所示。内孔双曲线误差如图 1-15（c）所示。该误差是不能通过简单地修改加工程序消除的，所以在安装刀具时应使刀尖与主轴的轴线等高。

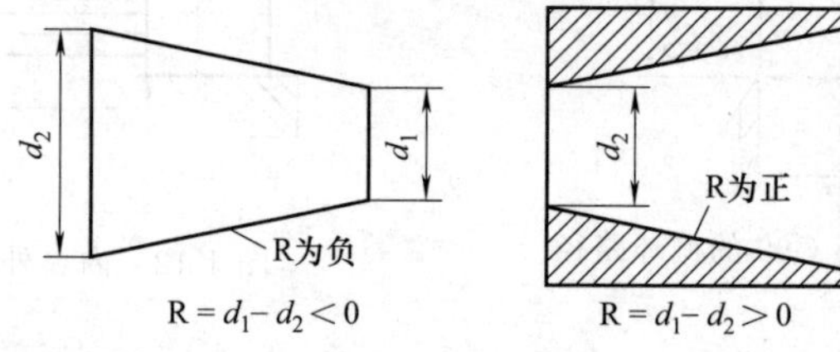

图 1-14　R 值的正负判断

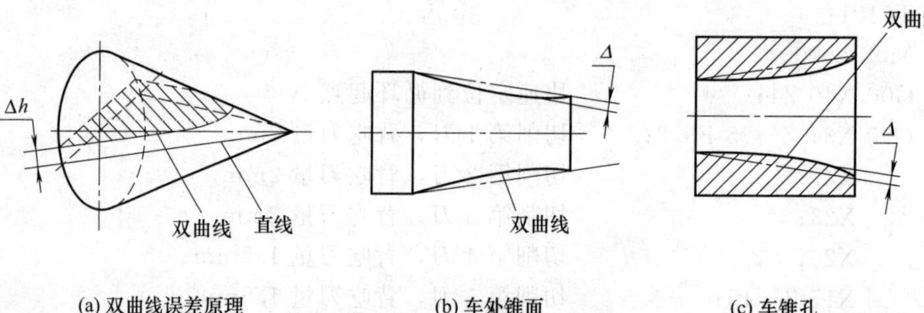

图 1-15　车削锥面时的双曲线误差

【例 1-7】 用圆锥切削循环功能 G90 加工如图 1-16 所示零件，编写加工程序。

分析：

R 值是切削起点 B 与切削终点 C 之间的直径之差的一半，而不是圆锥直径 ϕ40mm 与 ϕ50mm 差的一半。这里容易混淆出错。在计算 R 值大小时，可以用相似三角形原理，如图 1-17（a）所示，△ABC∽△EDC，所以

$$\frac{AC}{EC}=\frac{AB}{ED}$$

故　$$R=AB=\frac{AC\times ED}{EC}=\frac{30\times 5}{25}=6\text{mm}$$

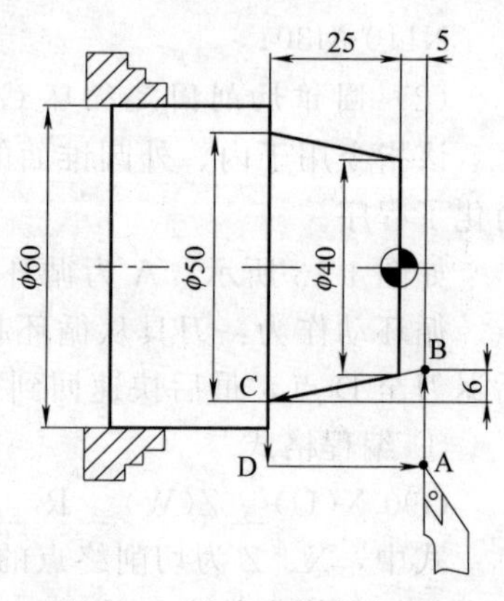

图 1-16　用 G90 指令车圆锥

根据 R 的正负判断方法可知，R 为负值，即 R＝－6mm。

另外，根据加工余量及切削用量的有关选择原则，在本例里将圆锥单边余量 10mm 分为 4 刀切削，即第 1 刀从切削起点 a 到切削终点 ϕ65mm 处，第 2 刀从切削起点 b 到切削终点 ϕ60mm 处……依次将全部余量切完，如图 1-17（b）所示。

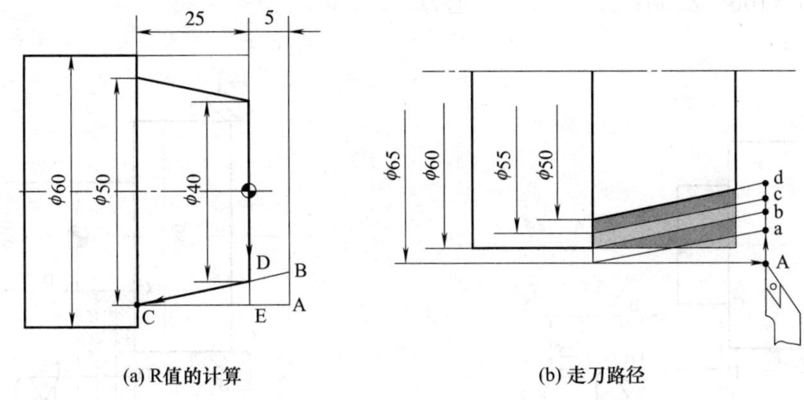

图 1-17　R 值的计算与走刀路径

程序：

```
O2002;
N10 T0101;
N20 M03 S500;
N30 G00 X65 Z5;                 快速定位到循环起点
N40 G90 X65 Z－25 R－6 F0.2;    固定循环 G90 切削圆锥第 1 刀
N50     X60;                    切削圆锥第 2 刀，G90 是模态代码可以省略
N60     X55;                    切削圆锥第 3 刀
N70     X50;                    切削圆锥第 4 刀
N80 G00 X80  Z200;              退刀
N90 M30;
```

（3）端面车削固定循环 G94

该指令可实现端面加工固定循环。它将一个连续加工动作 A→D→C→B→A 用一个指令 G94 完成，从而简化了程序。G94 为模态代码。

如图 1-18 所示，A 为循环起点，C 为切削终点，即程序段指令的目标点。循环动作为：刀具从循环起点 A 快速移动至 D 点，以 F 指定的进给速度直线切削至终点 C，然后以 F 指定的进给速度直线切削至 B 点，最后快速回到循环起点 A。

编程格式：

G94 X(U)__ Z(W)__ F __;

式中，X、Z 为目标点的绝对坐标；U、W 为目标点的增量坐标；F 为进给速度。

【例 1-8】 用端面车削固定循环 G94 加工如图 1-19 所示零件，材料为尼龙 06，每刀吃刀深度 5mm，编写加工程序。

程序：

```
O2013
N10 T0404;              换端面车刀
N20 M03 S500;
N30 G00 X90 Z5;         快速定位到循环起点 A
```

```
N40 G94 X30 Z-5 F0.2;        G94循环，每次吃刀5mm
N50      Z-10;               第2刀，吃刀5mm
N60      Z-15;               第3刀，吃刀5mm
N70         X0 Z0;           第4刀，车平端面
N80 G00 X100   Z200;         退刀
N90 M30;
```

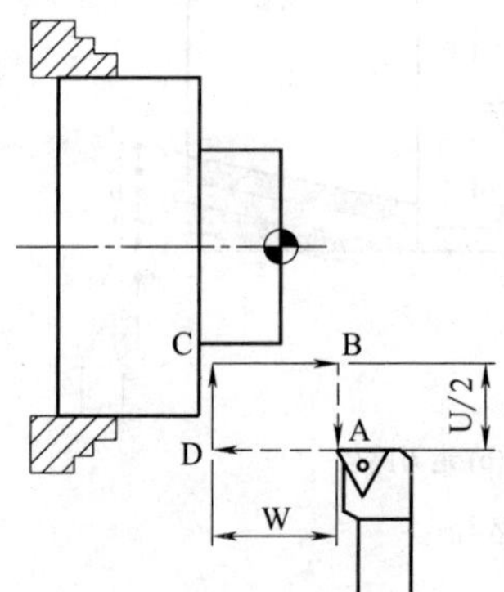

图 1-18　端面车削固定循环 G94

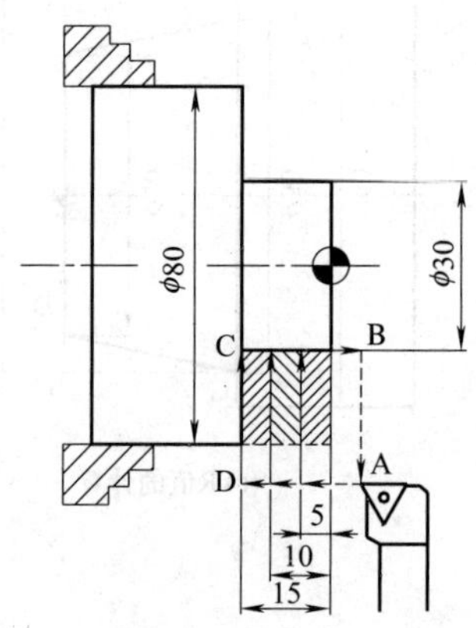

图 1-19　用端面车削固定循环 G94 车端面

(4) 锥面车削固定循环 G94

该指令可以车削锥面，进刀路径为 A→D→C→B→A，如图 1-20 所示。图中 A 点为循环起点，D 为切削起点，C 为切削终点。

① 编程格式

G94 X(U)_ Z(W)_ R_ F_;

式中，X、Z 为切削终点的绝对坐标；U、W 为切削终点的增量坐标；R 为端面切削起点与切削终点在 Z 方向上的差；F 为进给速度。

② 注意事项

- 当起点 Z 坐标值小于终点 Z 坐标值时，R 值为负，反之为正。
- 快速进给可以通过进给倍率旋钮来进行调整。

【例 1-9】 用 G94 指令编程车削如图 1-21 所示零件。

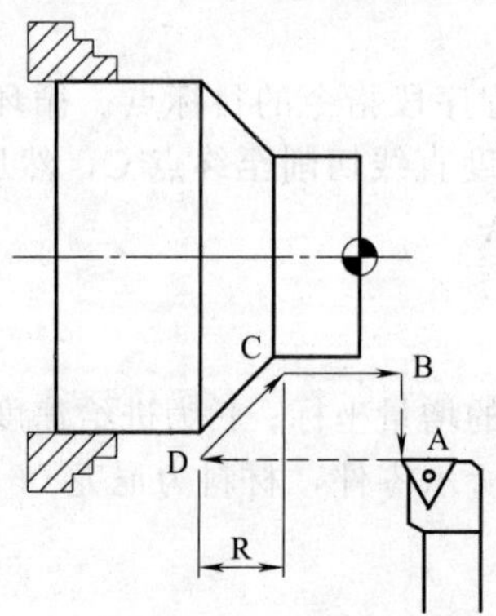

图 1-20　锥面车削固定循环 G94

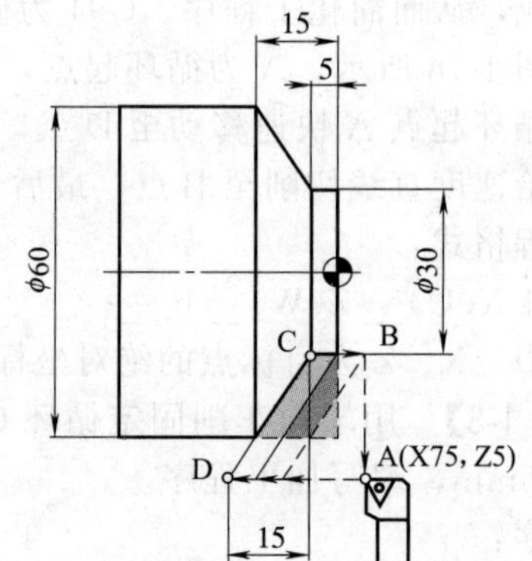

图 1-21　用锥面固定循环 G94 车锥端面

分析：

程序中 R 为切削起点 D 与切削终点 C 之间的 Z 坐标差值，起点 D 的 Z 坐标值小于终点

C的Z坐标值，所以R值为负。当确定程序循环起点A后，通过计算得出R值。该例中，程序的循环起点是（X75，Z5），计算得到的R值为15，判断方向为负，即R=－15。

程序：

```
O0004
N10 T0404；
N20 M03 S500；
N30 G00 X75 Z5；                快速定位到循环起点A
N40 G94 X30 Z5 R－15 F0.2；     固定循环G94切削圆锥第1刀
N50         Z0；                切削圆锥第2刀
N60         Z－5；              切削圆锥第3刀
N70 G00 X100  Z100；            退刀
N80 M30；
```

1.3 典型工作任务

1.3.1 短轴加工

（1）任务描述

如图1-22所示零件，毛坯为ϕ35mm热扎圆钢，材料为Q235钢，编写加工程序并加工。

（2）任务分析

轴类工件按其形状、尺寸和结构，可分为短轴、长轴和偏心轴等，它们在车床上的安装形式和方法各不相同。短轴工件多安装在三爪自定心卡盘上。

三爪自定心卡盘不仅能很好地夹紧工件，同时也能保证轴线和主轴中心线相一致。因此，使用三爪定心卡盘夹紧工件时一般不需进行找正。

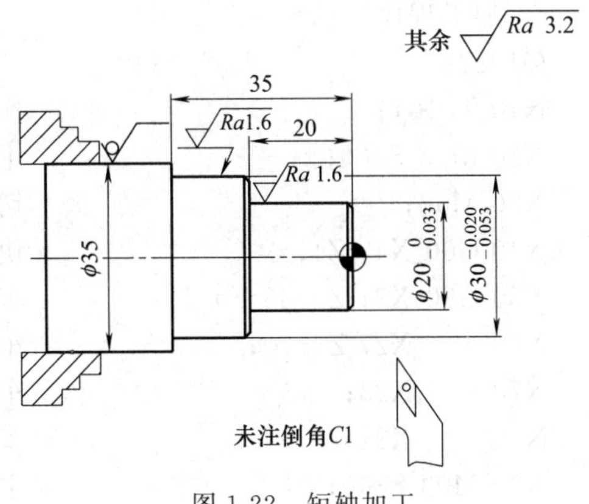

图1-22 短轴加工

该零件只加工一头，且为短轴，因此采用三爪自定心卡盘装夹。零件尺寸加工精度为IT8级，粗糙度Ra为1.6μm，因此需要进行先粗车、后精车加工。在加工时要分层切削，选择合适的切削用量。由于材料为Q235钢，硬度不高，切削用量可以选取得大一些。

（3）数值处理

图1-22中尺寸$\phi 30_{-0.053}^{-0.020}$mm，最大极限尺寸为29.98mm，最小极限尺寸为29.947mm，平均值为29.9635mm，一般数控机床最小编程单位为小数点后三位，因此向其最大实体尺寸靠拢并圆整为29.964mm。最后换算成编程尺寸ϕ(29.964±0.016)mm。同理，图纸尺寸$\phi 20_{-0.033}^{0}$mm，最后换算成编程尺寸ϕ(19.984±0.016)mm。

（4）任务实施

① 加工步骤

a. 用三爪自定心卡盘夹住工件毛坯，伸出长度约50mm，夹紧工件。

b. 如果毛坯端面比较平齐，可以用90°外圆车刀车平端面并对刀。如果不平且需要去除较大余量，则需要用45°端面车刀车平端面。

c. 粗车外圆，留单边精车余量0.5mm。

d. 精车外圆、倒角至图纸要求。

选用乳化液进行冷却。

② 工艺卡片（表1-3）

表1-3　工艺卡片

零件编号	零件名称	材料	数控加工工艺卡片	机床型号	夹具名称
	短轴	Q235		CAK6140	三爪卡盘

刀具表		量具表		工具表	
T01	90°外圆右偏刀	1	游标卡尺(0～150mm)	1	油石
		2	千分尺(0～25mm)		
		3	千分尺(25～50mm)		

序号	工　艺　内　容	主轴转速 /r·min^{-1}	进给速度 /mm·r^{-1}	背吃刀量 /mm	刀具
1	粗车外圆，留精加工单边余量0.5mm	500	0.2	2	T0101
2	精车外圆至图纸要求，车倒角 $C1$	800	0.1	0.5	T0101

③ 加工程序

O1022;

N10 T0101;　　换T0101外圆车刀

N20 M03 S500;　　主轴正转，500r/min

N30 M08;　　切削液开

N40 G00 X40 Z4;　　快速定位

N50 G90 X31 Z−35 F0.2;　　车外圆

N60 X27 Z−20;　　车外圆

N70 X23;　　车外圆

N80 X21;　　车外圆

N90 M03 S800;　　主轴正转，800r/min

N100 G00 Z2;　　快速定位

N110 X0;　　快速定位

N120 G01 Z0 F0.1;　　至端面

N210 X18 F0.1;　　精车端面至X18

N120 X19.984 Z−1;　　车倒角 $C1$

N130 Z−20;　　精车外圆 $\phi 20_{-0.033}^{\ 0}$ mm至Z−20

N140 X28;　　精车台阶端面至X28

N150 X29.964 Z−21;　　车倒角 $C1$

N160 Z−35;　　精车外圆 $\phi 30_{-0.053}^{-0.020}$ mm至Z−35

N170 X40;　　G01退刀至X40

N190 G00 X50 Z100;　　快速退刀

N200 M09;　　切削液关

N210 M30;　　　　　　　　　　　　程序结束

1.3.2 销轴加工

(1) 任务描述

如图 1-23 所示销轴零件，毛坯尺寸为 ϕ35mm×70mm，材料为 45 钢，编写加工程序并加工。

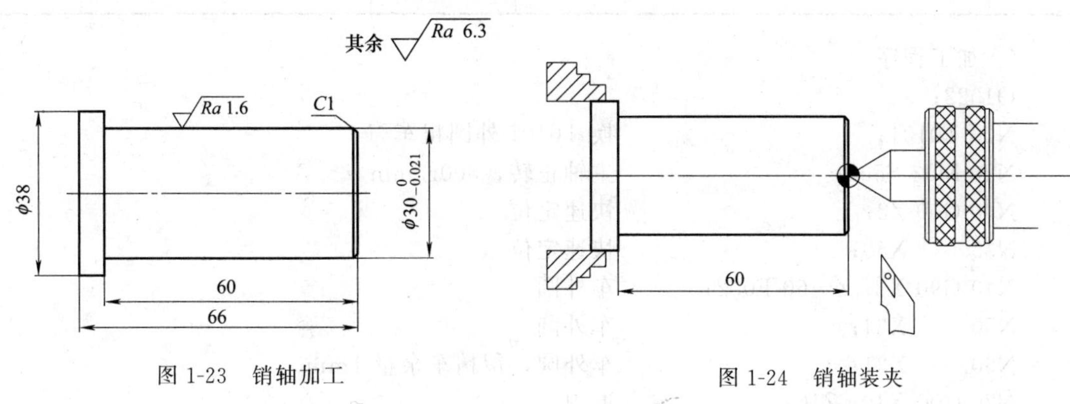

图 1-23　销轴加工　　　　　　图 1-24　销轴装夹

(2) 任务分析

根据图纸可知，该销轴外圆尺寸 $\phi 30_{-0.021}^{0}$ mm 精度要求较高，需要精车；由于工件毛坯长度为 ϕ35mm×70mm，只比工件尺寸长 4mm，因此只能采用一夹一顶的加工方式，如图 1-24 所示。

(3) 数值处理

图纸尺寸 $\phi 30_{-0.021}^{0}$ mm，换算成编程尺寸 ϕ(29.990±0.010)mm。

(4) 任务实施

① 加工步骤

a. 用三爪卡盘夹住工件毛坯一端，伸出长约 40mm，车平端面，打中心孔。

b. 重新装夹工件，采用一夹一顶方式，工件伸出长度约 63mm，以工件右端面对刀。

c. 粗车外圆至 ϕ31mm×60mm。

d. 精车外圆 $\phi 30_{-0.021}^{0}$ mm×60mm，倒角 $C1$ 至图纸尺寸。

e. 卸下工件，调头装夹，伸出长度约 30mm，卡爪与工件之间垫铜皮。车端面，车外圆 ϕ38mm×6mm 至图纸尺寸。保证总长 66mm。

在这里只编写车外圆 $\phi 30_{-0.021}^{0}$ mm×60mm，倒角 $C1$ 的加工程序。

② 工艺卡片（表 1-4）

表 1-4　工艺卡片

零件编号	零件名称	材料	数控加工工艺卡片		机床型号	夹具名称
	销轴	45			CAK6140	三爪卡盘
刀具表			量具表		工具表	
T01	90°外圆粗车刀		1	游标卡尺(0～150mm)	1	油石
T02	90°外圆精车刀		2	千分尺(25～50mm)		

续表

序号	工　艺　内　容	主轴转速 /r·min^{-1}	进给速度 /mm·r^{-1}	背吃刀量 /mm	刀具
1	粗车外圆,留精加工单边余量0.5mm	500	0.2	1.5	T0101
2	精车外圆至图纸要求,车倒角$C1$	800	0.1	0.5	T0202

③ 加工程序

```
O1022;
N10 T0101;                     换 T0101 外圆粗车刀
N20 M03 S500;                  主轴正转，500r/min
N30 G00 Z2;                    快速定位
N35     X50;                   快速定位
N40 G90 X37 Z-60 F0.2;         车外圆
N50     X34;                   车外圆
N60     X31;                   车外圆，留精车余量 1mm
N70 G00 X100 Z10;              退刀
N80 T0202;                     换 T0202 精车刀
N90 M03 S800;                  主轴转速 800r/min
N100 G00 Z2;                   Z 轴快速定位
N110     X28;                  X 轴进刀
N120 G01 Z0 F0.1;              至端面
N130     X29.99 Z-1 F0.1;      车倒角 C1
N140     Z-60;                 精车外圆至图纸尺寸
N150 G00 X100;                 X 轴退刀
N160     Z10;                  Z 轴退刀
N170 M30;                      程序结束
```

(5) 操作注意事项

① 在加工过程中，应特别注意车刀进、退刀时的安全位置，防止车刀与尾座及顶尖相撞。

② 在装夹工件时，先轻轻拧紧三爪卡盘，然后稍用力用顶尖顶进中心孔，再夹紧三爪卡盘，最后检查顶尖的松紧度。过紧则使顶尖和工件之间摩擦发热，甚至会烧坏顶尖和中心孔；过松则会影响工件的加工精度。使用固定顶尖时，中心孔内涂上润滑脂。

1.3.3 中间轴加工

(1) 任务描述

如图 1-25 所示零件，毛坯为 ϕ35mm×72mm，材料为 45 钢，编写加工程序并加工。

(2) 任务分析

该零件外圆精度为 IT8，中间段外圆加工要求较高，不仅对径向、轴向的尺寸都有精度要求，同时其圆柱面对基准的全跳动不超过 0.03mm。工件需要调头加工，因此采用双顶法装夹。

(3) 数值处理

图 1-25 中尺寸 $\phi30_{-0.021}^{\ 0}$ mm 换算成编程尺寸 ϕ(29.990±0.010)mm，尺寸 $\phi24_{-0.033}^{\ 0}$ mm

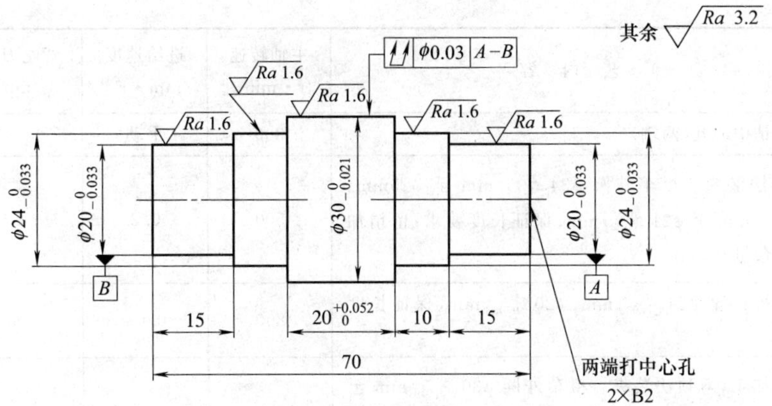

图 1-25　中间轴加工

换算成编程尺寸 ϕ(23.984±0.016)mm，尺寸 $\phi20_{-0.033}^{0}$ mm 换算成编程尺寸 ϕ (19.984±0.016)mm，长度尺寸 $20_{0}^{+0.052}$ mm 换算成编程尺寸 (20.026±0.026)mm。

(4) 任务实施

① 加工工艺方案

a. 用三爪卡盘装夹工件，伸出长度约为 35mm，找正并夹紧，车外圆至 ϕ33mm×30mm，车平端面，用 ϕ2mm 中心钻（B 型）钻中心孔。

b. 调头装夹，用三爪卡盘装夹工件，找正并夹紧，车端面，用游标卡尺测量，保证工件总长 70mm，用 ϕ2mm 中心钻（B 型）钻中心孔。

c. 用双顶法装夹工件。工件在主轴端用鸡心夹头固定。粗、精车外圆 $\phi24_{-0.033}^{0}$ mm×10mm、$\phi20_{-0.033}^{0}$ mm×15mm 至图纸要求。

d. 调头装夹，用双顶法装夹工件。主轴端用鸡心夹头固定。粗、精车外圆 $\phi30_{-0.021}^{0}$ mm×$20_{0}^{+0.052}$ mm、$\phi24_{-0.033}^{0}$ mm×10mm、$\phi20_{-0.033}^{0}$ mm×15mm 至图纸要求。注意保证外圆 $\phi30_{-0.021}^{0}$ mm 长度 $20_{0}^{+0.052}$ mm。

选用乳化液进行冷却。

只编写粗、精车外圆 $\phi30_{-0.21}^{0}$ mm、$\phi24_{-0.033}^{0}$ mm、$\phi20_{-0.033}^{0}$ mm 的加工程序。

② 工艺卡片（表 1-5）

表 1-5　工艺卡片

零件编号	零件名称	材料	数控加工工艺卡片		机床型号	夹具名称
	轴	45			CAK6140	鸡心夹头
刀具表			量具表		工具表	
T01	90°外圆右偏刀(粗)		1	游标卡尺(0～150mm)	1	油石
T02	90°外圆右偏刀(精)		2	千分尺(0～25mm)	2	钻夹头
	ϕ2mm 中心钻(B 型)		3	千分尺(25～50mm)	3	鸡心夹头
					4	顶尖

序号	工艺内容	主轴转速 /r·min⁻¹	进给速度 /mm·r⁻¹	背吃刀量 /mm	刀具
1	手动车端面(两端)	500	手动		T0101

续表

序号	工艺内容	主轴转速 /r·min^{-1}	进给速度 /mm·r^{-1}	背吃刀量 /mm	刀具
2	手动钻中心孔(两端)	800	手动		ϕ2mm 中心钻
3	双顶法装夹。粗车外圆 $\phi 24_{-0.033}^{0}$ mm 至 ϕ25mm、$\phi 20_{-0.033}^{0}$mm 至 $\phi 21_{-0.033}^{0}$ mm、保证长度要求;留精加工单边余量 0.5mm	500	0.2	2	T0101
4	精车外圆至 $\phi 24_{-0.033}^{0}$ mm、$\phi 20_{-0.033}^{0}$ mm,保证长度要求	800	0.05	0.5	T0202
5	调头加工,双顶法装夹。粗车外圆 $\phi 30_{-0.021}^{0}$ mm 至 ϕ31mm、$\phi 24_{-0.033}^{0}$ mm 至 ϕ25mm、$\phi 20_{-0.033}^{0}$ mm 至 ϕ21mm,保证长度要求;留精加工单边余量 0.5mm	500	0.2	2	T0105
6	精车外圆至 $\phi 30_{-0.021}^{0}$ mm、$\phi 24_{-0.033}^{0}$ mm、$\phi 20_{-0.033}^{0}$ mm,保证长度要求	800	0.05	0.5	T0206
7	去毛刺	500			油石

③ 加工程序　工件车两端端面，钻中心孔，保证总长 70mm。

a. 用双顶法装夹工件，以工件右端面对刀。粗、精车外圆 $\phi 24_{-0.033}^{0}$ mm × 10mm 和 $\phi 20_{-0.033}^{0}$ mm×15mm 至尺寸要求。如图 1-26 所示。

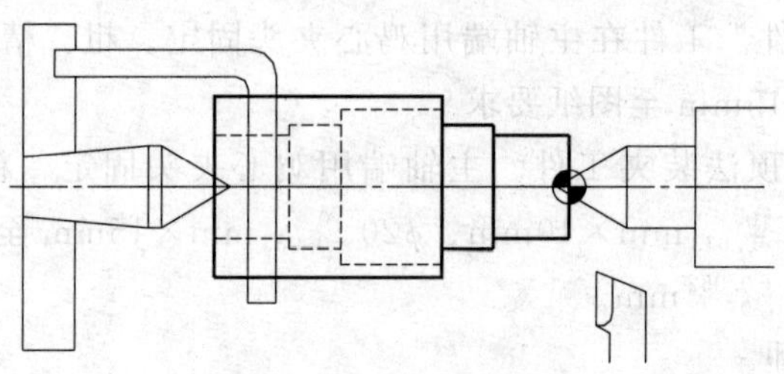

图 1-26　双顶法加工工件一端

程序：

```
O2021;
N10 M03 S500;            主轴正转，500r/min
N20 T0101;               换 T0101 外圆粗车刀
N30 G00 Z2;              快速定位
N40     X50;             快速定位
N50 M08;                 切削液开
N60 G90 X31 Z-24.7 F0.2; 车外圆，端面留精车余量 0.3mm
N70     X27;             车外圆
N80     X25;             车外圆
N90     X21 Z-15;        车外圆
N100 G00 X150 Z2;        退刀
N110 T0202 S800;         换 T0202 外圆精车刀，转速 800r/min
N120 G00 X50 Z2;         快速定位
```

N130　　　X19.984；　　　　　　　进刀
N140 G01 Z－15 F0.05；　　　精车外圆至 $\phi 20_{-0.033}^{\ 0}$ mm
N150　　　X23.984；　　　　　　　车端面
N160　　　Z－25；　　　　　　　　精车外圆至 $\phi 24_{-0.033}^{\ 0}$ mm
N170　　　X40；　　　　　　　　　车端面
N180 G00 X150 Z2；　　　　　　退刀
N190 M09；　　　　　　　　　　切削液关
N200 M30；　　　　　　　　　　程序结束

b. 用双顶法装夹工件，如图 1-27 所示。以工件右端面对刀。粗、精车外圆 $\phi 30_{-0.021}^{\ 0}$ mm×$20_{\ 0}^{+0.052}$ mm、$\phi 24_{-0.033}^{\ 0}$ mm×10mm 和 $\phi 20_{-0.033}^{\ 0}$ mm×15mm 至尺寸要求。保证长度尺寸 $20_{\ 0}^{+0.052}$ mm。

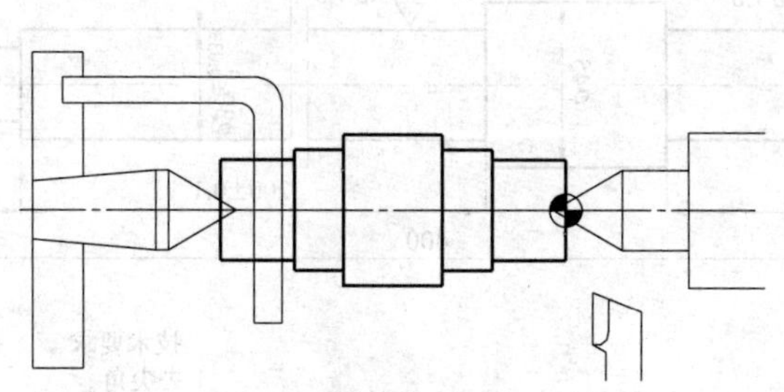

图 1-27　双顶法加工工件另一端

程序：

O2022；
N10 M03 S500；　　　　　　　主轴正转，500r/min
N20 T0105；　　　　　　　　　换 T0105 外圆粗车刀
N30 G00 Z2；　　　　　　　　快速定位
N40　　　X50；　　　　　　　　快速定位
N50 M08；　　　　　　　　　　切削液开
N60 G90 X31 Z－48 F0.2；　　车外圆
N70 G90 X27 Z－24.7 F0.2；　车外圆，端面留精车余量 0.3mm
N80　　　X25；　　　　　　　　车外圆
N90　　　X21 Z－15；　　　　　车外圆
N100 G00 X150 Z2；　　　　　退刀
N110 T0206 S800；　　　　　　换 T0206 外圆精车刀，转速 800r/min
N120 G00 X50 Z2；　　　　　　快速定位
N130　　　X19.984；　　　　　　进刀
N140 G01 Z－15 F0.05；　　　精车外圆至 $\phi 20_{-0.033}^{\ 0}$ mm
N150　　　X23.984；　　　　　　车端面
N160　　　Z－20.026；　　　　　精车外圆至 $\phi 24_{-0.033}^{\ 0}$ mm，长度至 20.026mm
N170　　　X29.99；　　　　　　　车端面
N180　　　Z－48；　　　　　　　精车外圆至 $\phi 30_{-0.021}^{\ 0}$ mm，长度多车一些
N190 G00 X150 Z2；　　　　　退刀
N200 M09；　　　　　　　　　　切削液关
N210 M30；　　　　　　　　　　程序结束

（5）操作注意事项

① 在进、退刀时要注意刀具的位置，避免刀具与顶尖碰撞。

② 正确装夹工件，避免顶尖顶得过紧或过松。

1.3.4 长轴加工

（1）任务描述

如图 1-28 所示零件，毛坯为 ϕ50mm×410mm，材料为 45 钢，编写加工程序并加工。

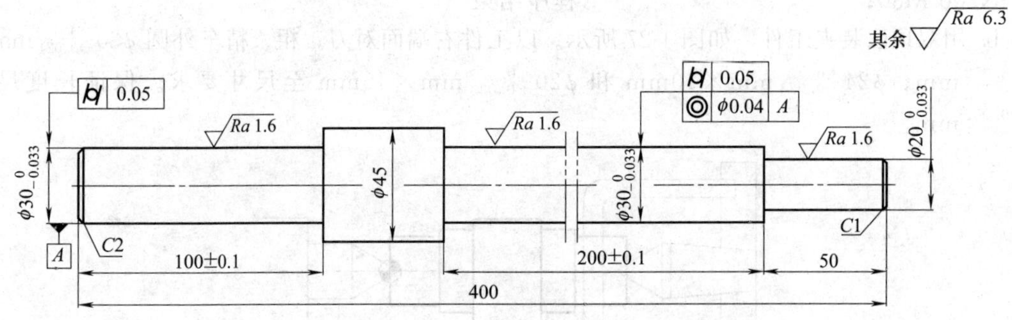

图 1-28　长轴加工

（2）任务分析

对于较长的轴或必须经过多道工序才能完成的轴类工件，为保证每次安装时的精度，可用双顶法装夹。该工件轴向尺寸较长，且零件有同轴度、圆柱度要求，尺寸精度、粗糙度要求也较高。零件在加工中需要调头加工，为保证工件的加工精度，宜采用两顶尖装夹，即双顶法装夹。

双顶法就是在主轴顶尖（前顶尖）和尾座顶尖（后顶尖）之间安装轴件，主轴转动时，通过拨盘推动夹头而带动轴件转动，从而进行车削，如图 1-29 所示。用两顶尖安装工件方便，不需要找正，而且定位精度高，但装夹前必须在工件的两端面钻出中心孔。

工件的装夹方法如下。

① 用鸡心夹头夹紧工件一端的适当部位。

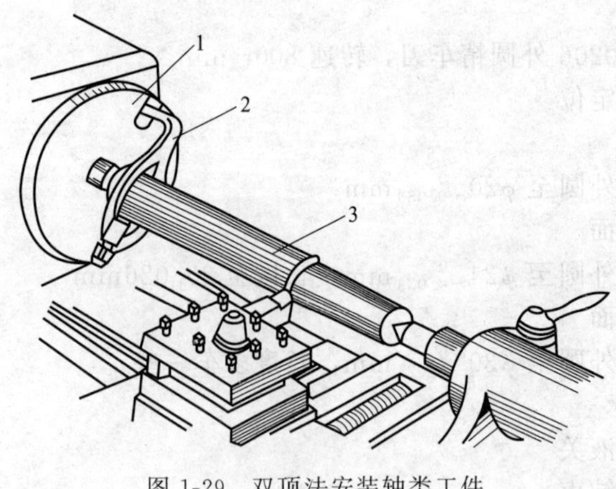

图 1-29　双顶法安装轴类工件

1—拨盘；2—夹头；3—轴件

② 左手托起工件，将夹有夹头一端的中心孔放置在前顶尖上，并使夹头的拨杆插入拨盘的凹槽中，以通过拨盘带动工件旋转。

③ 尾座根据工件长度调整好位置并紧固。右手摇动尾座的手轮，使后顶尖顶入工件另一端的中心孔，其松紧程度以工件在两顶尖间可以灵活转动，而又没有轴向窜动为宜。

④ 注意尾座套筒从尾座体伸出的长度应尽量短；若后顶尖使用固定顶尖，应用润滑脂润滑。最后，将尾座套筒的固定手柄压紧。

(3) 数值处理

图 1-28 中尺寸 $\phi30_{-0.033}^{0}$ mm 换算成编程尺寸 $\phi(29.984\pm0.016)$mm，尺寸 $\phi20_{-0.033}^{0}$ mm 换算成编程尺寸 $\phi(19.984\pm0.016)$mm。

(4) 任务实施

① 加工工艺方案

a. 用三爪卡盘装夹工件，伸出长度约为 30mm，找正并夹紧，车平端面，用 ϕ2mm 中心钻（A 型）钻中心孔。

b. 调头装夹，用三爪卡盘装夹工件，找正并夹紧，车端面，用游标卡尺测量，保证工件总长 400mm，钻中心孔。

c. 用双顶法装夹工件。主轴端用鸡心夹头固定。粗、精车外圆 $\phi30_{-0.033}^{0}$ mm×100mm、ϕ45mm×50mm 至图纸要求。外圆 ϕ45mm 处车长一些。

d. 调头装夹，用双顶法装夹工件。工件在主轴端用鸡心夹头固定。粗、精车外圆 $\phi30_{-0.033}^{0}$ mm×200mm、$\phi20_{-0.033}^{0}$ mm×50mm 至图纸要求。

选用乳化液进行冷却。

② 工艺卡片（表 1-6）

表 1-6 工艺卡片

零件编号	零件名称	材料	数控加工工艺卡片		机床型号		夹具名称
	轴	45			CAK6140		鸡心夹头
刀具表			量具表		工具表		
T01	90°外圆右偏刀(粗)		1	游标卡尺(0～500mm)	1	油石	
T02	90°外圆右偏刀(精)		2	千分尺(0～25mm)	2	钻夹头	
T03	45°端面刀		3	千分尺(25～50mm)	3	鸡心夹头	
	ϕ2mm 中心钻(A 型)				4	顶尖	

序号	工艺内容	主轴转速 /r·min^{-1}	进给速度 /mm·r^{-1}	背吃刀量 /mm	刀具
1	手动车端面(两端)	500	手动		T0303
2	手动钻中心孔(两端)	800	手动		ϕ2mm 中心钻
3	双顶法装夹。粗车外圆至 ϕ31mm、ϕ46mm，保证长度要求；留精加工单边余量 0.5mm	500	0.3	2	T0101
4	精车外圆至 $\phi30_{-0.033}^{0}$ mm、ϕ45mm，保证长度要求；车倒角 C2	800	0.05	0.5	T0202
5	调头加工，双顶法装夹。粗车外圆至 ϕ31mm、ϕ21mm，保证长度要求；留精加工单边余量 0.5mm	500	0.3	2	T0105
6	精车外圆至 $\phi30_{-0.033}^{0}$ mm、$\phi20_{-0.033}^{0}$ mm，保证长度要求；车倒角 C1	800	0.05	0.5	T0206
7	去毛刺	500			油石

③ 加工程序　工件车两端端面，钻中心孔，保证总长 400mm。

a. 用双顶法装夹工件，如图 1-30 所示。以工件右端面对刀。车外圆 $\phi30_{-0.033}^{0}$ mm×100mm、ϕ45mm×50mm 至尺寸要求。外圆 ϕ45mm 处车长一些。

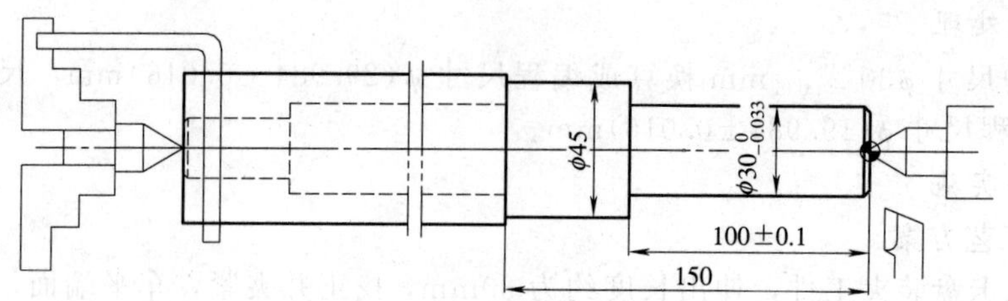

图 1-30 双顶法装夹与加工

程序：

O2015；

N10 M03 S500； 主轴正转，500r/min

N20 T0101； 换 T0101 外圆粗车刀

N30 G00 X60 Z2 M08； 快速定位，切削液开

N40 G90 X46 Z－155 F0.3； 车外圆，留精加工单边余量 0.5mm

N50 X42 Z－99.5； 车外圆

N60 X38； 车外圆

N70 X34； 车外圆

N80 X31； 车外圆，留端面精加工余量 0.5mm

N90 G00 X150 Z2； 退刀

N100 T0202 S800； 换 T0202 外圆精车刀，主轴转速 800r/min

N110 G00 X60 Z2； 快速定位

N120 X26； 快速进刀

N130 G01 Z0； Z 轴至端面

N140 X29.984 Z－2 F0.05； 车倒角 $C2$

N150 Z－100； 精车外圆

N160 X45； 精车台阶端面

N170 Z－155； 精车外圆

N180 G00 X100 Z10 M09； 退刀，切削液关

N190 M30； 程序结束

b. 调头装夹。用双顶法装夹工件，如图 1-31 所示。以工件右端面对刀。车外圆 $\phi20_{-0.033}^{\ 0}$ mm×50mm、$\phi30_{-0.033}^{\ 0}$ mm×200mm 至尺寸要求。

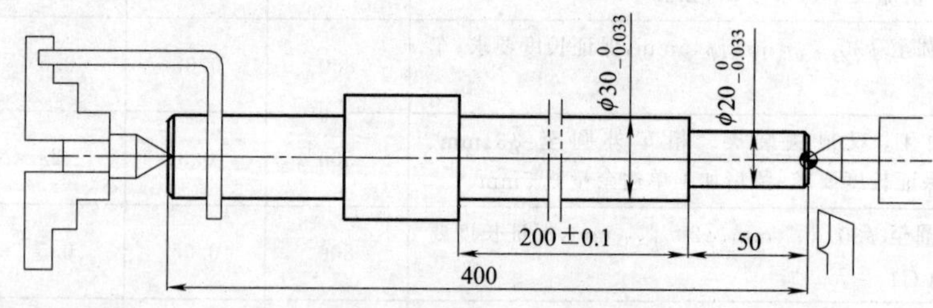

图 1-31 调头加工、双顶法装夹

程序：

O2016；

N10 M03 S500； 主轴正转，500r/min

N20 T0105； 换 T0105 外圆粗车刀

```
N30 G00 X60 Z2 M08;          快速定位，切削液开
N40 G90 X46 Z-250 F0.3;      固定循环，车外圆
N50     X42;                 车外圆
N60     X38;                 车外圆
N70     X34;                 车外圆
N80     X31;                 车外圆，留精加工单边余量 0.5mm
N90     X27 Z-49.5;          车外圆，留端面精加工余量 0.5mm
N100     X23;                车外圆
N110     X21;                车外圆，留精加工单边余量 0.5mm
N120 G00 X150 Z2;            退刀
N130 T0206 S800;             换 T0206 外圆精车刀，主轴转速 800r/min
N140 G00 X60 Z2;             快速定位
N150     X18;                快速进刀
N160 G01 Z0;                 Z 轴至端面
N170     X19.984 Z-1 F0.05;  车倒角 C1
N180     Z-50;               精车外圆
N190     X29.984;            精车台阶端面
N200     Z-250;              精车外圆
N210 G00 X100 Z10 M09;       退刀，切削液关
N220 M30;                    程序结束
```

（5）操作注意事项

① 车削前检查工件毛坯尺寸是否有足够的加工余量，必要时对长棒进行校直。

② 在进、退刀时要注意刀具的位置，避免刀具与顶尖碰撞。

③ 正确装夹工件，避免顶尖顶得过紧或过松。

④ 正确选择切削用量和刀具，避免因径向切削力过大引起工件变形。

1.3.5 外沟槽零件加工

（1）任务描述

如图 1-32 所示零件，毛坯尺寸为 ϕ30mm，材料为 45 钢，编写加工程序并加工。

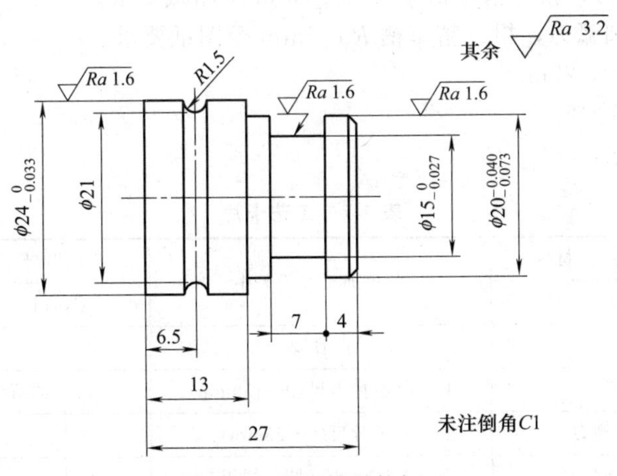

图 1-32 外沟槽零件加工

（2）任务分析

根据零件图，零件需要进行外圆加工和槽的加工。直槽用宽 4mm 高速钢车槽刀加工，R1.5mm 的圆弧槽采用高速钢成形车刀车削，最后切断。车槽的方法如下。

① 窄直沟槽　对于 2～6mm 宽的直外圆沟槽，一般用等宽的车槽刀，用直进法一次车出。车刀在槽底用 G04 指令进行短暂停留，以使槽底光滑。如图 1-33（a）所示。

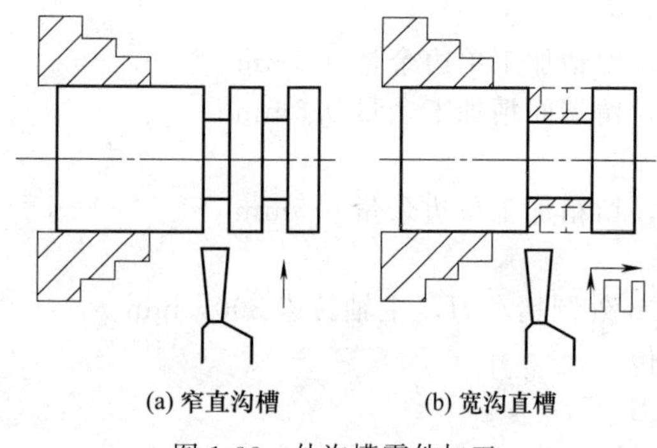

(a) 窄直沟槽　　(b) 宽沟直槽

图 1-33　外沟槽零件加工

② 宽直沟槽　较宽的沟槽，可采取多次直进法车削，并在槽底和槽的两侧留有精加工余量，然后根据槽宽和槽深进行精车。如图 1-33（b）所示。第 1 刀、第 2 刀在槽底留约 0.5mm 的余量（半径值），第 3 刀用直进法车到槽底，用 G04 指令进行短暂停留以车平槽底，然后向右轴向进给切削至要求的槽宽，最后用 G01 指令径向退出以保证槽侧面的粗糙度要求。

切槽时用车槽刀。车槽刀有一条公共的主切削刃，两条副切削刃，左右两个刀尖。车槽刀前为主切削刃，两侧为副切削刃。安装车槽刀，其主切削刃应平行于工件轴线，主刀刃与工件轴线同一高度。

切断要用切断刀，其形状和切槽刀相似，但因刀头窄而长，很容易折断。在切断过程中，散热条件差，刀具刚度低，因此必须减小切削用量，以防止机床和工件的振动。切断时应注意，切断刀刀尖必须与工件中心等高，否则切断处将剩有凸台，且刀头容易损坏。

（3）数值处理

图 1-32 中尺寸 $\phi 24_{-0.033}^{\ 0}$mm、$\phi 20_{-0.073}^{-0.040}$mm 和 $\phi 15_{-0.027}^{\ 0}$mm，根据数值处理方法，换算成 $\phi(23.984\pm0.016)$mm、$\phi(19.944\pm0.016)$mm 和 $\phi(14.987\pm0.013)$mm。

（4）任务实施

① 加工工艺方案

a. 用三爪卡盘夹住毛坯外圆，伸出长度约 40mm，手动车平端面，对刀。粗、精车外圆 $\phi 24_{-0.033}^{\ 0}$mm、$\phi 20_{-0.073}^{-0.040}$mm 和倒角 C1。

b. 换 4mm 车槽刀，粗、精车槽 $\phi 15_{-0.027}^{\ 0}$mm 至图纸要求。

c. 换 R1.5mm 圆弧刀，粗、精车槽 R1.5mm 至图纸要求。

d. 切断，保证长度 27mm。

选用乳化液进行冷却。

② 工艺卡片（表 1-7）

表 1-7　工艺卡片

零件编号	零件名称	材料	数控加工工艺卡片	机床型号	夹具名称
	轴	45		CAK6140	三爪卡盘
刀具表		量具表		工具表	
T01	90°外圆右偏刀	1	游标卡尺（0～150mm）	1	油石
T02	宽 4mm 高速钢车槽刀	2	千分尺（0～25mm）		
T03	R1.5mm 高速钢圆弧刀	3	R1.5mm 圆弧样板		

续表

序号	工 艺 内 容	主轴转速 /r·min^{-1}	进给速度 /mm·r^{-1}	背吃刀量 /mm	刀具
1	用三爪卡盘夹住毛坯外圆，粗、精车外圆 $\phi24_{-0.033}^{0}$ mm、$\phi20_{-0.073}^{-0.040}$mm 和倒角 $C1$	500(粗) 800(精)	0.2(粗) 0.1(精)	1.5	T0101
2	换 4mm 车槽刀，粗、精车槽 $\phi15_{-0.027}^{0}$mm 至图纸要求	400	0.1	4	T0202
3	换 $R1.5$mm 圆弧刀，粗、精车槽 $R1.5$mm 至图纸要求	400	0.1	1.5	T0303
4	切断，保证长度 27mm	400	0.1	4	T0202

③ 加工程序

```
O3211;
N10 M03 S500;                   主轴正转，500r/min
N20 T0101;                      换 T0101 外圆刀
N30 G00 X50 Z4 M08;             快速定位，切削液开
N40 G90 X27 Z-32 F0.2;          车外圆，长度上多车一点
N50     X25;                    车外圆，留单边精加工余量 0.5mm
N60     X22 Z-13.5;             车外圆，长度留精车余量 0.5mm
N70     X21;                    车外圆，留单边精加工余量 0.5mm
N80 S800;                       主轴转速 800r/min
N90 G00 X18 Z2;                 快速定位
N100 G01 Z0;                    进给至 Z0
N110      X19.944 Z-1 F0.1;     车倒角 C1
N120      Z-14;                 精车 φ20mm 外圆
N130      X23.984;              X 轴进给
N140      Z-32;                 精车 φ24mm 外圆
N150 G00 X50 Z100;              退刀
N160 T0202 S400;                换 T0202 4mm 车槽刀，主轴转速 400r/min
N170 G00 X30;                   X 轴快速定位
N180      Z-8;                  Z 轴快速定位
N190 G01 X15.6 F0.1;            车槽第 1 刀，留单边精加工余量 0.3mm
N200      X22;                  X 轴退刀
N210 G00 X30;                   X 轴快速定位
N220      Z-11;                 Z 轴快速定位
N230 G01 X14.987;               车槽第 2 刀至槽底尺寸
N240 G04 X2;                    停留 2s
N250 G01 Z-8;                   轴向切削至宽度尺寸
N255      X22;                  X 轴退刀
N260 G00 X50;                   X 轴快速退刀
N270      Z100;                 Z 轴快速退刀
N280 T0303;                     换 T0303 R1.5mm 圆弧刀
N290 G00 X30;                   X 轴快速定位
N300      Z-20.5;               Z 轴快速定位
N310 G01 X21 F0.1;              车 R1.5mm 圆弧
```

```
N320 G04 X2;            槽底停留 2s
N330 G00 X50;           X 轴退刀
N340     Z100;          Z 轴退刀
N350 T0202;             换 T0202，4mm 车槽刀
N360 G00 X40;           X 轴快速定位
N370     Z-31;          Z 轴快速定位
N380     X30;           X 轴进刀
N390 G01 X1 F0.1;       切断
N400 G00 X50;           X 轴退刀
N410     Z100 M09;      Z 轴退刀，切削液关
N420 M30;               程序结束
```

练习题

一、填空题（请将正确答案填在横线空白处）

1. 在车削锥面时，如果车刀刀尖未与工件回转中心等高会出现________误差。

2. 车削端面时工件端面中心处出现凸台的原因可能是________。

3. 车刀由外向内车削端面，在转速一定的情况下，车刀越往内车削，工件加工面直径越________，切削速度越________，因此表面粗糙度值越________。

4. 对后置刀架来说，G02 的方向是________，G03 的方向是________。

5. 在车削圆弧时，车刀的________角过小会产生干涉和过切。

二、选择题（请将正确答案的代号填入括号内）

1. 在车削细长轴时宜选用主偏角为（　　）的外圆车刀。

A. 45°　　B. 75°　　C. 90°　　D. 以上都可以

2. 基本尺寸为 200mm，上偏差＋0.27mm，下偏差＋0.17mm，在程序中应用（　　）尺寸编入。

A. 200.17mm　　B. 200.27mm　　C. 200.22mm　　D. 200mm

3. 由外圆向中心进给车端面时，切削速度（　　）。

A. 不变　　B. 由高到低　　C. 由低到高

4. 外圆车刀刃倾角对排屑方向有影响，为了防止划伤已加工表面，精车和半精车时，选择刃倾角为（　　）。

A. 负值　　B. 零值　　C. 正值　　D. 较小值

5. 车削不锈钢时由于易产生（　　），所以它是难加工材料。

A. 积屑瘤　　B. 加工硬化　　C. 不容易断屑

6. 同轴度要求较高，工序较多的长轴用（　　）装夹较合适。

A. 四爪卡盘　　B. 三爪卡盘　　C. 两顶尖

7. 车削铸造或锻造毛坯时，为了防止刀具磨损或崩刃，第一刀的背吃刀量应选（　　）。

A. 较大值　　B. 较小值　　C. 无所谓

8. 车削工件外圆时表面粗糙度值较大的原因可能是（　　）。

A. 刀刃磨损　　B. 主轴轴承有径向间隙

C. 切削用量不适当　　D. 以上都有关

9. 大批量生产的工件在测量外圆尺寸时，为了提高效率常使用（　　）。

A. 游标卡尺　　B. 千分尺　　C. 卡规　　D. 卡钳

10. 车削前检查工件毛坯尺寸是否有足够的加工余量，必要时对长棒进行（　　）。

A. 粗车　　B. 校直　　C. 热处理

11. 用 G03 指令从右向左切削（　　）圆弧，从左向右切削（　　）圆弧。

A. 凸　　　　　B. 凹　　　　　C. 不确定

12. 程序段“G03 X30 Z－15 R5 F0.2；”中的 X、Z 的坐标值是（　　）。

A. 圆弧起点坐标值　B. 圆弧终点坐标值　C. 圆弧的圆心坐标值

13. 切外圆沟槽时可用下面指令（　　）进行退刀。

A. G00 X100；　　B. G00 Z100；　　C. G00 X100 Z100；

14. 切断时，防止产生振动的措施是（　　）。

A. 增大前角　　B. 减小前角　　C. 减小进给量　　D. 提高切削速度

15. 在切削用量中，对刀具寿命影响最大的是（　　）。

A. 切削速度　　B. 切削深度　　C. 进给量

三、判断题（正确的请在括号内打“√”，错误的打“×”）

1. Q235 可以通过淬火处理提高硬度以增加其耐磨性。（　　）

2. 加工精度要求较高的工件，采用 45 钢，可以精加工以后再进行淬火处理。（　　）

3. 20CrMnTi 经淬火加低温回火处理以后可以直接车削加工。（　　）

4. 精车时吃刀深度越小越好。（　　）

5. 用硬质合金车刀车削工件的过程中，当发现车刀温度过高时应立即加切削液。（　　）

6. 在数控车床运转过程中应在三爪卡盘上夹持一工件，以防止卡爪松脱飞出。（　　）

7. 固定顶尖的加工精度比回转顶尖要高。（　　）

8. 千分尺可以精确测量到毫米的千分位即 0.001mm。（　　）

9. 高速钢车刀比硬质合金车刀的刃口易磨得锋利。（　　）

10. 精加工是为了保证加工精度和表面粗糙度，所以切削用量越小越好。（　　）

11. G90 指令只能车削外圆，不能车削内孔。（　　）

12. 工件端面加工余量较大时可选用 90°车刀。（　　）

13. 由于三爪卡盘有自定心的作用，所以当更换新车刀后 X 轴不必重新对刀。（　　）

14. 车削铝合金工件时车刀易出现积屑瘤。（　　）

15. 切断工件时不要切到底，而是留下很小的圆柱部分然后在车床上打断。（　　）

四、简答题

1. 简述工件常用的装夹方法和适用场合。

2. 简述为保证零件的同轴度应采取的方法。

五、综合题

编制下列图形的加工程序并加工（图 1-34～图 1-41）。

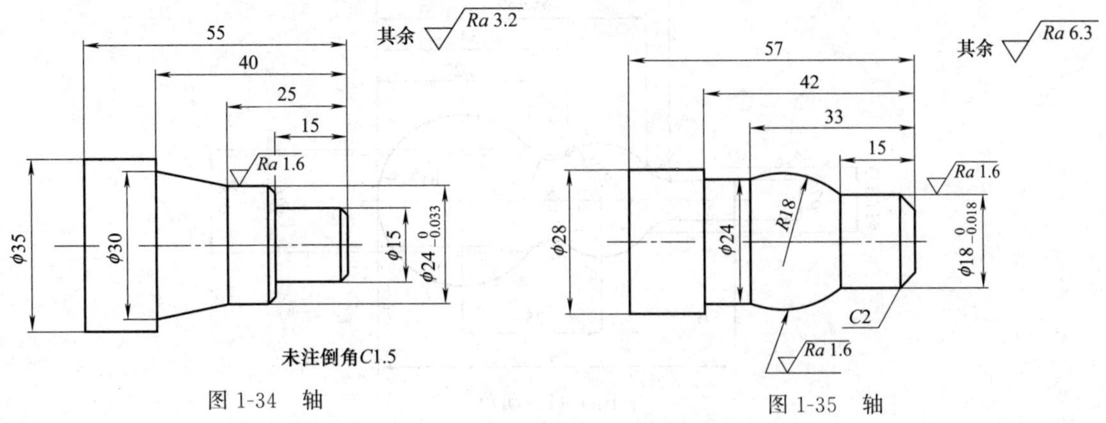

图 1-34　轴　　　　图 1-35　轴

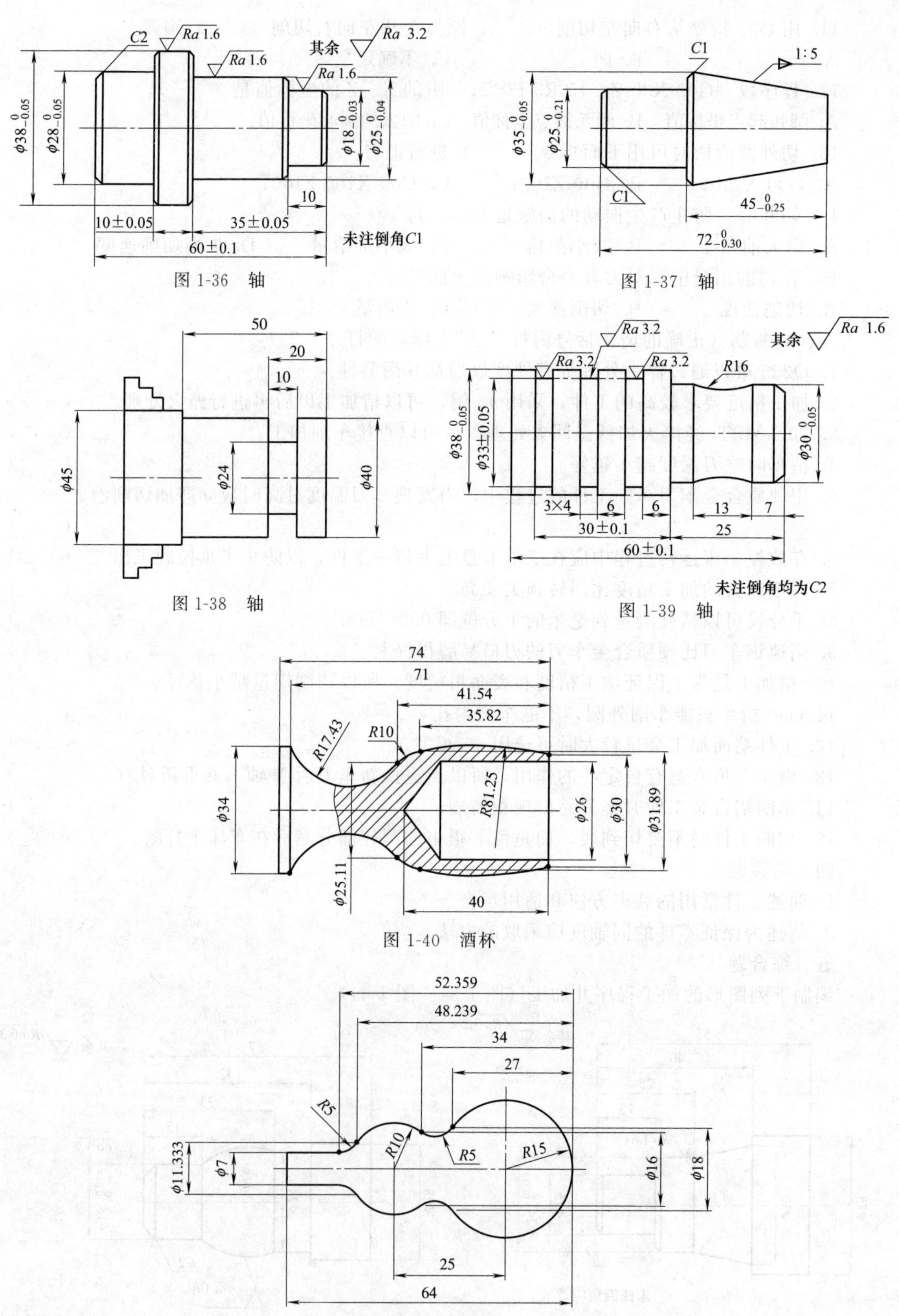

图 1-36　轴

图 1-37　轴

图 1-38　轴

图 1-39　轴

图 1-40　酒杯

图 1-41　葫芦

项目2 复杂轴类零件加工

2.1 知识准备

2.1.1 数控加工工艺路线的设计

在数控机床加工过程中，由于加工对象复杂多样，特别是轮廓曲线的形状及位置千变万化，加上材料不同、批量不同等多方面因素的影响，在对具体零件制定加工顺序时，应该进行具体分析和区别对待，灵活处理。只有这样，才能使所制定的加工顺序合理，从而达到质量优、效率高和成本低的目的。

数控加工工艺路线设计中应注意以下几个问题。

(1) 加工工序的划分

根据数控加工的特点，数控加工工序的划分一般可按下列方法进行。

① 以一次安装、加工作为一道工序。这种方法适合于加工内容较少的零件，加工完后就能达到待检状态。

② 根据同一把刀具加工的内容划分工序。有些零件虽然能在一次安装中加工出很多待加工表面，但考虑到程序太长，会受到某些限制，如控制系统的限制（主要是内存容量），机床连续工作时间的限制（如一道工序在一个工作班内不能结束）等。此外，程序太长会增加出错概率与检索的困难。因此程序不能太长，一道工序的内容不能太多。

③ 根据加工部位划分工序。对于加工内容很多的工件，可按其结构特点将加工部位分成几个部分，如内腔、外形、曲面或平面，并将每一部分的加工作为一道工序。

④ 根据粗、精加工划分工序。对于经加工后易发生变形的工件，由于对粗加工后可能发生的变形需要进行校形，故一般来说，凡要进行粗、精加工的过程，都要将工序分开。

(2) 加工顺序的安排

加工顺序的安排一般应按以下原则进行。

① 上道工序的加工不能影响下道工序的定位与夹紧，中间穿插有通用机床加工工序的也应综合考虑。

② 先进行内腔加工，后进行外形加工。

③ 以相同定位、夹紧方式加工或用同一把刀具加工的工序，最好连续加工，以减少重复定位次数、换刀次数与装夹次数。

(3) 数控加工工艺与普通工序的衔接

数控加工工序前后一般都穿插有其他普通加工工序，如衔接得不好就容易产生矛盾。因此，在熟悉整个加工工艺内容的同时，要清楚数控加工工序与普通加工工序各自的技术要求、加工目的、加工特点，如要不要留加工余量，留多少，定位面与孔的精度要求及形位公差，对校形工序的技术要求，毛坯的热处理状态等，这样才能使各工序达到相互满足加工需要，且质量目标及技术要求明确，交接验收有依据。

2.1.2 数控加工工艺原则

(1) 先粗后精

为了提高生产率并保证零件的精加工质量，在切削加工时，应先安排粗加工工序，在较短的时间内，将精加工前大量的加工余量去掉，同时尽量满足精加工的余量均匀性要求。

当粗加工工序安排完后，应接着安排换刀后进行的半精加工和精加工。其中，安排半精加工的目的是，当粗加工后所留余量的均匀性满足不了精加工要求时，则可安排半精加工作为过渡性工序，以便使精加工余量小而均匀。

在安排可以一刀或多刀进行的精加工工序时，其零件的最终轮廓应由最后一刀连续加工而成。这时，加工刀具的进退刀位置要考虑妥当，尽量不要在连续的轮廓中安排切入和切出或换刀及停顿，以免因切削力突然变化而造成弹性变形，致使光滑连接轮廓上产生表面划伤、形状突变或滞留刀痕等缺陷。

(2) 先近后远

这里所说的远与近，是按加工部位相对于对刀点的距离大小而言的。在一般情况下，特别是在粗加工时，通常安排离对刀点近的部位先加工，离对刀点远的部位后加工，以便缩短刀具移动距离，减少空行程时间。对于车削加工，先近后远有利于保持毛坯件或半成品件的刚性，改善其切削条件。

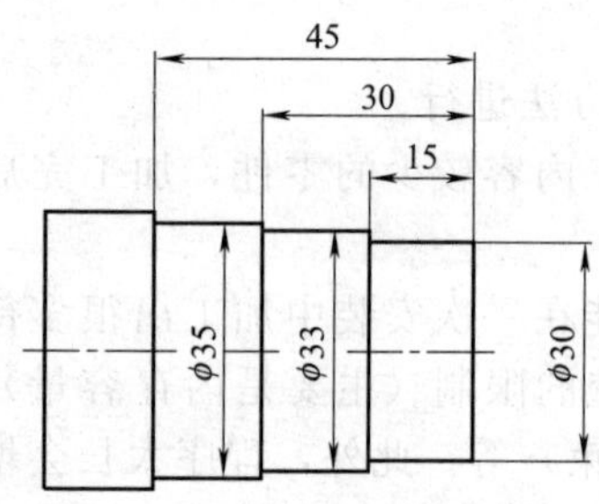

图 2-1 阶梯轴

例如，当加工图 2-1 所示零件时，如果按 ϕ35mm→ϕ33mm→ϕ30mm 的顺序安排车削，不仅会增加刀具返回对刀点所需的空行程时间，而且还可能使台阶的外直角处产生毛刺（飞边）。对这类直径相差不大的台阶轴，当第一刀的切削深度（图中最大切削深度可为 3mm 左右）未超限时，宜按 ϕ30mm→ϕ33mm→ϕ35mm 的顺序先近后远地安排车削。

(3) 内外交叉

对既有内表面（内型腔），又有外表面需加工的零件，安排加工顺序时，应先进行内外表面粗加工，后进行内外表面精加工。切不可将零件上一部分表面（外表面或内表面）加工完毕后，再加工其他表面（内表面或外表面）。

(4) 基面先行

用作精基准的表面应先加工出来，因为定位基准的表面越精确，装夹误差就越小。例如轴类零件加时，总是先加工出中心孔，再以中心孔为精基准加工外圆表面和端面。

2.2 指令学习

2.2.1 恒线速度功能 G96

在主轴转速一定，加工锥面或端面时，因外径大小发生变化，所以切削速度产生变化，引起粗糙度变化。

若零件要求锥面或端面的粗糙度一致，则必须用恒线速度功能 G96 来进行切削。

恒线速度功能 G96 通过改变转速来控制相应的工件直径变化时维持稳定的恒定的切削线速度，如图 2-2 所示。

(1) 编程格式

恒线速度指令：

G96 S __；S 指定切削线速度（m/min）

恒线速度撤消指令：

G97 S __；S 指定主轴转速（r/min）

主轴最高限速指令：

G50 S __；S 指定主轴最高转速（r/min）

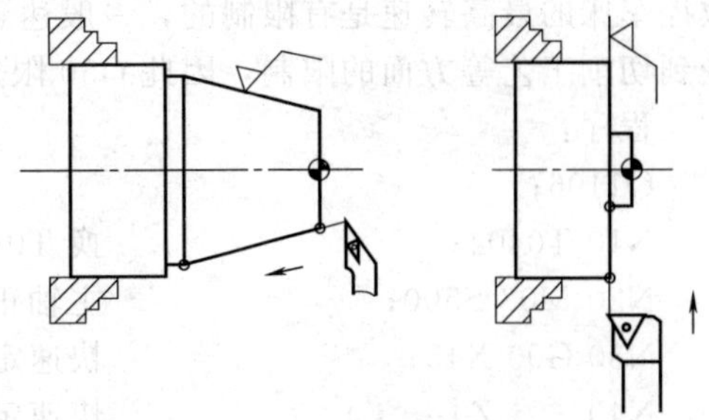

图 2-2　恒线速度功能 G96

（2）说明

• 用恒线速度进行切削时，外径有变化时，G96 要求线速度恒定，所以主轴只能提高转速来保持线速度的恒定，这样切削速度一致，所以粗糙度将保持一致。

• 因线速度恒定，所以当外径减小到零时，主轴的转速将无限大，造成“飞车”，因此必须对主轴的最高转速限制。

• 在恒线速度控制下，当主轴的转速高于 G50 指定的转速时，则被限制在最高转速上，不再升高。

（3）注意事项

• 机床锁住时恒线速度功能也有效。

• 主电机是变频或伺服驱动时才具有恒线速度功能。

• 恒线速度指令 G96 在切削螺纹时也有效，因此建议在开始涡形螺纹和锥螺纹加工前用 G97 指令取消恒线速度功能。

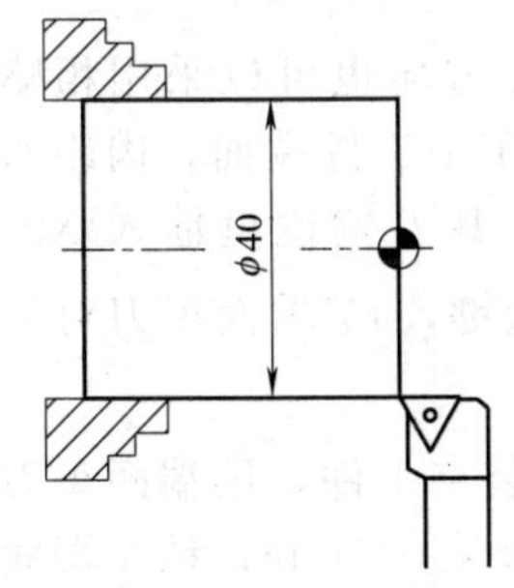

图 2-3　恒线速度功能 G96 车端面

【例 2-1】 如图 2-3 所示，已知轴直径 φ40mm，主轴最初转速为 500r/min，主轴最高限速为 1000r/min，用 G96 指令切削端面。

分析：

$v_c=\frac{\pi dn}{1000}$（m/min），式中 π 取 3，d 为工件直径（mm），n 为主轴转速（r/min）；v 为切削速度（m/min）。

当主轴最初转速为 500r/min 时，车削 φ40mm 外径处时，根据公式 $V_c=\frac{3\times40\times500}{1000}=60$m/min，因此设定 G96 指定的恒线速度为 60m/min。

当主轴最高限速 $n=1000$r/min 时，根据公式 $V_c=\frac{3\times40\times1000}{1000}=120$m/min，对应的线速度为 120m/min。

因此，指定 G96 恒线速度时，不能超过 120m/min。当指定 G96 恒线速度为 120m/min 时，主轴转速达到 1000r/min，和最高限速一样，也就是从车削的一开始到结束，由于最高限速的限制，转速一直都是 1000r/min，速度没有变化，失去了恒线速度切削的意义。

当 G96 指定的恒线速度为 60m/min 时，主轴转速为 500r/min，随着刀具向中心切削，速度越来越高，直到最高限速 1000r/min 为止。这就是恒线速度指令 G96 的意义。

另外，可以计算出当线速度为 60m/min、主轴转速为 1000r/min 时车刀在直径上的位置：$d=\frac{1000V_c}{\pi n}=\frac{1000\times60}{3\times1000}=20$mm，即车刀在 φ40mm 处切削时，转速为 500r/min，随着向中心切削，主轴转速逐渐加大；当车刀车至直径 φ20mm 处，速度达到 1000r/min，再向中心切削时，由于 G50 最高速度的限制，速度不能继续增大，所以一直保持 1000r/min 的速度切削至中心。若想在工件中心附近使粗糙度一致，只有加大 G50 最高限制速度，但是，数控车床的最高转速是有限制的，一般达到 2000～3000r/min，视不同的机床而不同，而且受到切削工艺等方面的限制，因此 G50 限定速度不是随意的。

程序：

O1106；	
N10 T0404；	换 T0404 端面车刀
N20 M03 S500；	主轴正转，500r/min
N30 G00 X45；	快速定位
N40 Z0；	快速定位
N50 G50 S1500；	主轴最高限速 1500r/min
N60 G96 S60；	恒线速度控制，线速度 60m/min
N70 G01 X0 F0.2；	车端面
N80 G97 S500；	恒线速度撤消，主轴转速恢复 500r/min
N90 G00 X50 Z150；	退刀
N100 M30；	程序结束

【例 2-2】 如图 2-4 所示零件，毛坯为 ϕ40mm 的 45 钢。要求车除端面长度 9mm，表面粗糙度为 Ra3.2μm，编写加工程序。

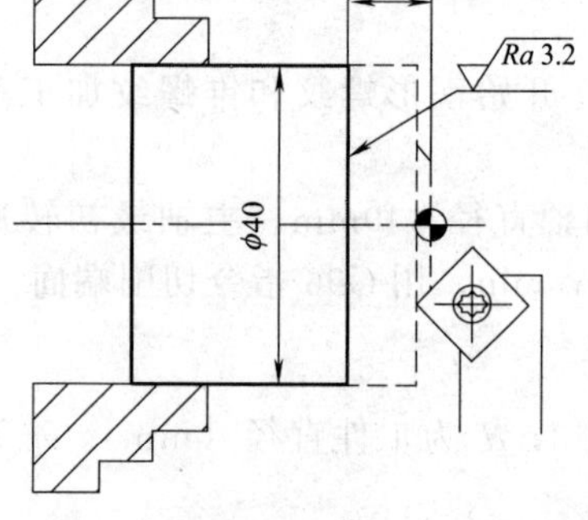

图 2-4 车端面

分析：

根据要求工件端面去除 9mm 长度，可以采用 45°端面车刀加工，留 0.5mm 精加工余量，然后采用恒线速度功能进行精车端面。

45°端面车刀车端面对刀时，X 方向也可以采用粗略对刀的方法。首先用端面车刀手动车平工件端面，肉眼观察，当刀尖在工件回转中心时，在其刀偏栏里输入 X0，按 测量 软键；输入 Z0，按 测量 软键，45°端面车刀对刀完成。

具体加工步骤为：用三爪卡盘装夹工件，用端面车刀车平端面，进行对刀；用 45°端面车刀由外向里车削端面，留精加工余量 0.5mm；精车端面至图纸要求。

程序：

O4011；	
N10 T0303；	换 T0303 端面车刀
N20 M03 S500；	主轴正转，500r/min
N30 G00 X45 Z4 M08；	快速定位，切削液开
N40 G94 X0 Z−2 F0.3；	车端面
N50 Z−4；	车端面
N60 Z−6；	车端面
N70 Z−8.5；	车端面，留精加工余量 0.5mm
N80 G00 X45；	快速定位
N90 Z−9；	快速定位
N100 G50 S1200；	主轴最高限速 1200r/min
N110 G96 S60；	恒线速度控制，线速度 60m/min
N100 G01 X0 F0.05；	精车端面
N120 G97 S500；	恒线速度功能撤消，主轴转速 500r/min

```
N130 G00 X50 Z100 M09;               退刀，切削液关
N140 M30;                            程序结束
```

2.2.2 刀尖圆弧半径补偿指令 G41/G42/G40

(1) 刀尖圆弧半径补偿的目的

数控车床的编程和对刀操作通常是以理想刀尖为基准的，为了提高刀具寿命和降低表面粗糙度值，实际加工中的车刀刀尖不是理想的尖锐刀尖，总有个小圆弧，刀具磨损还会改变圆角半径，如图 2-5 所示。车削时，实际起作用的切削刃是圆弧的各切点，这样在加工圆锥面和圆弧面时，就会产生加工表面的形状误差，如图 2-6 所示。

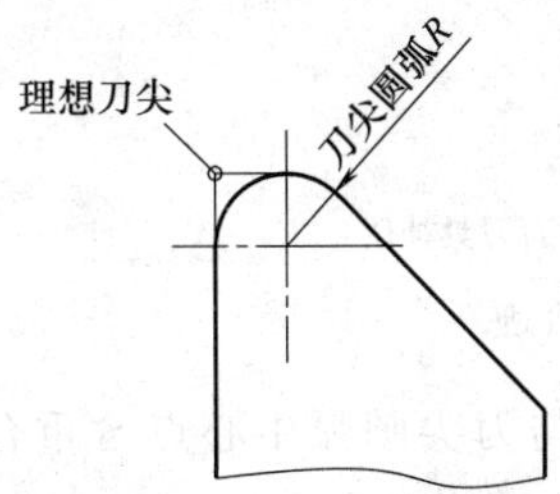

图 2-5 刀尖圆弧和刀尖理论点

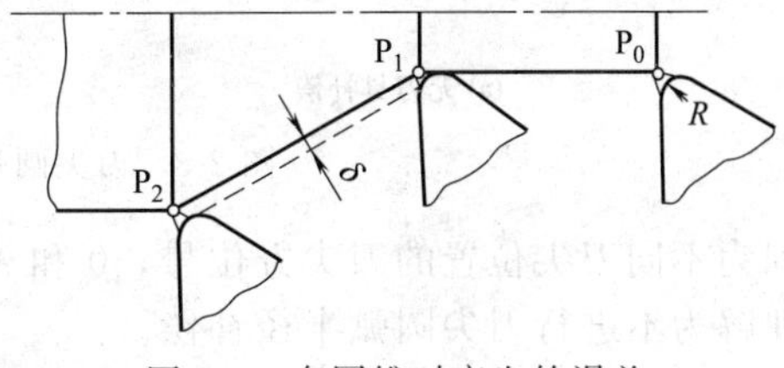

图 2-6 车圆锥时产生的误差

从图 2-6 中可以看出，编程时刀尖运动轨迹是 $P_0P_1P_2$。但由于刀尖圆弧半径 R 的存在，实际车出的工件形状为图中虚线，这样就产生了圆锥表面误差 δ。如果工件要求不高，可以忽略不计，但如果工件要求很高，就应考虑刀尖圆弧半径对工件形状的影响。

下面再举一个车圆弧的实例，来说明刀尖磨损对工件表面形状误差的影响。如图 2-7 所示，编程时刀尖运动轨迹是刀尖 A 的轨迹（图中 P_1AAA…P_2），但是，车削时实际起作用的是刀尖圆弧的各切点，因此车出的工件实际表面形状是图中的虚线形状，这样就产生较大的形状误差 $\delta_1 \sim \delta_2$。可见，在这种情况下就必须考虑刀尖圆弧半径对工件表面形状的影响。

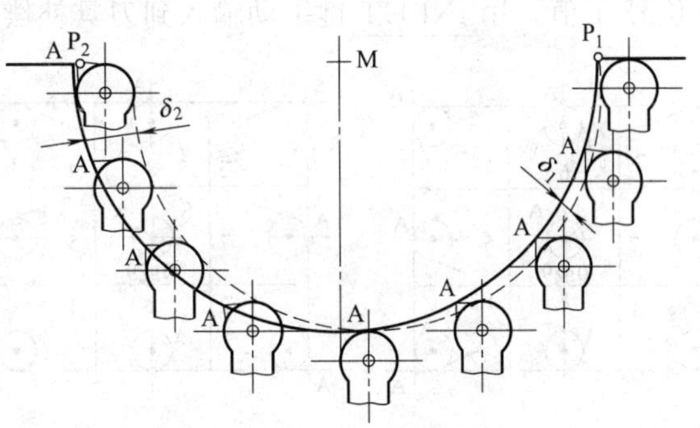

图 2-7 车圆弧时产生的误差

车内孔、外圆或端面时，并无误差产生，因为实际切削刃的轨迹与工件轨迹一致。在车锥面和圆弧时由于工件轮廓（编程轨迹或理想刀尖轨迹）与实际轨迹不重合，就会有误差产生。消除误差的方法是采用机床的刀具刀尖半径补偿功能。刀尖圆弧半径补偿的目的就是解决刀尖圆弧可能引起的加工误差。利用刀尖圆弧半径补偿功能，编程者只要按工件轮廓编程，并在操作面板上手工输入刀尖圆弧半径值和刀具方位号，数控系统便能自动计算出刀尖圆弧圆心的轨迹，并按刀尖圆弧圆心的轨迹运动，即执行刀具半径补偿后，刀具自动偏离工件轮廓一个刀具半径值，从而消除了刀尖圆弧半径对工件形状的影响，如图 2-8 所示。

(2) 刀尖圆弧半径补偿的参数

不仅刀尖圆弧半径值对加工精度有影响，刀尖圆弧的位置对加工精度也有影响。刀尖圆弧半径补偿的参数有两个：一个是刀尖圆弧半径 R 的大小；另一个是刀尖圆弧位置的刀尖方位号 T，如图 2-9 所示，共有九种，A 表示理想刀尖，黑点 S 表示刀尖圆弧中心点。0～9

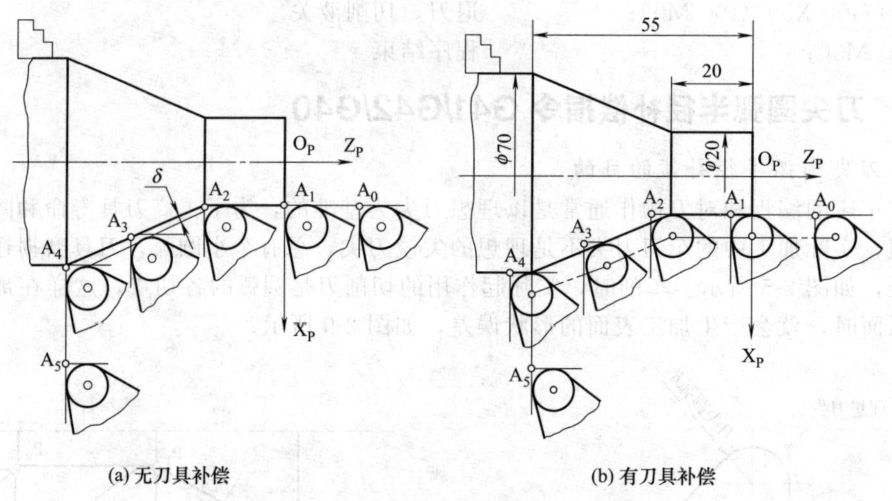

(a) 无刀具补偿　　(b) 有刀具补偿

图 2-8　刀尖圆弧半径补偿时的刀具轨迹

分别为不同刀尖位置的刀尖方位号，0 和 9 表示理想刀尖 A 与刀尖圆弧中心点 S 重合，也可以理解为不进行刀尖圆弧半径补偿。

在加工前，利用操作面板，在选用刀具相应的刀偏栏里，将刀尖圆弧半径值 R 和刀尖方位号 T 值，用 INPUT 键手动输入到刀具补偿页面中，如图 2-10 所示。

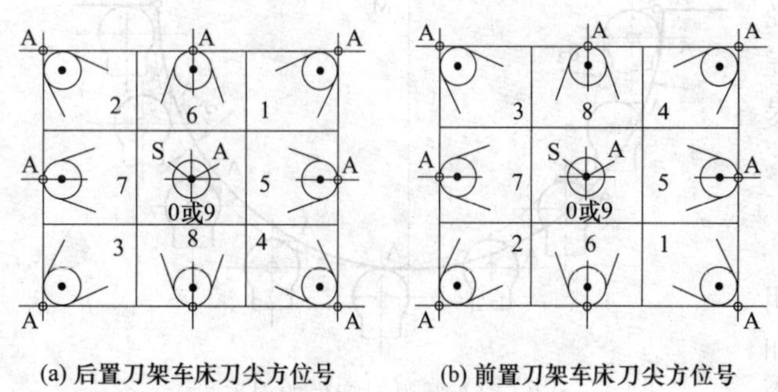

(a) 后置刀架车床刀尖方位号　　(b) 前置刀架车床刀尖方位号

图 2-9　车床刀尖方位号

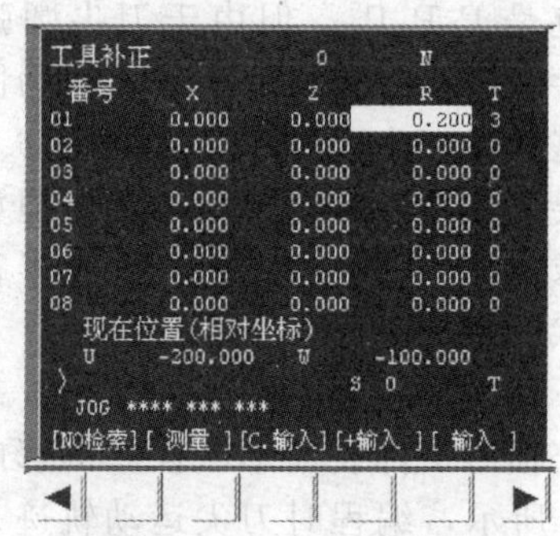

图 2-10　机床刀补偿页面

(3) 刀尖圆弧半径补偿指令

① G42——刀尖圆弧半径右补偿，模态代码。

按后置刀架判断，顺着刀具运动方向看，刀具在工件的右侧，称为刀尖圆弧半径右补偿。用 G42 代码编程。后置刀架和前置刀架方向判断如图 2-11（a）、（c）所示。

② G41——刀尖圆弧半径左补偿，模态代码。

按后置刀架判断，顺着刀具运动方向看，刀具在工件的左侧，称为刀尖圆弧半径左补偿。用 G41 代码编程。后置刀架和前置刀架方向判断如图 2-11（b）、（d）所示。

③ G40——取消刀尖圆弧半径补偿，模态代码。

如需取消刀尖圆弧半径补偿，可编入 G40 代码，这时，理想刀尖就与编程轨迹重合。

在判断刀尖圆弧半径补偿 G41、G42 时，所谓的方向一般都是针对后置刀架数控车床而言的，但对于切削同一个零件，不管是后置刀架还是前置刀架，编写的程序都是一致的，并不会因为刀架的前后而改变。例如，在图 2-11（a）中，为刀架后置式数控车床，顺着刀具移动的方向看，刀具在工件的右侧，所以为刀尖圆弧半径右补偿 G42。在图 2-11（c）中，也是 G42，这样在加工相同零件时程序是一样的。

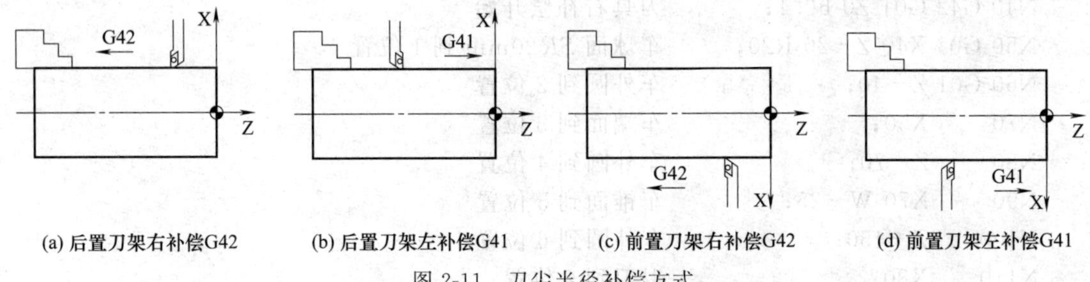

图 2-11　刀尖半径补偿方式

（4）编程格式

$$\begin{Bmatrix}G41\\G42\end{Bmatrix}\begin{Bmatrix}G00\\G01\end{Bmatrix}X(U)\_\_Z(W)\_\_(F\_\_);$$

$$G40\begin{Bmatrix}G00\\G01\end{Bmatrix}X(U)\_\_Z(W)\_\_(F\_\_);$$

式中，X(U)、Z(W)为建立或取消刀尖圆弧半径补偿程序段中刀具移动的终点坐标。

（5）注意事项

• G41、G42、G40 只能同 G00 或 G01 结合编程，不允许同 G02 和 G03 等其他指令结合编程。即它是通过直线运动来建立或取消刀具补偿的。

• 在使用 G41 或 G42 后，必须用 G40 取消刀具补偿。在调用新刀具前或要更改刀具补偿方向时，必须使用 G40 取消刀具补偿。在使用 G40 前，刀具必须已经离开工件加工表面。

• 程序段的最后必须以取消刀具补偿结束，如果没有取消刀具补偿，则刀具不能在终点定位，而停在与终点位置偏离一个矢量的位置上。

• 在 G41 的方式中，不要再指定一个 G41，否则补偿会出错。同样，在 G42 的方式中，不要再指定一个 G42。当补偿量取负值时，G41、G42 互相转化。

• 在使用 G41 和 G42 之后的程序段，不能出现连续两个或两个以上的不移动指令，否则 G41、G42 会失效。

• 在宏程序中，如果拟合曲线的步距小于刀尖圆弧半径值，会出现过切报警。因此宏程序中一般不使用刀尖圆弧半径补偿功能。

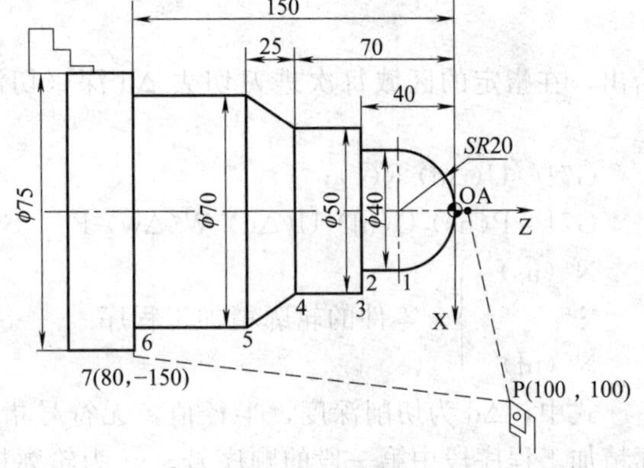

图 2-12　轴的零件图

【例 2-3】 编写如图 2-12 所示的零件加工程序，要求考虑刀尖圆弧半径补偿。刀尖圆弧半径为 $R0.4$mm。

分析：

该图形包含圆弧和锥面，因此需要使用刀尖圆弧半径补偿功能。在刀补页面，在 01 号刀偏栏里，输入 R 的值为 0.4，T 的值为 3，使用右补偿 G42 指令。

程序：

```
O2123;
N10 T0101;                 换 T0101 外圆车刀
N20 M03 S800;              主轴正转，800mm/r
N30 G00 X0 Z3;             快速定位到 A 点
```

```
N40 G42 G01 Z0 F0.1;          刀具右补偿开始
N50 G03 X40 Z-20 R20;         车球面SR20mm到1位置
N60 G01 Z-40;                 车外圆到2位置
N70     X50;                  车端面到3位置
N80     Z-70;                 车外圆到4位置
N90     X70 W-25;             车锥面到5位置
N100    Z-150;                车外圆到6位置
N110    X80;                  退刀到7位置
N120 G40 G00 X100 Z100;       取消刀具补偿，退刀至换刀点P
N130 M30;                     程序结束并返回
```

2.2.3 复合循环指令 G70/G71/G72/G73/G75

2.2.3.1 内、外圆粗车复合循环 G71

G71 指令为粗车复合循环，用于多次走刀完成加工的场合。利用 G71 指令，只要编写出最终走刀路线，给出每次切削背吃刀量，机床即可自动完成重复切削，直到加工完毕。G71 指令用于粗车，要留有一定的精车余量。

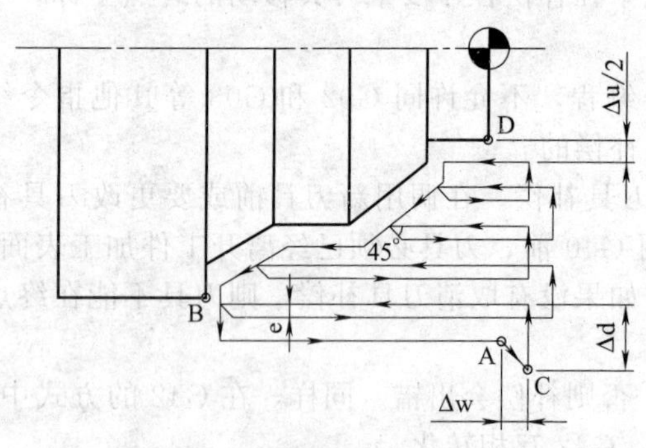

图 2-13　外圆粗车循环 G71

(1) 进刀路径

车刀至循环起点 A，后退外圆精加工余量 Δu、端面精加工余量 Δw 至 C 点，然后每次背吃刀量 Δd，退刀量 e（以 45°退刀），进行多次循环切削，至外圆留精加工余量 Δu 结束，如图 2-13 所示。

(2) 编程格式

从 D 到 B 的精加工形状由轮廓精加工程序给出，在指定的区域每次进刀切去 Δd 深（切深），单边精加工余量 Δu/2，端面精加工余量 Δw。

G71　U(Δd) R(e)；

G71　P(ns) Q(nf) U(Δu) W(Δw) F__ S__ T__；

N (ns)
⋮　　零件的轮廓精加工程序
N (nf)

式中，Δd 为切削深度，半径值，无符号指定，模态值；e 为退刀量，模态值；ns 为轮廓精加工程序段中第一段的顺序号；nf 为轮廓精加工程序段中最后一段的顺序号；Δu 为 X 方向精加工余量及方向，直径值；Δw 为 Z 方向精加工余量及方向；F 为进给速度；S 为主轴转速；T 为车刀选择。

(3) 注意事项

- Δu、Δw 的正负判断如图 2-14 所示。
- 工件轮廓形状必须符合 X 轴和 Z 轴方向逐渐增加或逐渐减小。
- 顺序号 ns 程序段可含有 G00 或 G01 指令，但不能含有 Z 轴移动指令。
- 在 ns～nf 的程序段中 F、S、T 功能无效。
- 在 ns～nf 的程序段中恒线速度功能 G96 或 G97 无效，而在 G71 程序段或以前的程序段中指定的 G96 或 G97 有效。

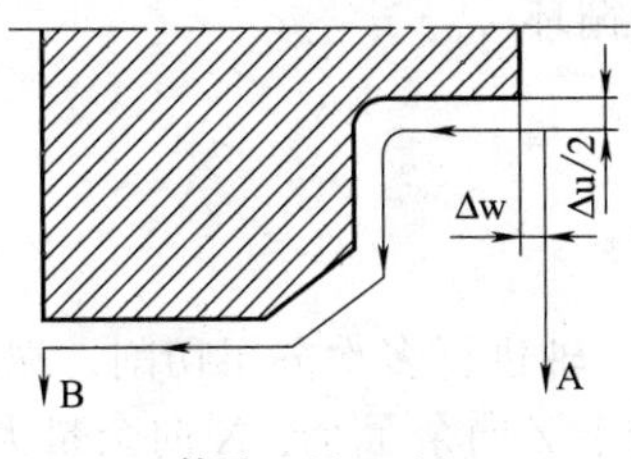

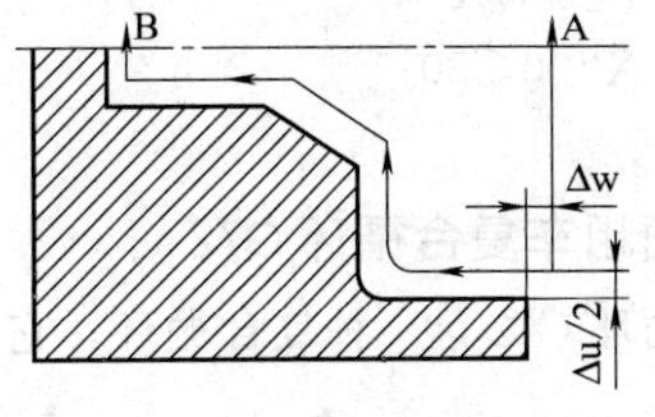

图 2-14　Δu、Δw 精加工余量的正负判断

- 在 ns～nf 的程序段中不能调用子程序。
- G71 指令不能使用刀尖圆弧半径补偿。

2.2.3.2　精车循环 G70

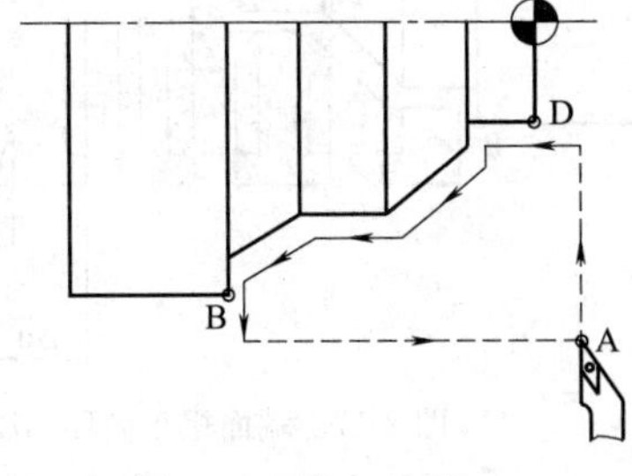

图 2-15　精车循环 G70

精车循环 G70 是将粗加工循环预留的精车余量去掉。

(1) 进刀路径

进刀路径如图 2-15 所示。

(2) 编程格式

G70 P (ns) Q (nf)；

式中，ns 为精加工程序段中第一段程序段的顺序号；nf 为精加工程序段中最后一段程序段的顺序号。

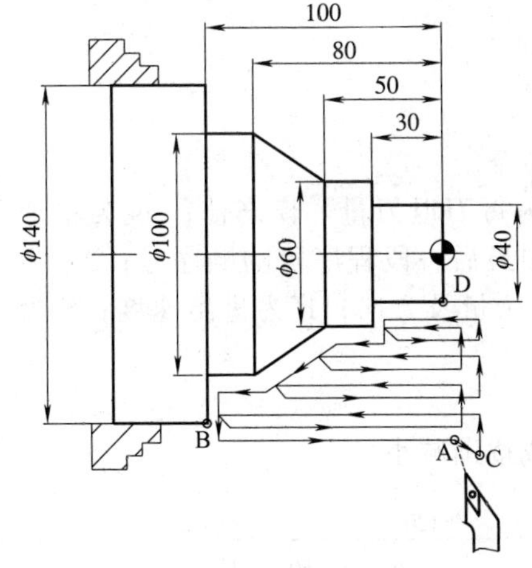

图 2-16　外圆粗车循环

(3) 注意事项

- 在 ns～nf 程序段中的 F、S、T 功能对 G70 有效。
- 若在 G70 精加工循环中使用刀尖圆弧半径补偿，可在 G70 指令之前的程序段中指定。

【例 2-4】 如图 2-16 所示，用 G71 指令编写零件的粗加工程序。

分析：

确定有关参数：Δd=2，e=1，直径精车余量 Δu=1，端面余量 Δw=1。

程序：

```
O0010;
N10 T0101;
N20 M03 S500;
N30 G00 X142 Z2;                 循环起点 A
N40 G71 U2 R1;                   G71 循环，每刀吃刀 2mm，退 1mm
N50 G71 P60 Q120 U1 W1 F0.2;     精加工余量 X 向留 1mm、Z 向留 1mm
N60 G00 X40;                     零件轮廓程序第一段，该段不允许有 Z 向移动
N70 G01 Z-30 F0.1;               F0.1 对 G71 无效，但对 G70 有效
N80     X60;
N90     W-20;
N100    X100 Z-80;
N110    W-20;
```

N120　　X142；　　　　　　　　零件轮廓程序最后一段
N140 G70 P60 Q120；　　　　　精加工循环
N150 G00 X200 Z50；　　　　　退刀
N160 M30；

2.2.3.3　端面粗车复合循环 G72

端面粗车循环 G72 是一种复合循环，它平行于 X 轴进行多次分层切削。端面粗车循环 G72 适合于 Z 向余量小、X 向余量大的棒料粗加工，如毛坯是圆钢、各台阶面直径差较大的工件。

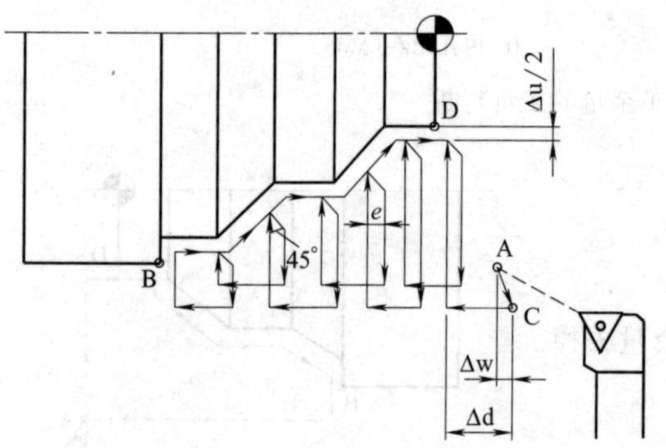

图 2-17　端面粗车循环 G72

(1) 进刀路径

从循环起点 A 后退端面精加工余量 Δw、外圆精加工余量 Δu 至 C 点，循环切削开始至端面精加工余量 Δw 结束，如图2-17所示。

精加工形状由轮廓精加工程序给出，注意走刀方向，精加工编程要从 B 至 D 方向编写，否则加工出错。在指定的区域每次进刀切去 Δd 深（切深）。

(2) 编程格式

G72 W（Δd）R（e）；

G72 P（ns）Q（nf）U（Δu）W（Δw）F__ S__；

N（ns）
⋮　　零件的轮廓精加工程序
N（nf）

从顺序号 ns 到 nf 的程序段，指定 B 至 D 间的移动指令。

式中，Δd 为每刀吃刀量，无符号指定，模态值；e 为每刀退刀量，模态值；ns 为精加工程序段中第一段程序段的顺序号；nf 为精加工程序段中最后一段程序段的顺序号；Δu 为 X 方向精加工余量及方向，直径值；Δw 为 Z 方向精加工余量及方向；F 为进给速度；S 为主轴转速。

(3) 注意事项

- 工件轮廓形状必须符合 X 轴和 Z 轴方向逐渐增加或逐渐减小。
- 顺序号 ns 程序段可含有 G00 或 G01 指令，但不能含有 X 轴移动指令。
- 在 MDI 方式下不能使用 G72 指令。
- 在 ns～nf 的程序段中不能使用倒角 C 和圆角 R。
- 在 ns～nf 的程序段中不能使用刀尖圆弧半径补偿。
- 在 ns～nf 的程序段中不能调用子程序。
- 在 ns～nf 的程序段中 F、S、T 功能对 G72 无效。
- 在 ns～nf 的程序段中恒线速度功能无效。

【例 2-5】　如图 2-18 所示，用循环指令 G72 加工。

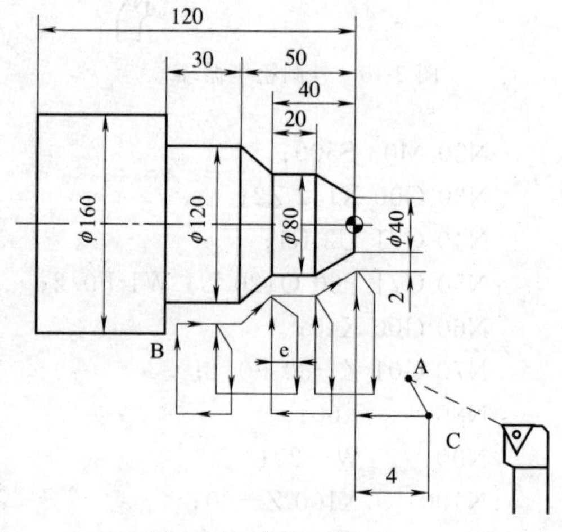

图 2-18　车端面循环

程序：

```
O0012
N10 T0404;                          换端面车刀
N20 M03 S500;
N30 G00 X170 Z10;                   循环起点 A
N40 G72 W4 R1;                      G72 循环，每刀吃刀 4mm，退 1mm
N50 G72 P60 Q110 U2 W2 F0.2;        精加工余量 X 留向 2mm、Z 向留 2mm
N60 G00 Z-80;                       零件轮廓程序第一段，该段不允许有 X 向移动
N70 G01 X120 F0.1;                  F、S 对 G72 无效，对 G70 有效
N80     W30;
N90     W10 X80;
N100    W20;
N110    X40 W20;                    零件轮廓程序最后一段
N120 G70 P60 Q110;                  G70 精车循环，将粗车循环留的余量去掉
N130 G00 X200 Z50;                  退刀
N140 M30;
```

2.2.3.4 仿形粗车循环 G73

G73 指令是按照一定的切削形状经过多次切削逐渐地靠近最终形状，即每一次切削都按照零件的最终切削形状进行，最后只留下精加工余量。G73 指令可以有效地切削铸造成形、锻造成形或已粗车成形的工件。当工件形状有凹面不适合 G71 指令加工时，也可以先进行粗车，最后用 G73 指令加工。

(1) 进刀路径

刀具从循环起点 A，在 X 轴上后退工件毛坯总加工余量加精加工余量（半径值）（Δi+Δu/2），在 Z 轴上后退工件毛坯端面总加工余量加精加工余量（Δk+Δw）至 D，切削循环开始至留外圆精加工余量 Δu、端面精加工余量 Δw 结束，最后返回到循环起点 A，如图 2-19 所示。

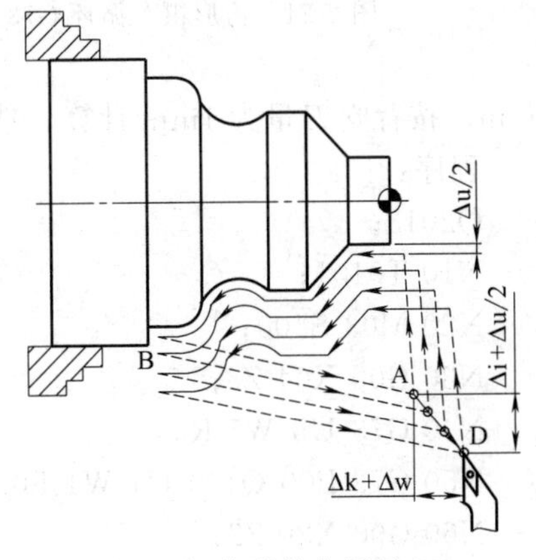

图 2-19 仿形粗车循环 G73

(2) 编程格式

G73 U (Δi) W (Δk) R (d);

G73 P (ns) Q (nf) U (Δu) W (Δw) F__ S__ T__;

N (ns)
⋮　　零件轮廓精加工程序
N (nf)

式中，Δi 为 X 方向退刀距离和方向（外圆毛坯余量），半径指定，模态值；Δk 为 Z 方向退刀距离和方向，模态值；d 为毛坯余量的粗车次数；ns 为精加工程序段中第一段程序段的顺序号；nf 为精加工程序段中最后一段程序段的顺序号；Δu 为 X 方向精加工余量及方向，直径值；Δw 为 Z 方向精加工余量及方向；F 为进给速度；S 为主轴转速；T 为刀具选择。

(3) Δu、Δw 正负方向判别方法。

Δu、Δw 精加工余量的正负判断如图 2-20 所示。

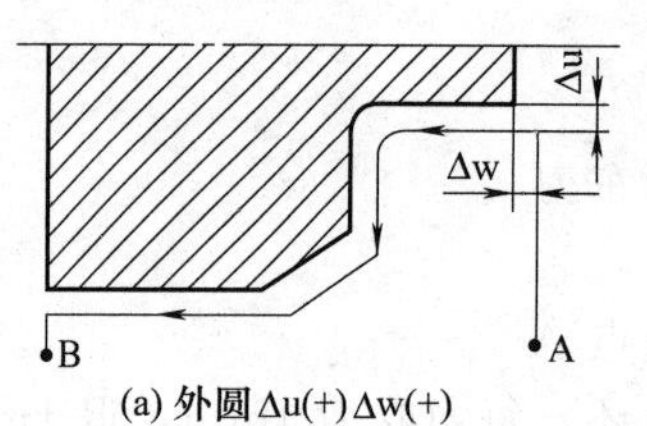

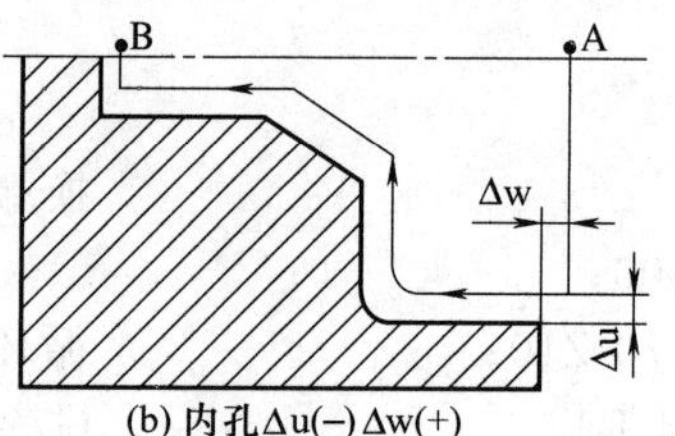

图 2-20　Δu、Δw 精加工余量的正负判断

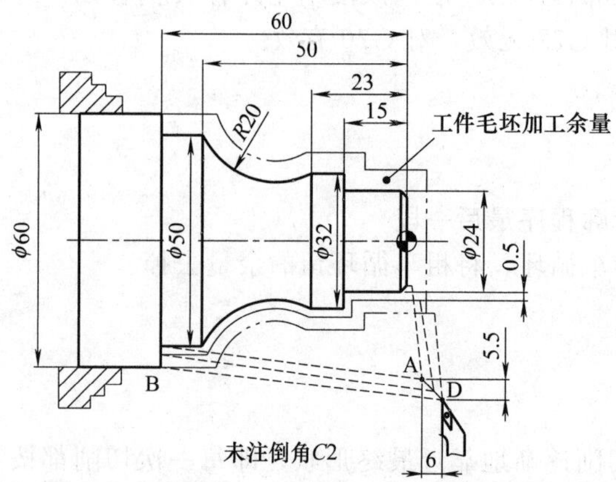

图 2-21　仿形粗车循环 G73

(4) 注意事项

• ns～nf 程序段中的 F、S、T 功能对 G73 无效，对 G70 有效。

• 在 ns～nf 的程序段中不能使用刀尖圆弧半径补偿。

• 在 ns～nf 的程序段中不能调用子程序。

【例 2-6】 如图 2-21 所示，工件材料为 45 钢，毛坯总加工余量为 10mm（直径值），编写仿形粗车循环加工程序。

分析：

由于毛坯总加工余量半径值为 5mm，即 Δi=5mm，Δk=5mm，X 方向留精加工余量 Δu=1mm（直径值），端面精加工余量 Δw=1mm。按背吃刀量为 1mm 计算，选择毛坯量的粗车次数 d=5。

程序：

```
O2013;
N10 T0101;                         T0101 外圆车刀
N20 M03 S500;
N30 G00 X64 Z8;                    循环起点 A
N40 G73 U5 W5 R5;                  X 向退 5mm，Z 向退 5mm，分 5 刀车完
N50 G73 P60 Q140 U1 W1 F0.2;       精加工余量 X 向留 1mm、Z 向留 1mm
N60 G00 X20 Z2;                    零件轮廓程序第一段
N70 G01 Z0 F0.1 ;
N80     X24 Z−2;
N90     Z−15;
N100    X32;
N110    Z−23;
N120 G02 X50 Z−50 R20;
N130 G01 Z−60;
N140    X62;                       零件轮廓程序最后一段
N150 G70 P60 Q140;                 G70 精车循环
N160 G00 X100 Z100;                退刀
N170 M30;
```

2.2.3.5　径向切槽复合循环 G75

G75 指令用于内、外径切槽或钻孔，它可以实现 X 向切槽。其加工路径为：先在循环

起点即起刀点的位置，向 X 向分层切削逐渐到槽底，X 向退刀，然后 Z 向平移进刀，X 向再次分层切削到槽底，然后 Z 向平移进刀，继续重复上述动作，直到将全部槽宽都加工完成，如图2-22所示。

编程格式：

G75 R(e)；

G75 X(U) _ Z(W) _ P(Δi)Q(Δk)R(Δd)F _；

式中，e 为 X 向回退量，即分层切削时每次径向退刀量，模态值，半径值，无正负号；X(U) 为槽底直径坐标值；Z(W) 为槽 Z 向终点坐标值；Δi 为 X 向每次切入量，半径值，单位为 μm，无正负号；Δk 为 Z 向每次移动量，单位为 μm，无正负号，注意其值应小于刀宽；Δd 为刀具切到槽底后，在槽底 Z 向退刀量，可以省略；F 为进给速度。

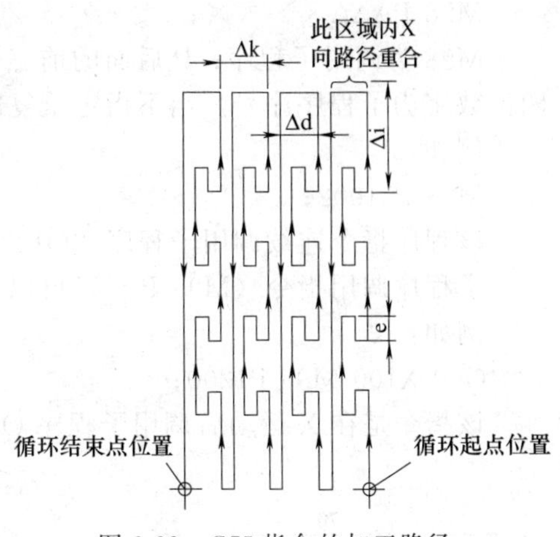

图 2-22　G75 指令的加工路径

【例 2-7】 如图 2-23 所示，切槽刀宽 5mm，毛坯材料 45 钢，试编程。

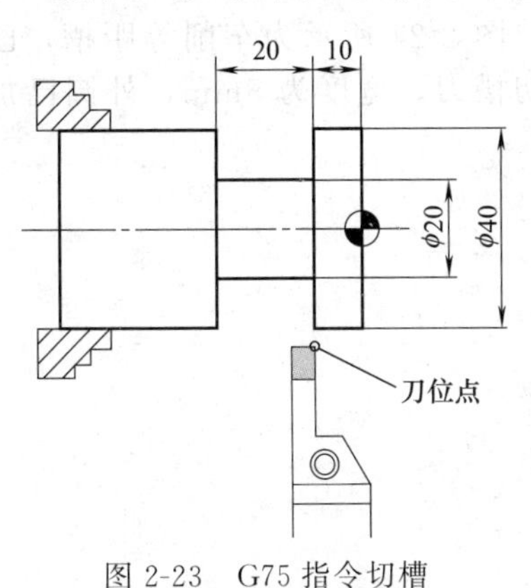

图 2-23　G75 指令切槽

以切槽刀的右刀尖为刀位点。

程序：

O3022；	程序名
N10 T0202；	换 T0202 切槽刀
N20 M03 S300；	主轴正转，300r/min
N30 G00 X50；	X 向快速定位
N40 Z－15；	Z 向快速定位至循环起点
N50 G75 R1；	X 向每次退刀量 1mm
N60 G75 X20 Z－25 P3000 Q4500 F0.1；	分层切槽至终点
N70 G00 X50；	X 向退刀
N80 Z100；	Z 向退刀
N90 M30；	程序结束

2.2.4　子程序指令 M98/M99

在一个加工程序的若干位置上，如果包括一个或多个在写法上完全相同或相似的内容，为了简化程序编制，把这些程序段单独抽出，并按一定格式单独加以命名，称为子程序。需要进行处理这部分轮廓形状时调用该程序，调用子程序的程序称为主程序。

(1) 子程序的结构

子程序与主程序相似，由子程序名、子程序内容和子程序结束指令组成。例如：

O ××××；	子程序名
⋮	子程序内容
M99；	子程序结束并返回主程序

将子程序存储于数控系统内，主程序在执行过程中，如果需要某一子程序，可以通过一定指令调用。一个子程序也可以调用下一级的子程序。子程序必须在主程序结束指令后建立，其作用相当于一个固定循环。

(2) 子程序的调用

在主程序中，调用子程序的指令是一个程序段，其格式为

M98 P△△△××××；

M98 为调用子程序；P 后面的前三位数字为子程序重复调用次数，可以从 0～999；后四位数字为子程序序号。当不指定重复次数时，子程序只调用 1 次。

例如：

M98 P51002；

该程序指令连续调用子程序“O1002”共 5 次。

子程序调用指令（M98 P __）可以与运动指令在同一个程序段中使用。

例如：

G00 X100 M98 P1200；

该指令是在 X 运动后调用子程序 O1200。

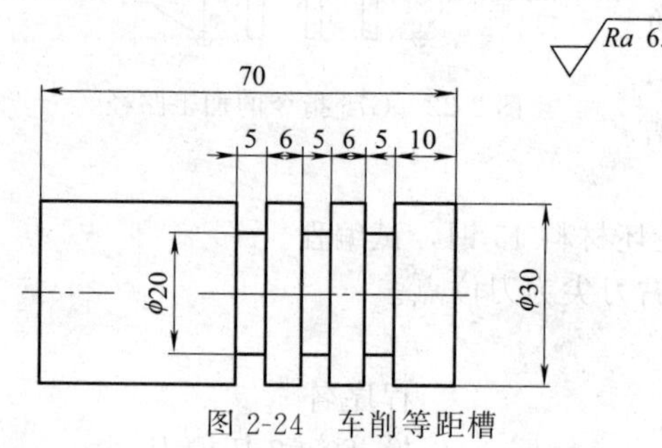

图 2-24　车削等距槽

(3) 子程序的嵌套

子程序调用下一级子程序称为嵌套，上一级子程序与下一级子程序的关系，与主程序与第一层子程序的关系相同。在 FANUC 0i 系统中，子程序最多可以嵌套四级。

【例 2-8】　图 2-24 所示为车削等距槽，已知 02 号刀为切槽刀，宽度为 5mm，外圆已加工，试编程。

主程序：

O2120；

```
N10 T0202；            换 T0202 切槽刀
N20 M03 S300；         主轴正转，300mm/r
N30 G00 X35 ；         快速定位到 X35 处
N40     Z-10；         快速定位到 Z-10 处
N50 M98 P32002；       调用 O2002 子程序 3 次
N60 G00 X50；          退刀
N70     Z150；         退刀
N80 M30；              程序结束并返回
```

子程序：

```
O2002；
N10 G00 W-5；          Z 轴负向移动 5mm 至第 1 槽处
N20 G01 X20 F0.1；     切第 1 槽至尺寸
N30 G04 X2 ；          槽底停留 2s
N40 G01 X35；          X 方向退出
N50 G00 W-6；          Z 轴负向移动 6mm
N60 M99；              子程序结束并返回主程序
```

【例 2-9】　图 2-25 所示为车削不等距槽。已知 02 号刀为切槽刀，宽度为 4mm，外圆已加工。

主程序：

```
O3123；
N10 T0202；            换 T0202 切槽刀
N20 M03 S300；         主轴正转，800mm/r
```

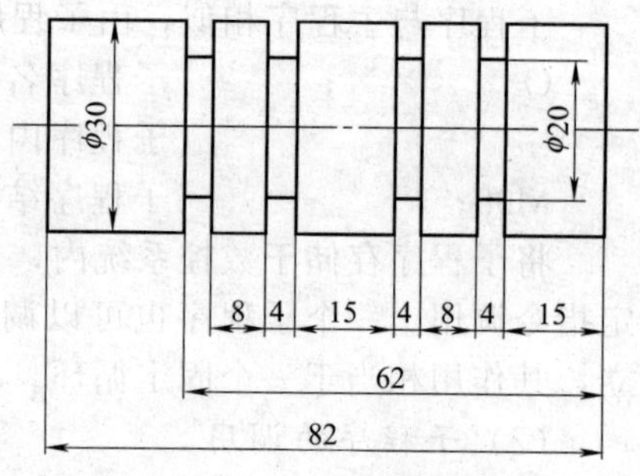

图 2-25　车削不等距槽

```
N30 G00 X35 ;            快速定位到 X35 处
N40 Z－15;               快速定位到 Z－15 处
N50 M98 P23005;          调用 O3005 子程序 2 次
N60 G00 X50;             退刀
N70      Z150;           退刀
N80 M30;                 程序结束并返回

子程序:
O3005;
N10 G00 W－4;            Z 轴负向移动 4mm 至第 1 槽处
N20 G01 X20 F0.1;        切第 1 槽至尺寸
N30 G04 X2 ;             槽底停留 2s
N40 G01 X35;             X 方向退出
N50 G00 W－12;           快速定位至第 2 槽处
N60 G01 X20 F0.1;        切第 2 槽至尺寸
N70 G04 X2 ;             槽底停留 2s
N80 G01 X35;             X 方向退出
N90 G00 W－15;           Z 轴负向移动 15mm
N100 M99;                子程序结束并返回主程序
```

2.3 典型工作任务

2.3.1 短轴加工

(1) 任务描述

如图 2-26 所示轴件，毛坯为 ϕ65mm×110 mm 圆钢，材料为 45 钢，编写加工程序并加工。

(2) 任务分析

根据零件图，零件需要调头加工。夹住毛坯一端，先粗车工件左端外圆 $\phi 40_{-0.025}^{\ 0}$ mm×20mm、外圆 ϕ60mm 长度至 35mm，以及车端面，留单边精车余量 0.5mm，然后精车至尺寸。然后调头装夹，装夹工件 $\phi 40_{-0.025}^{\ 0}$ mm 处，卡爪垫铜皮以保护加工面，粗、精车右端外圆和端面至尺寸。为了简化编程，可采用 G71 和 G70 指令。

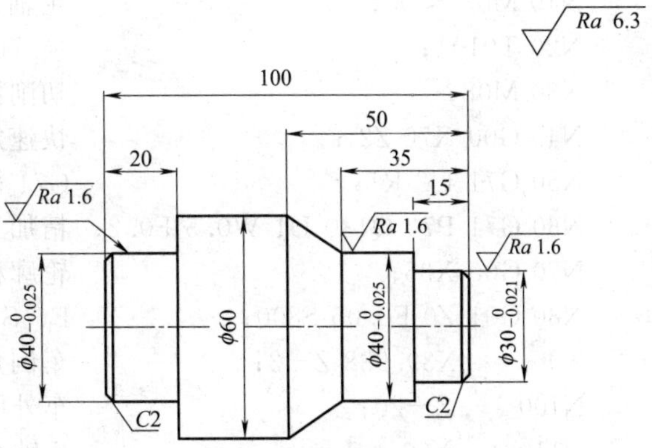

如果工件为批量加工，调头装夹时以 ϕ40mm 处的台阶作为定位面，车平 ϕ30mm 端面并保证工件长度 100mm，以该端面作为对刀基准面。这样就可以不必重复对刀了。

图 2-26 短轴加工

(3) 数值处理

图 2-26 中尺寸 $\phi 40_{-0.025}^{\ 0}$ mm 和 $\phi 30_{-0.021}^{\ 0}$ mm 分别换算成 ϕ(39.988±0.012)mm 和

$\phi(29.990\pm0.011)$mm。

（4）任务实施

① 加工工艺方案

a. 用三爪自定心卡盘装夹工件毛坯一端，粗、精车外圆 $\phi40_{-0.025}^{0}$ mm、$\phi60$mm 至尺寸。

b. 调头装夹，装夹工件 $\phi40_{-0.025}^{0}$ mm 处，卡爪垫铜皮以保护加工面，粗、精车右端外圆 $\phi40_{-0.025}^{0}$ mm、$\phi30_{-0.021}^{0}$ mm、锥面、端面至尺寸，保证总长 100mm。

② 工艺卡片（表 2-1）

表 2-1　工艺卡片

零件编号	零件名称	材料	数控加工工艺卡片	机床型号	夹具名称
	轴	45		CAK6140	三爪卡盘

刀具表		量具表		工具表	
T01	90°外圆车刀	1	游标卡尺(0～150mm)	1	油石
T04	45°端面车刀	2	千分尺(25～50mm)	2	铜皮

序号	工艺内容	主轴转速 /r·min^{-1}	进给速度 /mm·r^{-1}	背吃刀量/mm	刀具
1	夹工件毛坯一端，伸出长度约为 70mm，手动车端面，粗车外圆 $\phi40_{-0.025}^{0}$mm×20mm，车外圆 $\phi60$mm 长度至 35mm，外圆留单边精车余量 0.5mm	500	0.2	2	T0101
2	精车外圆、倒角及端面至图纸要求	800	0.05	0.5	T0101
3	工件调头装夹，垫铜皮装夹外圆 $\phi40_{-0.025}^{0}$mm，车工件右端端面，保证总长 100mm	500	0.2	2	T0404
4	粗车右端外圆、倒角以及锥面，留单边精车余量 0.5mm	500	0.2	2	T0105
5	精车左端端面、外圆、倒角及锥面至图纸要求	800	0.05	0.5	T0105

③ 加工程序

a. 夹住工件一端，加工左端：

```
O2011：
N10 M03 S500；                        主轴正转，500r/min
N20 T0101；                           换 T0101 外圆车刀
N30 M08；                             切削液开
N40 G00 X70 Z2 ；                     快速定位至循环起点
N50 G71 U2 R1；                       G71 循环，每刀吃刀 2mm ，退 1mm
N60 G71 P70 Q130 U1 W0.5 F0.2；       精加工余量 X 向留 1mm、Z 向留 0.5mm
N70 G00 X36；                         轮廓精加工程序第一段，不允许有 Z 向移动
N80 G01 Z0 F0.05 S800；               F、S 对 G71 无效，对 G70 有效
N90     X39.988 Z－2；                车倒角 C2
N100     Z－20；                      车外圆 φ40mm 至长度 20mm
N110     X60；                        X 轴车至 φ60mm 处
N120     Z－55；                      车外圆 φ60mm 至长度 55mm 处
N130     X70；                        轮廓精加工程序最后一段，X 轴退刀
N140 G70 P70 Q130；                   精车循环
N150 G00 X100 Z50；                   退刀
N160 M09；                            切削液关
```

N170 M30； 程序结束

b. 工件调头，装夹住外圆 ϕ40mm 处：

程序	说明
O2012；	
N10 M03 S500；	主轴正转，500r/min
N20 T0404 M08；	换端面车刀 T0404，切削液开
N30 G00 X75 Z15；	快速定位到循环起点
N40 G94 X0 Z8 F0.2；	G94 循环车端面，每次吃刀 2mm
N50 Z6；	第 2 刀
N60 Z4；	第 3 刀
N70 Z2；	第 4 刀
N80 Z0 F0.1 S800；	精车第 5 刀，去掉端面的余量
N90 G00 X100 Z50；	退刀至换刀点
N100 T0105 S500；	换 T0105 外圆车刀
N110 G00 X70 Z2；	循环起点
N120 G71 U2 R1；	G71 循环，每刀吃刀 2mm，退 1mm
N130 G71 P140 Q210 U1 W0.05 F0.2；	精加工余量 X 向留 1mm、Z 向留 2mm
N140 G00 X26；	轮廓程序第一段，该段不允许有 Z 向移动
N150 G01 Z0 F0.2；	至端面
N160 G01 X29.99 Z−2 F0.05 S800；	车倒角 $C2$，F、S 对 G71 无效，对 G70 有效
N170 Z−15；	车外圆 ϕ30mm 长 15mm
N180 X39.988；	X 轴至 ϕ39.988mm 处
N190 Z−35；	车外圆 $\phi 40_{-0.025}^{\ 0}$ mm
N200 X61.333 Z−51；	车锥面至延长线上，在 CAD 上计算数值
N210 X65；	X 轴退刀
N220 G70 P140 Q210；	精车循环
N230 G00 X100 Z50；	退刀
N240 M09；	切削液关
N250 M30；	程序结束

2.3.2 锥轴加工

（1）任务描述

如图 2-27 所示零件，毛坯尺寸为 ϕ55mm 的长棒料，材料为 45 钢，编写加工程序并加工。

（2）任务分析

该工件需要加工圆弧、锥面、台阶和外圆等，切除余量较大，编程时可以采用 G71 指令。因为工件毛坯为长棒料，因此需要先加工出外形，然后切断，最后车平端面保证总长 63mm，并倒角。在这里只编写工件轮廓的加工程序，切断、调头车端面和倒角就不讨论了。

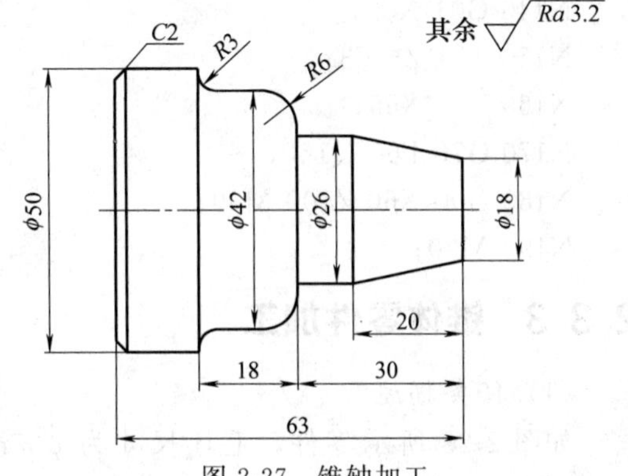

图 2-27 锥轴加工

（3）任务实施

① 加工工艺方案

a. 用三爪卡盘装夹工件外圆，工件伸出长度 80mm，找正并夹紧，车平端面，进行对刀。

b. 车削工件外形至图纸要求。

c. 用切断刀切断，长度 65mm。

d. 调头加工，用三爪卡盘装夹工件 ϕ26mm 处，车平端面，车倒角 C2，保证长度 63mm。选用乳化液进行冷却。

② 工艺卡片（表 2-2）

表 2-2 工艺卡片

零件编号	零件名称	材料	数控加工工艺卡片	机床型号	夹具名称
	轴	45		CAK6140	三爪卡盘
刀具表		量具表		工具表	
T01	90°外圆右偏刀	1	游标卡尺(0～150mm)	1	油石

序号	工艺内容	主轴转速/r·min^{-1}	进给速度/mm·r^{-1}	背吃刀量/mm	刀具
1	装夹工件，车削工件外形至图纸要求	500	0.1	2	T0101

③ 加工程序

```
O4031;
N10 M03 S500;                     主轴正转，500r/min
N20 T0101;                        换 T0101 外圆车刀
N30 G00 X60 Z4 M08;               快速定位，切削液开
N40 G71 U2 R1;                    G71 循环指令
N50 G71 P60 Q160 U1 W0.5 F0.3;    G71 循环指令
N60 G00 X18;                      轮廓程序首段
N70 G01 Z0 F0.1;
N80     X26 Z-20;
N90     Z-30;
N100    X30;
N110 G03 X42 Z-36 R6;
N120 G01 Z-45;
N130 G02 X48 Z-48 R3;
N140 G01 X50;
N150     Z-63;
N160     X55;                     轮廓程序末段
N170 G70 P60 Q160;                G70 精车循环指令
N180 G00 X60 Z100 M09;            退刀，切削液关
N190 M30;                         程序结束
```

2.3.3 锥体零件加工

(1) 任务描述

如图 2-28 所示零件，毛坯尺寸为 ϕ35mm×60mm，材料为 45 钢，编写加工程序并加工。

(2) 任务分析

根据图样分析，在编写加工程序时，由于圆锥部分加工余量较大，需要多次车削，因此最好用 G71 和 G70 指令编程。工件需要调头加工。

在 G71 指令的精加工程序里不能使用刀尖圆弧半径补偿功能，因此在粗车完成后，在 G70 之前引入刀尖圆弧半径补偿指令。

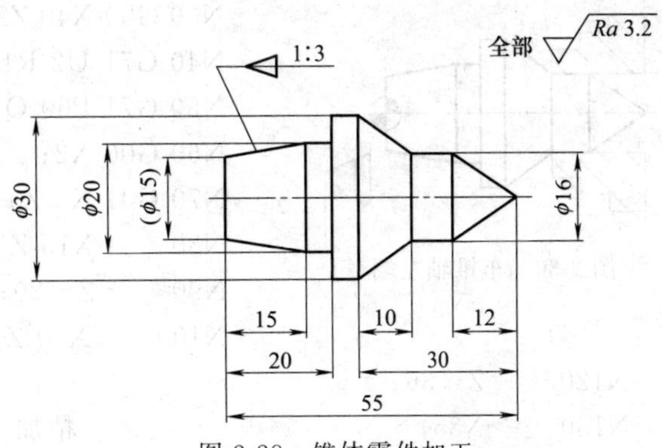

图 2-28　锥体零件加工

(3) 数值处理

根据公式，计算工件左端锥体小头直径为

$$d=20-\frac{1}{3}\times15=15\text{mm}$$

(4) 任务实施

① 加工工艺方案

a. 用三爪卡盘装夹工件，工件伸出长度约 40mm，用端面车刀车端面，对刀。

b. 车削 12mm 长的锥、ϕ16mm 外圆、10mm 长的锥、ϕ30mm 外圆至尺寸要求。

c. 调头加工。用三爪卡盘夹持 ϕ16mm 外圆，车端面，保证工件总长 55mm，对刀。

d. 车削 1∶3 的锥，ϕ20mm 外圆至尺寸要求。

选用乳化液进行冷却。

② 工艺卡片（表 2-3）

表 2-3　工艺卡片

零件编号	零件名称	材料	数控加工工艺卡片	机床型号	夹具名称
	锥轴	45		CAK6140	三爪卡盘

刀具表		量具表		工具表	
T01	90°外圆右偏刀	1	游标卡尺(0～150mm)	1	油石
T02	45°端面车刀	2	万能角度尺		

序号	工艺内容	主轴转速 /r・min^{-1}	进给速度 /mm・r^{-1}	背吃刀量/mm	刀具
1	用三爪自定心卡盘装夹工件,手动车端面	500	手动		T0202
2	车削工件右端至尺寸要求	500	0.1	2	T0101
3	调头加工,车端面,保证总长 55mm	500	手动		T0202
4	车削工件左端至尺寸要求	500	0.1	2	T0105

③ 加工程序

a. 用三爪卡盘夹持工件左端，车端面，对刀，加工工件右端，如图 2-29 所示。选用 T0101 外圆车刀，在 01 号刀偏栏里，输入刀尖圆弧半径 R 的值（根据具体刀具确定），T 的值为 3。

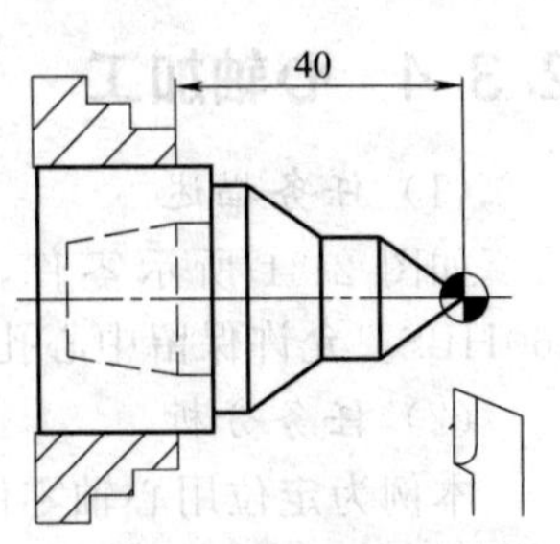

图 2-29　车锥轴右端

程序：

O3011；

N10 M03 S500；　　　　主轴正转，500r/min

N20 T0101；　　　　换 T0101 外圆车刀

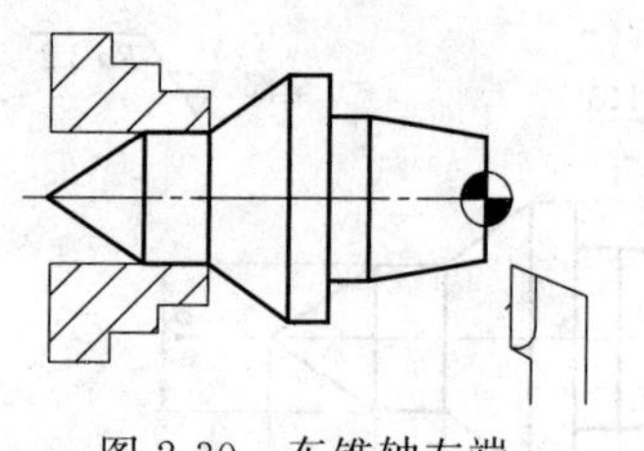
图 2-30　车锥轴左端

```
N30 G00 X40 Z2 M08;                快速定位，切削液开
N40 G71 U2 R1;                     粗车循环
N50 G71 P60 Q130 U1 W0.5 F0.3;     粗车循环
N60 G00 X2;                        精加工程序首段
N70 G01 X0 Z0 F0.1;
N80     X16 Z-12;
N90     Z-20;
N100    X30 Z-30;
N120    Z-36;
N130    X35;                       精加工程序末段
N140 G00 X50 Z4;                   退刀
N150 G42 G00 X40 Z2;               刀尖圆弧半径右补偿 G42
N160 G70 P60 Q130;                 精车循环
N170 G40 G00 X50 Z100 M09;         退刀，取消刀具补偿，切削液关
N180 M30;                          程序结束
```

b. 调头加工。用三爪卡盘夹持 ϕ16mm 外圆，车端面，如图 2-30 所示，保证工件总长 55mm，对刀。选用 T0105 外圆车刀，在 05 号刀偏栏里，输入刀尖圆弧半径 R 的值（根据具体刀具确定），T 的值为 3。

程序：

```
O3012;
N10 M03 S500;                      主轴正转，500r/min
N20 T0101;                         换 T0105 外圆车刀
N30 G00 X40 Z2 M08;                快速定位，切削液开
N40 G71 U2 R1;                     粗车循环
N50 G71 P60 Q100 U1 W0.5 F0.3;     粗车循环
N60 G00 X15;                       精加工程序首段
N70 G01 Z0 F0.1;
N80     X20 Z-15;
N90     Z-20;
N100    X35;                       精加工程序末段
N110 G00 X50 Z4;                   退刀
N120 G42 G00 X40 Z2;               刀尖圆弧半径右补偿 G42
N130 G70 P60 Q100;                 精车循环
N140 G40 G00 X50 Z100 M09;         退刀，取消刀具补偿，切削液关
N150 M30;                          程序结束
```

2.3.4 心轴加工

（1）任务描述

如图 2-31 所示零件，毛坯尺寸为 ϕ30mm×130mm，材料为 45 钢，硬度为 225～260HBS。允许保留中心孔，编写加工程序并加工。

（2）任务分析

本例为定位用心轴零件，加工的重点是锥面。其锥度为标准莫氏锥度，小端的尺寸可以计算得出。由于工件较长，精度要求也较高，因此采取两顶尖装夹的方式，采用刀尖圆弧半

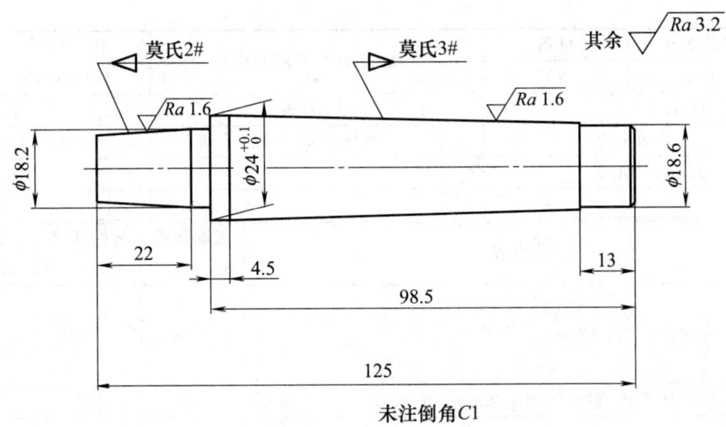

图 2-31　心轴加工

径补偿功能编程。编程与加工时注意刀具进刀和退刀位置，防止刀具与顶尖碰撞。

（3）数值处理

2 号莫氏锥度为 1∶20.020，3 号莫氏锥度为 1∶19.922，2 号莫氏锥度锥体小头直径 d_2、3 号莫氏锥度锥体小头直径 d_3 分别为

$$d_2=18.2-\frac{1}{20.02}\times 22=17.101\text{mm}$$

$$d_3=24-\frac{1}{19.922}\times 81=19.934\text{mm}$$

（4）任务实施

① 加工工艺方案

a. 用三爪卡盘装夹，伸出长度约 30mm，找正并夹紧，车平端面，钻 ϕ2mm 中心孔。

b. 重新装夹，采用一夹一顶的装夹方式，左端用三爪卡盘夹持长度约 10mm，右端用顶尖顶紧。车外圆 ϕ26mm×100mm。

c. 调头装夹 ϕ26mm 处，找正并夹紧，车端面保证总长 125mm；车外圆至 ϕ26mm，钻 ϕ2mm 中心孔。

d. 采用双顶法，用鸡心夹头固定工件，粗、精车 $\phi24^{+0.1}_{0}$ mm、3 号莫氏锥度以及 ϕ18.6mm 至图纸要求。

e. 调头装夹，采用双顶法，粗、精车 ϕ18.2mm、2 号莫氏锥度至图纸要求。

加工完成后，用 2 号、3 号标准莫氏锥度套规检查锥度。

选用乳化液进行冷却。

② 工艺卡片（表 2-4）

③ 加工程序　程序只编写第 4、5 道工步。

a. 采用双顶法，对刀，粗、精车外圆 ϕ18.6mm、3 号莫氏锥度以及外圆 $\phi24^{+0.1}_{0}$mm 至图纸要求。

表 2-4　工艺卡片

<table>
<tr><td colspan="2">零件编号</td><td>零件名称</td><td>材料</td><td colspan="2" rowspan="2">数控加工工艺卡片</td><td colspan="2">机床型号</td><td>夹具名称</td></tr>
<tr><td colspan="2"></td><td>心轴</td><td>45</td><td colspan="2">CAK6140</td><td>三爪卡盘</td></tr>
<tr><td colspan="4">刀具表</td><td colspan="2">量具表</td><td colspan="3">工具表</td></tr>
<tr><td>T01</td><td colspan="3">90°外圆右偏刀(粗)</td><td>1</td><td>游标卡尺(0～150mm)</td><td>1</td><td colspan="2">油石</td></tr>
<tr><td>T02</td><td colspan="3">90°外圆右偏刀(精)</td><td>2</td><td>2 号标准莫氏锥度套规</td><td>2</td><td colspan="2">铜皮</td></tr>
</table>

续表

零件编号	零件名称	材料	数控加工工艺卡片		机床型号	夹具名称
	心轴	45			CAK6140	三爪卡盘
刀具表			量具表		工具表	
T03	45°端面车刀		3	3号标准莫氏锥度套规	3	鸡心夹头
	ϕ2mm中心钻				4	顶尖

序号	工艺内容	主轴转速/r·min^{-1}	进给速度/mm·r^{-1}	背吃刀量/mm	刀具
1	手动车端面，手动钻ϕ2mm中心孔	800	手动		T0303、ϕ2mm中心钻
2	采用一夹一顶方式，粗车外圆ϕ26mm×100mm	500	0.3	2	T0101
3	调头装夹，粗车外圆ϕ26mm，钻中心孔	800	手动		T0101、ϕ2mm中心钻
4	采用双顶法，粗车外圆ϕ18.6mm、3号莫氏锥度以及外圆$\phi24^{+0.1}_{0}$mm，留单边精车余量0.5mm	500	0.2	1	T0101
5	精车外圆ϕ18.6mm、3号莫氏锥度以及外圆$\phi24^{+0.1}_{0}$mm至图纸要求	800	0.05	0.5	T0202
6	调头装夹，采用双顶法，粗车ϕ18.2mm、2号莫氏锥度，留单边精车余量0.5mm	500	0.2	1	T0105
7	精车ϕ18.2mm、2号莫氏锥度至图纸要求	800	0.05	0.5	T0206

程序：

```
O4122;
N10 M03 S500;                     主轴正转，500r/min
N20 T0101;                        换T0101外圆粗车刀
N30 G00 Z2 M08;                   快速定位，切削液开
N40     X35;                      快速定位
N50 G71 U1 R1;                    G71循环指令
N60 G71 P70 Q140 U1 W0.5 F0.2;    G71循环指令
N70 G00 X16.6;                    零件轮廓程序首段
N80 G01 Z0 F0.05;
N90     X18.6 Z-1;
N100    Z-13;
N110    X19.934;
N120    X24 Z-94;
N130    Z-100;
N140    X30;                      零件轮廓程序末段
N150 G00 X100;                    快速定位
N160    Z10;                      退刀
N170 T0202 S800;                  换T0202外圆精车刀，转速800r/min
N180 G00 Z2;                      快速定位
N190    X40;                      快速定位
```

```
N200 G42 X35;                          刀尖圆弧半径补偿
N210 G70 P70 Q140;                     G70 精车循环
N220 G40 G00 X100;                     退刀，取消刀具补偿
N230      Z10 M09;                     退刀，切削液关
N240 M30;                              程序结束
```

b. 调头装夹，采用双顶法，对刀，粗、精车 2 号莫氏锥度、外圆 ϕ18.2mm 至图纸要求。

程序

```
O4123;
N10 M03 S500;                          主轴正转，500r/min
N20 T0105;                             换 T0105 外圆粗车刀
N30 G00 Z2 M08;                        快速定位，切削液开
N40     X35;                           快速定位
N50 G71 U1 R1;                         G71 循环指令
N60 G71 P70 Q110 U1 W0.5 F0.2;         G71 循环指令
N70 G00 X17.101;                       零件轮廓程序首段
N80 G01 Z-0 F0.05;
N90     X18.2 Z-22;
N100     Z-26.5;
N110     X30;                          零件轮廓程序末段
N120 G00 X100;                         退刀
N130      Z10;                         退刀
N140 T0206 S800;                       换 T0206 外圆精车刀，800r/min
N150 G00 Z2;                           快速定位
N160      X40;                         快速定位
N170 G42 X35;                          刀尖圆弧半径补偿
N180 G70 P70 Q110;                     G70 精车循环
N190 G40 G00 X100;                     退刀，取消刀具补偿
N200      Z50 M09;                     退刀，切削液关
N210 M30;                              程序结束
```

2.3.5 球形轴加工

（1）任务描述

如图 2-32 所示零件，毛坯为 ϕ50mm×120mm，材料为硬铝，编写加工程序并加工。

（2）任务分析

根据零件图，零件需要调头加工。用三爪卡盘夹住毛坯，粗、精车 $\phi 45_{-0.025}^{\ 0}$mm、倒角 $C2$；然后调头装夹，加工右端的端面、外圆和圆弧。在轴的凹处，G71 指令不能进行分层切削，可以采用 G73 指令编程。

（3）数值处理

图 2-32 中尺寸 $\phi 45_{-0.025}^{\ 0}$mm、$\phi 24_{-0.021}^{\ 0}$mm 和 $\phi 16_{-0.018}^{\ 0}$mm，根据数值处理方法，分别换算成 ϕ(44.988±0.013)mm、ϕ(23.990±0.011)mm 和 ϕ(15.991±0.009)mm。

（4）任务实施

① 加工工艺方案

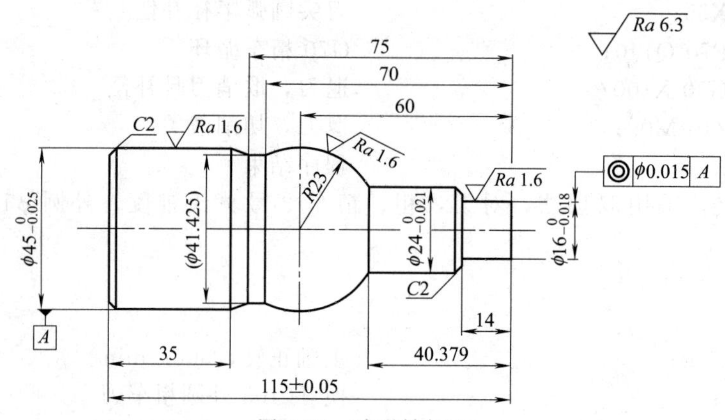

图 2-32 球形轴加工

a. 用三爪卡盘夹住毛坯，粗、精车 $\phi 45_{-0.025}^{\ 0}$ mm、倒角 $C2$。

b. 调头加工，装夹 $\phi 45_{-0.025}^{\ 0}$ mm 端，工件和卡爪之间垫铜皮，以保护已加工表面。粗、精车工件外形至尺寸。如图 2-33 所示。

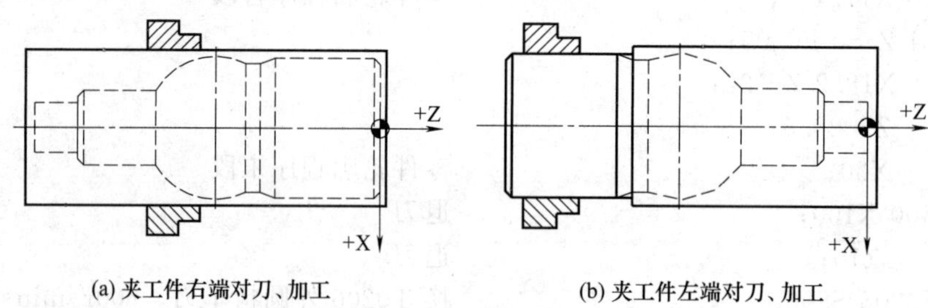

(a) 夹工件右端对刀、加工　　(b) 夹工件左端对刀、加工

图 2-33 工件的装夹与对刀

② 工艺卡片（表 2-5）

表 2-5 工艺卡片

零件编号	零件名称	材料	数控加工工艺卡片		机床型号	夹具名称
	轴	硬铝			CAK6140	三爪卡盘
刀具表			量具表		工具表	
T01	90°外圆右偏刀		1	游标卡尺(0～150mm)	1	油石
			2	千分尺(0～25mm)	2	铜皮
			3	千分尺(25～50mm)		

序号	工艺内容	主轴转速 /r·min^{-1}	进给速度 /mm·r^{-1}	背吃刀量/mm	刀具
1	夹工件右端，伸出长度约 60mm，粗车外圆 $\phi 45_{-0.025}^{\ 0}$ mm，留单边加工余量 0.5mm，精车外圆、倒角等达到图纸要求	800	0.2/0.1	1	T0101
2	调头加工，夹住 $\phi 45_{-0.025}^{\ 0}$ mm 外圆，车端面保证工件总长度 115mm，粗、精车左端端面、外圆、倒角，至图纸要求	800	0.2/0.1	2	T0105

③ 加工程序

a. 用三爪卡盘夹住毛坯，伸出长度约 60mm，粗、精车 $\phi 45_{-0.025}^{\ 0}$ mm、倒角 $C2$。

程序：

```
O4231；
N10 M03 S800；            主轴正转，800 r/min
N20 T0101；               换 T0101 外圆车刀
N30 G00 X60 Z4；          G90 循环起点
```

```
N40 G90 X48 Z-40 F0.2;            G90循环车外圆第1刀
N50     X46;                      车外圆第2刀
N60 G00 X0 Z4;                    进刀
N70 G01 Z0;                       进给至Z0
N80     X41 F0.1;                 精车端面
N90     X44.988 Z-2;              车倒角C2
N100     Z-40;                    精车外圆
N110 G00 X60 Z100;                退刀
N120 M30;                         程序结束并返回
```

b. 调头加工，夹住 $\phi45_{-0.025}^{\ 0}$ mm外圆，手动车削端面保证工件总长度115mm，粗、精车左端端面、外圆、倒角，至图纸要求。

程序：

```
O4232;
N10 M03 S800;                     主轴正转，800r/min
N20 T0105;                        换T0105端面车刀
N30 G00 X50 Z4;                   循环起点
N40 G73 U17 W1 R10;               G73循环
N50 G73 P60 Q140 U1 W0.5 F0.2;    G73循环
N60 G00 X15.991 Z2;               零件轮廓程序第一段
N70 G01 Z-14 F0.1;                粗车φ16mm外圆
N80     X20;
N90     X23.99 Z-16;              粗车C2倒角
N100     Z-40.379;                粗车φ24mm外圆
N110 G03 X41.425 Z-70 R23;        车R23mm圆弧
N120 G01 Z-75;                    车外圆
N130     X46.43 Z-82;             车倒角（至倒角延长线上一点）
N140     X100;                    零件轮廓程序最后一段
N150 G70 P60 Q140;                精车循环
N160 G00 X70;                     退刀
N170     Z100;                    退刀
N180 M30;                         程序结束
```

练习题

一、填空题（请将正确答案填在横线空白处）

1. 当使用恒线速度功能G96车端面时，如果不限制最高转速会出现__________现象。
2. 切削速度越大，表面粗糙度值越__________。
3. 车削锥面或圆弧时如果不使用__________功能会出现加工误差。
4. 对于加工余量均匀的锻件或铸件，使用__________指令编程较合适。
5. 车削普通工件，粗车可选择__________材料的车刀，精车选择__________材料的车刀。

二、选择题（请将正确答案的代号填入括号内）

1. 当使用恒线速度功能G96从小端向大端车锥面时，主轴转速（　　）。

A. 增大　　B. 减小　　C. 不变

2. G41、G42 不能和指令（　　）结合编程。

A. G00　　B. G01　　C. G02、G03

3. 在前置刀架数控车床上使用 90°外圆右偏刀车削零件时，其方位号应是（　　）。

A. 3　　B. 7　　C. 8　　D. 9

4. 车刀的刀尖圆弧在车削（　　）时会产生加工误差。

A. 端面　　B. 外圆　　C. 锥面和圆弧

5. 在运行宏程序时机床出现过切报警，可以采取以下措施（　　）。

A. 重新启动机床　　B. 程序用 G40 初始化　　C. 按 RESET 键　　D. A 或 B

三、判断题（正确的请在括号内打"√"，错误的打"×"）

1. 加工顺序的确定一般遵循先粗后精、先近后远、内外交叉的原则。（　　）

2. 在后置刀架数控车床上车锥时用 G42 编程，那么在前置刀架数控车床上则用 G41 编程。（　　）

3. 宏程序可以和 G73 指令结合编程，而 G71 指令不可以。（　　）

4. G71 指令不能使用刀具补偿功能，而 G73 指令可以。（　　）

5. 车削中心的 C 轴控制就是主轴的转速控制（S）。（　　）

四、简答题

1. 用恒线速功能车削工件时为什么要限制主轴最高转速，用什么指令？

2. 简述刀尖圆弧半径补偿的目的及应用。

五、综合题

编制下列图形的加工程序并加工，毛坯材料为 45 钢（图 2-34～图 2-37）。

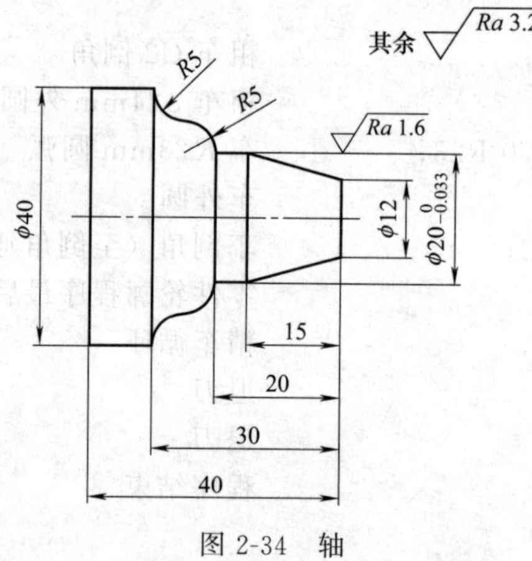

图 2-34　轴

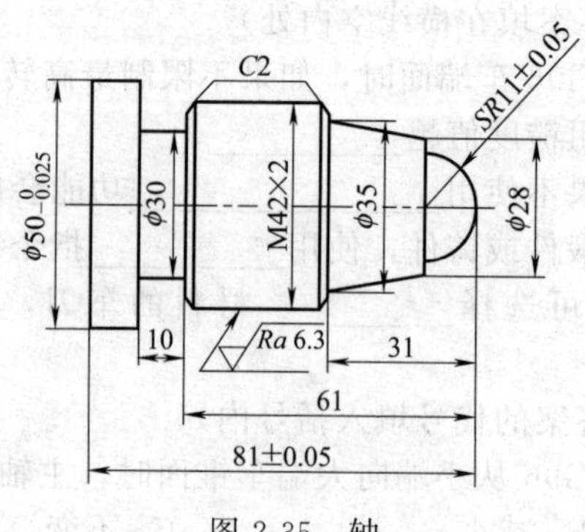

图 2-35　轴

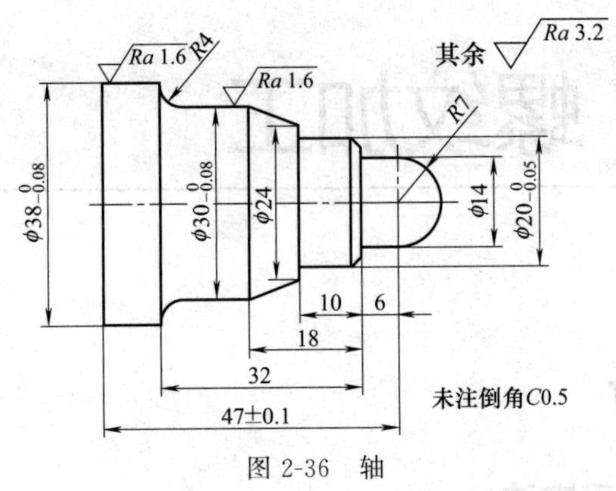

其余 Ra 3.2
Ra 1.6
R4
Ra 1.6
R7
$\phi 38^{\ 0}_{-0.08}$
$\phi 30^{\ 0}_{-0.08}$
$\phi 24$
$\phi 14$
$\phi 20^{\ 0}_{-0.05}$
10
6
18
32
47±0.1
未注倒角C0.5

40
31
27
R5
R15
$\phi 26$
$\phi 22$

图 2-36　轴

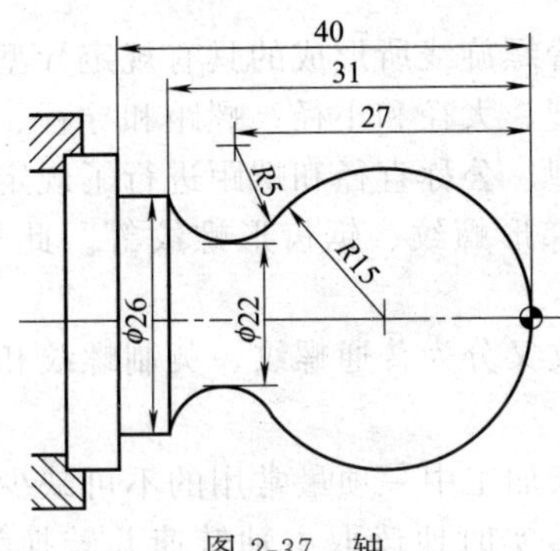

图 2-37　轴

项目3 螺纹加工

3.1 知识准备

3.1.1 螺纹车削加工方法

在圆柱或圆锥表面上，沿着螺旋线所形成的具有规定牙型的连续凸起，称为螺纹。

螺纹的结构和尺寸是由牙型、大径和小径、螺距和导程、线数、旋向等要素确定的。国家标准对上述五项要素中的牙型、公称直径和螺距进行了规定，三要素均符合规定的螺纹称为标准螺纹，如三角形螺纹、梯形螺纹、锯齿形螺纹等。此外称为非标准螺纹，如方牙螺纹、平面螺纹等。

在标准螺纹中，三角形螺纹又分为普通螺纹、英制螺纹和管螺纹。

(1) 螺纹车削加工方法

螺纹的切削功能是数控车床加工中一项最常用的不可缺少的重要功能。用数控车床加工螺纹，是靠装在主轴上的编码器实时地读取主轴转速并转换为刀具的每分钟进给量来完成的，可以加工直螺纹、锥螺纹、端面螺纹和变螺距螺纹。

螺纹切削通常有三种方式：直进法、斜进法和左右切削法，如图 3-1 所示。进刀方式的不同，编程方法也不同，进刀方式的选择是否合理直接影响着的加工质量以及刀具的寿命。

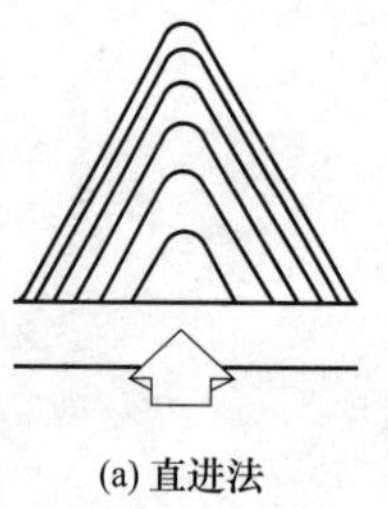

(a) 直进法

3°～5°

(b) 斜进法

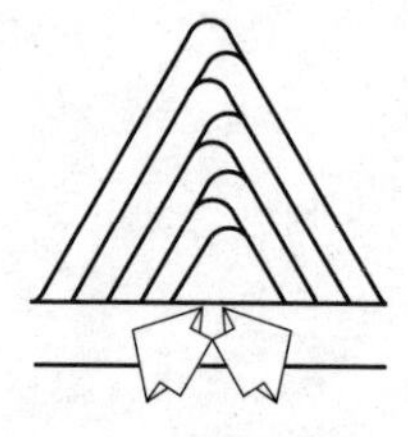

(c) 左右切削法

图 3-1 螺纹切削的进刀方式

① 直进法 螺纹切削指令 G32 和 G92 采用直进法进刀，如图 3-1（a）所示。直进法是最常用的传统加工方式，其切入方式是刀具沿 X 方向进给，采取多次车削完成螺纹的加工，它可以得到比较精确的牙型，但是车刀刀尖两侧全部参与切削，切削力比较大，形成的切屑比较硬；由于是车刀两侧同时切削，切削刃易磨损。刀具的两侧排屑条件不好，容易产生“扎刀”现象。当加工大螺距螺纹时，易引起振动，影响工件的加工质量。此法适用于加工导程小于 3mm 的三角螺纹和淬硬材料。

② 斜进法 螺纹切削指令 G76 采用斜进法进刀方式，如图 3-1（b）所示。刀具以小于后角的牙型角进给，例如，对于 60°牙型角的螺纹切削，轴向进给量可以简单地按 0.5 倍径向进给量计算；而对于 55°牙型角的螺纹切削，则应以 0.42 倍的径向进给量进行计算。这样便可以得到一个比螺纹的牙型角小 5°的进刀角。因此刀尖上产生的切削热更少，加工大螺

距螺纹时可以降低振动。由于单侧刀刃切削工件，刀刃容易损伤和磨损，使加工的螺纹面不直，刀尖角发生变化，而造成牙型精度较差。但由于其为单侧刃工作，刀具负载较小，排屑容易，并且切削深度为递减式，因此此加工方法一般适用于大螺距低精度螺纹的加工。此加工方法排屑容易，刀刃加工工况较好，在螺纹精度要求不高的情况下，此加工方法更为简捷方便。

③ 左右切削法　有些高档的数控系统还带有左右进刀加工的功能，如图 3-1（c）所示。当然，也可以手工计算不同的循环点利用直进式切削方法实现“左右赶刀”的加工方法。主要用于大牙型螺纹的加工。先以几次增量对螺纹牙型的一侧进行切削，然后再对另一侧进行切削，依此类推直到切削完整个牙型为止，刀片磨损均匀，刀具寿命较长。采用左右切削法时，车刀左、右进给量不能过大。

（2）螺纹的进刀和退刀距离

在螺纹切削的开始及结束部分，一般由于伺服系统的滞后，开始时有个加速过程，结束时有个减速过程，在这段距离中导程会不准确，所以应设置升速进刀段 δ_1 和降速退刀段 δ_2，以消除误差。如图 3-2 所示。升速进刀段 δ_1 和降速退刀段 δ_2 可用下面的经验公式计算：

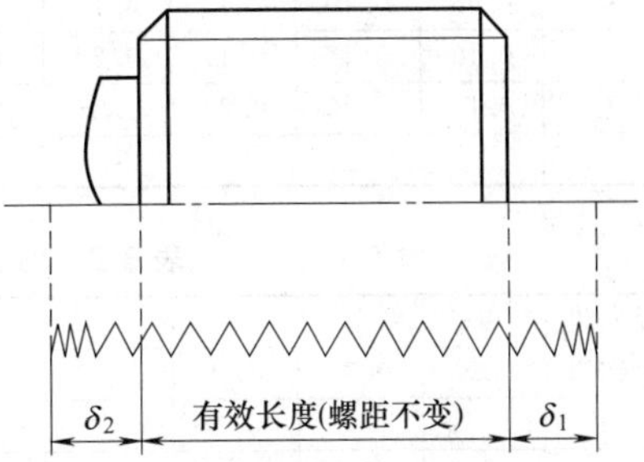

$$\delta_1=\frac{nP_h}{180},\ \delta_2=\frac{nP_h}{400}$$

图 3-2　螺纹的进刀和退刀距离

式中　n——主轴转速；

P_h——螺纹导程（单线螺纹螺距＝导程）。

一般取 δ_1 大于 2 倍的导程，$\delta_2=(1/3\sim1/2)\delta_1$。在加工小螺距螺纹时，一般不用计算，可取 $\delta_1=5\text{mm}$，$\delta_2=2\text{mm}$。但特别要注意的是，在确定 δ_1、δ_2 值时一定要防止刀具与工件或者顶尖发生干涉甚至碰撞。

（3）车削螺纹时主轴转速的选择

车削螺纹时主轴转速不可过高，如果过高则可能产生“乱牙”现象。主轴转速可按下面经验公式计算：

$$n\leqslant\frac{1200}{P_h}-K$$

式中　n——主轴转速，r/min。

P_h——螺纹的导程，mm。

K——保险系数，一般取 80。

（4）普通螺纹切削的进给次数与切削深度

加工螺纹时常采用多次走刀、分层切削的方法加工。一般采用递减式切削，即每次切削的深度按递减规律分配。表 3-1、表 3-2 为刀具生产厂家提供的推荐吃刀量和进给次数。这些数据是在好的加工条件下加工中等强度的钢材时得出的；加工材料强度较大时，径向走刀次数要增加，重要的是减少第一刀螺纹的切削深度。最后走一次修光空走刀，消除加工过程中的反弹。

表 3-1　ISO 米制外螺纹走刀次数及径向进给量

径向进给次数	螺距/mm												
	0.5	0.75	1.0	1.25	1.5	1.75	2.0	2.5	3.0	3.5	4.0	4.5	5.0
14											0.07	0.07	0.08
13											0.07	0.10	0.10

续表

径向进给次数	螺距/mm												
	0.5	0.75	1.0	1.25	1.5	1.75	2.0	2.5	3.0	3.5	4.0	4.5	5.0
12									0.06	0.07	0.08	0.10	0.10
11									0.06	0.07	0.10	0.10	0.15
10								0.06	0.07	0.08	0.10	0.10	0.15
9								0.06	0.10	0.10	0.10	0.15	0.20
8						0.06	0.06	0.07	0.10	0.15	0.15	0.20	0.20
7						0.06	0.07	0.10	0.10	0.20	0.20	0.20	0.25
6				0.06	0.06	0.10	0.10	0.10	0.15	0.20	0.20	0.20	0.25
5			0.06	0.10	0.10	0.10	0.15	0.15	0.15	0.20	0.20	0.25	0.25
4	0.03	0.05	0.10	0.10	0.12	0.10	0.15	0.20	0.20	0.25	0.25	0.30	0.30
3	0.06	0.10	0.15	0.12	0.20	0.20	0.20	0.25	0.25	0.25	0.30	0.35	0.35
2	0.10	0.15	0.17	0.20	0.25	0.25	0.25	0.30	0.30	0.30	0.35	0.35	0.40
1	0.15	0.20	0.20	0.25	0.25	0.25	0.30	0.30	0.35	0.35	0.35	0.40	0.40
	径向进给(半径值)/mm												

表 3-2 ISO 米制内螺纹走刀次数及径向进给量

径向进给次数	螺距/mm												
	0.5	0.75	1.0	1.25	1.5	1.75	2.0	2.5	3.0	3.5	4.0	4.5	5.0
14											0.06	0.06	0.06
13											0.06	0.07	0.09
12									0.06	0.07	0.07	0.07	0.10
11									0.06	0.07	0.10	0.10	0.15
10								0.06	0.07	0.08	0.10	0.10	0.15
9								0.06	0.10	0.10	0.10	0.15	0.20
8						0.06	0.06	0.08	0.10	0.15	0.15	0.20	0.20
7						0.07	0.06	0.10	0.10	0.15	0.20	0.20	0.25
6				0.06	0.06	0.07	0.10	0.10	0.15	0.15	0.20	0.20	0.25
5			0.06	0.07	0.06	0.08	0.10	0.15	0.15	0.20	0.20	0.25	0.25
4	0.03	0.05	0.07	0.10	0.15	0.10	0.15	0.20	0.20	0.25	0.20	0.25	0.25
3	0.06	0.08	0.15	0.15	0.15	0.20	0.20	0.20	0.25	0.25	0.25	0.30	0.30
2	0.08	0.15	0.15	0.15	0.25	0.25	0.25	0.25	0.25	0.30	0.30	0.35	0.35
1	0.15	0.20	0.20	0.25	0.25	0.25	0.30	0.30	0.30	0.35	0.35	0.40	0.40
	径向进给(半径值)/mm												

3.1.2 螺纹的测量

螺纹的主要测量参数有螺纹牙型角、螺距、大径、小径和中径尺寸。

(1) 大、小径的测量

外螺纹的大径和内螺纹的小径可用游标卡尺和千分尺测量。

(2) 螺距的测量

螺距一般可用钢直尺或螺距规测量，如图 3-3 所示。由于普通螺纹的螺距较小，采用钢直尺测量时，最好测量 10 个螺距的长度，然后除以 10，就得出一个比较正确的螺距尺寸。这种测量方法只是确定螺距的大小，不能作为检验螺纹是否合格的依据。

当用螺距规时，螺距规应沿着工件轴向嵌入牙槽中，如果与牙槽完全吻合，则说明被测螺距是正确的。

(3) 螺纹中径的测量

中径是检验精密螺纹是否合格的一个重要指标。常用螺纹千分尺测量和三针测量法测量

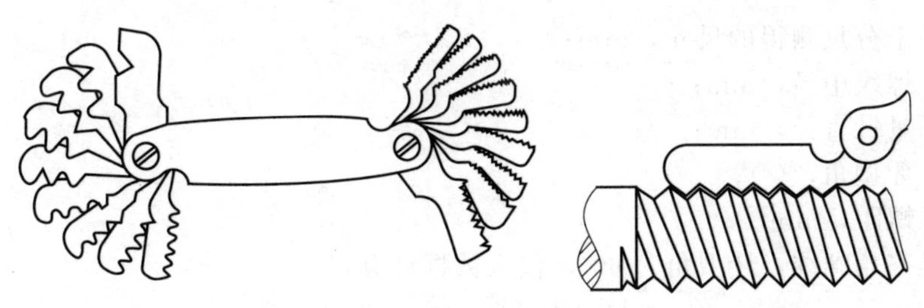

(a) 螺距规　　(b) 螺距的测量

图 3-3　螺距规测量螺距

螺纹中径。

螺纹千分尺是用来测量螺纹中径的，一般用来测量三角形螺纹，其结构和使用方法与外径千分尺相同，如图 3-4 所示。它有两个和螺纹牙型角相同的触头，一个呈圆锥体，一个呈凹槽。有一系列的测量触头可供不同的牙型角和螺距选用。测量时，螺纹千分尺的两个触头正好卡在螺纹的牙型面上，所得的读数就是该螺纹中径的实际尺寸。

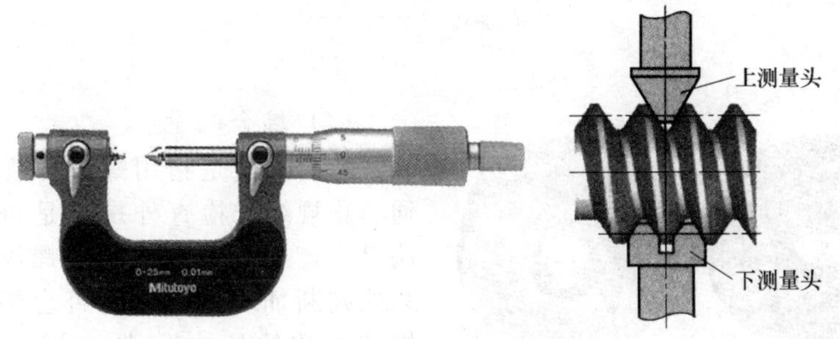

图 3-4　螺纹千分尺测量螺纹中径

三针测量法是一种间接测量中径的方法，适用于精度高、螺旋升角小于 4°的螺纹工件的测量。测量时将直径相同的三根量针放在被测螺纹的沟槽里，其中两根放在同侧相邻的沟槽里，另一根放在对面与之相对应的中间沟槽里，如图 3-5 所示。用测量外尺寸的计量器具如千分尺，测出量针外廓最大距离 M 值，然后通过公式计算出被测螺纹的中径。

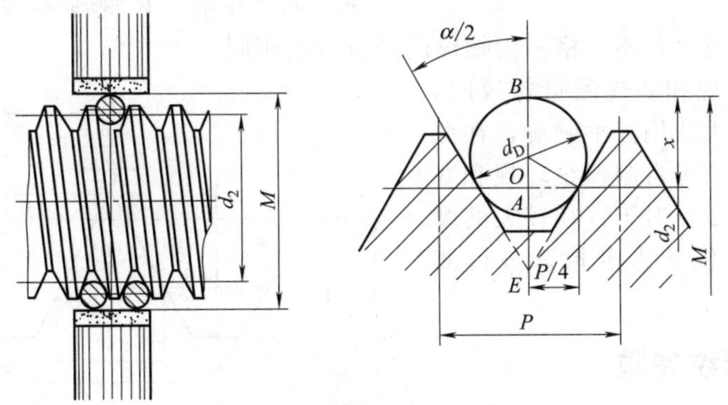

图 3-5　三针测量法测量中径

计算公式为

$$M=d_2+d_D\left(1+\frac{1}{\sin\frac{\alpha}{2}}\right)-\frac{P}{2}\cot\frac{\alpha}{2}$$

式中　M——千分尺测得的尺寸，mm；

d_2——螺纹中径，mm；

d_D——量针直径，mm；

α——牙型角，(°)；

P——螺距，mm。

对于普通三角螺纹，牙型角为60°，代入数据计算得

$$M=d_2+3d_D-0.866P$$

用三针测量法测量螺纹中径的量针是专门制造的。量针的精度分为0级和1级两种：0级用于测量中径公差为4～8μm的螺纹塞规；1级用于测量中径公差大于8μm的螺纹塞规或螺纹工件。

实际应用中有时用优质钢丝或新钻头的柄部代替量针，但选用不当会产生误差。选择所代用的钢丝或钻头柄部，直径最大不能在放入螺旋槽时被顶在螺纹牙尖上，最小不能在放入螺旋槽时和牙底相碰。为了减少螺纹牙型半角对测量结果的影响，应选用适当直径的量针，使其与螺纹牙侧面恰好在中径线上接触，满足此条件的量针为最佳量针，其直径为

$$d_{D最佳}=\frac{P}{2\cos\frac{\alpha}{2}}$$

(4) 综合测量

综合测量是指用螺纹环规和螺纹塞规的通、止规综合检查外螺纹是否合格。这种方法是生产中最普遍应用的螺纹检查方法，它只能判断加工的螺纹是否合格，不能测量出螺纹参数的具体尺寸。对于一般标准螺纹，都可采用螺纹环规和塞规来测量。

外螺纹使用螺纹环规检测，内螺纹使用螺纹塞规测量，如图3-6所示。使用时应按其对应的公称直径和公差等级进行选择。在测量外螺纹时，如果螺纹“通端”环规正好旋进，而“止端”环规旋不进，则说明所加工的螺纹符合要求，反之就不合格。内螺纹的测量方法相同。

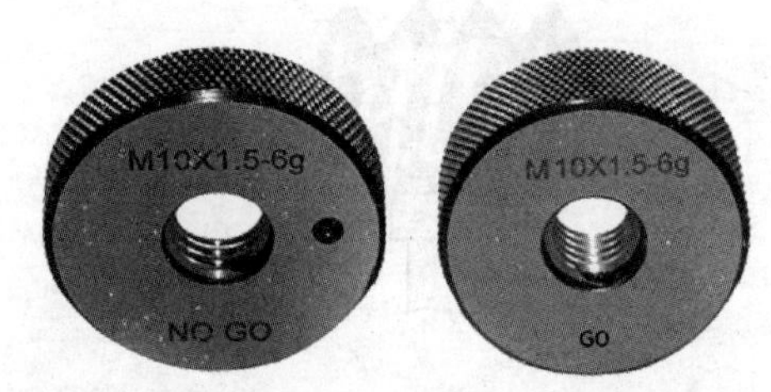

图3-6　螺纹环规和螺纹塞规

在使用螺纹环规和塞规测量螺纹时，应注意不能用力过大或用扳手硬旋，在测量一些特殊螺纹时，可自制螺纹环规和塞规，但应保证其精度。对于直径较大的螺纹工件，可采用螺纹牙形卡板来进行测量、检查。

3.1.3 普通螺纹参数

(1) 普通螺纹牙型

公制普通螺纹的基本牙型如图3-7所示。

① 牙型高度h　完整牙型三角形的高度为H。由于普通螺纹牙型角为60°，根

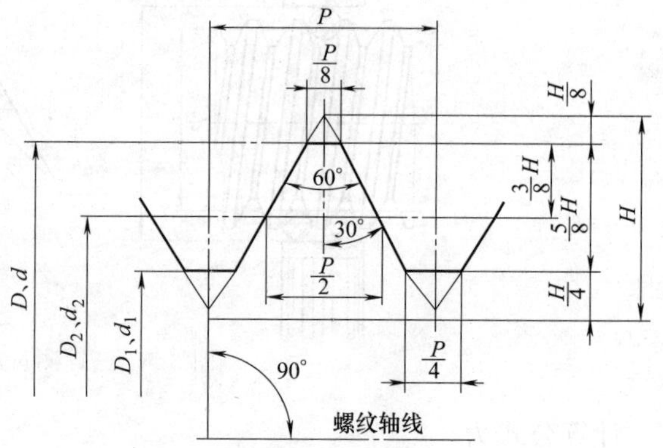

图3-7　公制普通螺纹基本牙型

D—内螺纹大径；d—外螺纹大径；D_2—内螺纹中径；d_2—外螺纹中径；D_1—内螺纹小径；d_1—外螺纹小径；P—螺距；H—原始三角形高度

据三角形原理可以计算出普通螺纹的原始三角形高度 H 为

$$H=\frac{\sqrt{3}}{2}P\approx0.866P$$

式中　P——螺距，mm。

按国家标准规定，普通螺纹的牙型为顶部削去 $H/8$，底部削去 $H/4$，剩下的部分是螺纹的牙型高度 h。显然，普通螺纹牙型高度 h 为

$$h=\frac{5H}{8}\approx0.54125P$$

② 大径 d、D　螺纹的最大直径称为大径，即螺纹的公称直径。外螺纹大径用 d 表示，内螺纹大径用 D 表示。

③ 小径 d_1、D_1　螺纹的最小直径称为小径。外螺纹小径用 d_1 表示，内螺纹小径用 D_1 表示。

$$d_1=d-2\times\frac{5}{8}H\approx d-2\times\frac{5}{8}\times0.866P=d-1.0825P$$

④ 中径 d_2、D_2　螺纹中径是指一个螺纹上牙槽宽与牙宽相等的地方的直径。外螺纹中径用 d_2 表示，内螺纹中径用 D_2 表示。

$$d_2=d-2\times\frac{3}{8}H\approx d-2\times\frac{3}{8}\times0.866P=d-0.6495P$$

需要指出的是，螺纹中径并不等于大径与小径的平均值，中径是影响螺纹松紧程度的主要尺寸，是控制螺纹精度最关键的参数。

常用普通螺纹基本尺寸见表 3-3。

表 3-3　普通螺纹基本尺寸（摘自 GB/T 196—2003）　　mm

公称直径		螺距 P	中径 D_2、d_2	小径 D_1、d_1	公称直径		螺距 P	中径 D_2、d_2	小径 D_1、d_1	公称直径		螺距 P	中径 D_2、d_2	小径 D_1、d_1
第一系列	第二系列				第一系列	第二系列				第一系列	第二系列			
3		0.5	2.675	2.459		18	1.5	17.030	16.376		39	2	37.701	36.835
		0.35	2.773	2.621			1	17.350	16.917			1.5	38.026	37.376
	3.5	(0.6)	3.110	2.850	20		2.5	18.376	17.294	42		4.5	39.077	37.129
		0.35	3.273	3.121			2	18.701	17.835			3	40.051	38.752
4		0.7	3.545	3.242			1.5	19.026	18.376			2	40.701	39.835
		0.5	3.675	3.459			1	19.350	18.917			1.5	41.026	40.376
	4.5	0.75	4.013	3.688		22	2.5	20.376	19.294		45	4.5	42.077	40.129
		0.5	4.175	3.959			2	20.701	19.835			(4)	42.402	40.670
5		0.8	4.480	4.134			1.5	21.026	20.376			3	43.051	41.752
		0.5	4.675	4.459			1	21.350	20.917			2	43.701	42.835
6		1	5.350	4.917	24		3	22.051	20.752			1.5	44.026	43.376
		(0.75)	5.513	5.188			2	22.701	21.835	48		5	44.752	42.587
	7	1	6.350	5.917			1.5	23.026	22.376			(4)	45.402	43.670
		0.75	6.513	6.188			1	23.350	22.917			3	46.051	44.752
8		1.25	7.188	6.647		27	3	25.051	23.752			2	46.701	45.835
		1	7.350	6.917			2	25.701	24.835			1.5	47.026	46.376
		0.75	7.513	7.188			1.5	26.026	25.376		52	5	48.752	46.587
10		1.5	9.026	8.376			1	26.350	25.917			(4)	49.402	47.670
		1.25	9.188	8.647	30		3.5	27.727	26.211			3	50.051	48.752
		1	9.350	8.917			(3)	28.051	26.752			2	50.701	49.835
		0.75	9.513	9.188			2	28.701	27.835			1.5	51.026	50.376
12		1.75	10.863	10.106			1.5	29.026	28.376	56		5.5	52.428	50.046
		1.5	11.026	10.376			1	29.350	28.917			4	53.402	51.670

续表

公称直径		螺距	中径	小径	公称直径		螺距	中径	小径	公称直径		螺距	中径	小径
第一系列	第二系列	P	D_2、d_2	D_1、d_1	第一系列	第二系列	P	D_2、d_2	D_1、d_1	第一系列	第二系列	P	D_2、d_2	D_1、d_1
12		1.25	11.188	10.674		33	3.5	30.727	29.211	56		3	54.051	52.752
		1	11.350	10.917			(3)	31.051	29.752			2	54.701	53.835
	14	2	12.701	11.835			2	31.701	30.835			1.5	55.026	54.376
		1.5	13.026	12.376			1.5	32.026	31.376		60	5.5	56.428	54.046
		1	13.350	12.917	36		4	33.402	31.670			4	57.402	55.670
16		2	14.701	13.835			3	34.051	32.752			3	58.051	56.752
		1.5	15.026	14.376			2	34.701	33.835			2	58.701	57.835
		1	15.350	14.917			1.5	35.026	34.376			1.5	59.026	58.376
	18	2.5	16.376	15.294		39	4	36.402	34.670	61		6	60.103	57.505
		2	16.701	15.835			3	37.051	35.752			4	61.402	59.670

注：1. 直径优先选用第一系列。

2. 括号内的螺距尽可能不用。本表中第一个螺距为粗牙螺纹的螺距。

(2) 车削普通外螺纹基本尺寸的计算

① 车削普通外螺纹牙型实际高度 $h_{实}$ 及实际小径 d_3 的计算　根据螺纹标准 GB/T 197—2003《普通螺纹　公差》，在外螺纹的实际加工中，螺纹刀具在牙底 $H/6$ 高度处削平（对应的牙底圆弧半径为 $R=0.14433P$），并且以 $H/6$ 削平高度作为外螺纹小径（d_3）应力计算的基础。螺纹的牙型实际高度 $h_{实}$ 及螺纹的实际小径 d_3 应按下列公式计算：

$$h_{实}=H-\frac{H}{8}-\frac{H}{6}=\frac{17}{24}\times 0.866P\approx 0.6134P$$

$$d_3=d-2h_{实}\approx d-1.227P$$

式中　$h_{实}$——螺纹牙型的实际高度，mm；

H——螺纹原始三角形高度，$H=0.866P$，mm；

P——螺距，mm；

d_3——外螺纹的实际小径，mm；

d——螺纹公称直径，mm。

例如，M30×2 的普通外螺纹，螺纹公称直径 $d=30$mm，螺距 $P=2$mm，根据公式计算：

$$h_{实}\approx 0.6134P=0.6134\times 2=1.227\text{mm}$$

$$d_3=d-1.227P=30-1.227\times 2=27.546\text{mm}$$

② 车削普遍外螺纹牙型实际螺纹大径 $d_{实}$ 的计算　塑性材料如普通碳素钢，当加工外螺纹时由于牙顶受到挤压产生塑性变形而变大，所以在实际加工中，螺纹大径一般应比公称直径稍小 0.2～0.4mm，以保证车好后螺纹牙顶处有 $0.125P$ 的宽度。车削外螺纹的实际大径可根据下面的公式计算：

$$d_{实}\approx d-0.13P$$

式中　d——螺纹公称直径，mm；

$d_{实}$——实际螺纹大径，mm；

P——螺距，mm。

例如，M30×2 的普通外螺纹，螺纹公称直径 $D=30$mm，螺距 $P=2$mm，根据公式计算：

$$d_{实}=d-0.13P=30-0.13\times 2=29.74\text{mm}$$

根据以上计算，螺纹 M30×2 的实际大径为 29.74mm，实际小径为 27.546mm。

（3）车削普通内螺纹基本尺寸的计算

① 车削普通内螺纹底孔的计算　在车削内螺纹时，一般先钻孔或扩孔或车内孔。由于车削时的挤压作用，内孔直径会缩小，所以车削内螺纹的底孔直径略大于小径的基本尺寸，一般可按下列公式计算：

切削塑性材料时　$D_{孔}=D-P$

切削脆性材料时　$D_{孔}=D-1.05P$

式中　$D_{孔}$——螺纹底孔直径，mm；

D——螺纹公称直径，mm；

P——螺距，mm。

② 车削普通内螺纹实际切削大径的计算　外螺纹的小径和内螺纹的大径不规定具体的公差值。内螺纹的牙型槽底可以呈圆弧形，这个牙底圆弧在公称直径 D 以外的 $H/8$ 内，因此内螺纹的实际切削大径为 $D+2R_{\min}=D+2\times0.10825P$。如果内螺纹大径削平，则内螺纹实际切削大径为公称直径 D。

3.1.4　普通螺纹车刀的几何参数与装夹

（1）外螺纹车刀的几何参数与装夹

① 外螺纹车刀的几何参数　螺纹车刀的材料有高速钢和硬质合金两种。高速钢螺纹车刀的优点是刃磨方便，切削刃锋利，韧性好，刀尖不易崩裂，加工螺纹的表面粗糙度值小；缺点是不宜高速车削，适用于低速切削，或作为螺纹精车刀。硬质合金螺纹车刀硬度高，耐磨性好，耐高温，适用于高速车削螺纹。在高速车削螺纹时，由于硬质合金刀具对螺纹牙型有挤压作用，所以刀尖角应磨得稍小一些。

由于高速钢车刀刃磨时易退火，在高温下易磨损，所以在加工脆性材料（如铸铁），或高速切削塑性材料及加工批量较大的螺纹工件时，要选用硬质合金螺纹车刀。

在磨螺纹车刀时，刀头的刀尖圆弧半径 $R=0.14433P$。

高速钢及硬质合金螺纹车刀的几何参数如图 3-8 和图 3-9 所示。

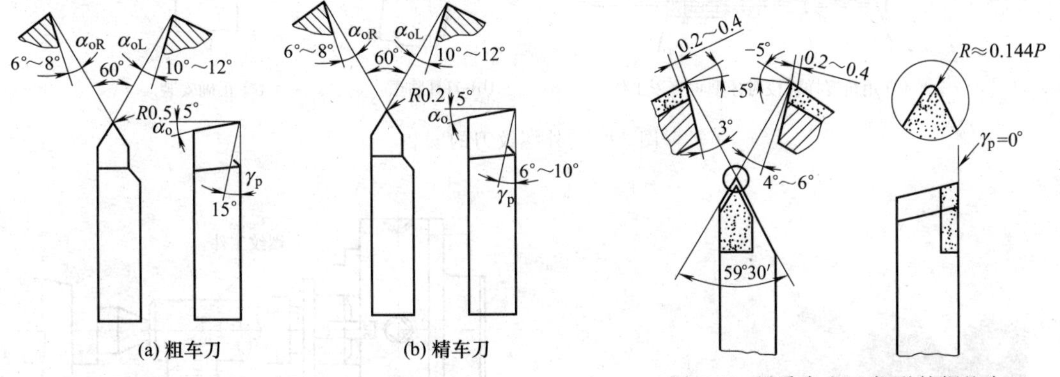

图 3-8　高速钢三角形外螺纹车刀

图 3-9　硬质合金三角形外螺纹车刀

夹固式螺纹车刀的刀杆和刀片的参数已做成标准值，可直接按参数选用。夹固式螺纹车刀如图 3-10 所示。每种螺距选用相对应的刀片，左车刀和右车刀刀片不同。

② 外螺纹车刀的装夹　车削螺纹时，为了保证正确，对螺纹车刀的安装提出了严格的要求。

a. 刀尖高　装夹螺纹车刀时，刀尖位置一般应与车床主轴轴线等高，以免出现“扎刀”、“阻刀”、“让刀”及螺纹面不光等现象。一般情况下是使螺纹车刀的刀尖对准工件的旋

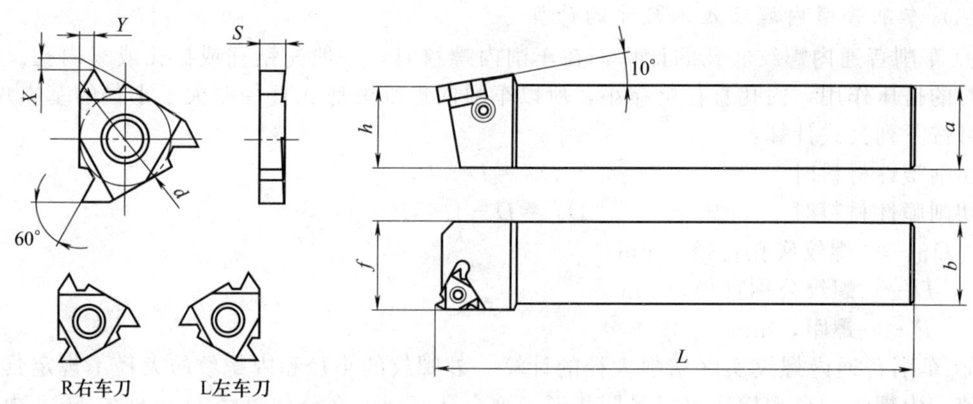

图 3-10　夹固式外螺纹车刀

转中心；也可以使螺纹车刀的刀尖对准车床尾座顶尖的尖端来校正刀具的安装高度。

当高速车削螺纹时，为防止振动和“扎刀”，硬质合金车刀的刀尖应略高于车床轴线0.1～0.3mm。

b. 牙型半角　装夹螺纹车刀时，要求其刀尖牙型对称并垂直于工件轴线，如果螺纹车刀装歪，所车螺纹会产生牙型的歪斜而影响正常旋合。外螺纹车刀安装时可用角度样板来校对，如图 3-11 所示。角度样板如图 3-12 所示。车削较为精密的螺纹时，可用带 V 形块的对刀板进行对刀，如图 3-13 所示。

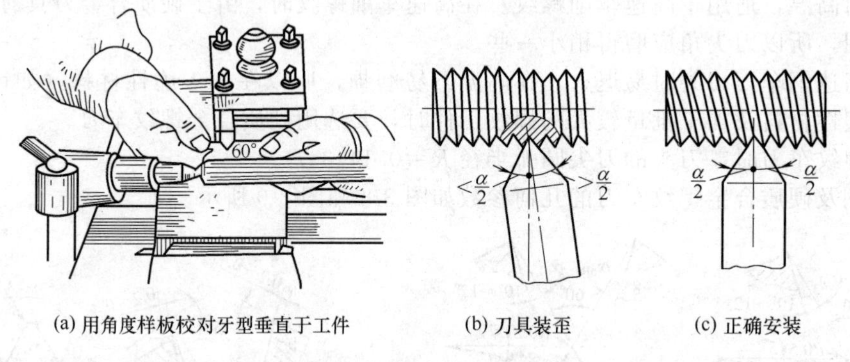

图 3-11　外螺纹刀的安装

图 3-12　角度样板

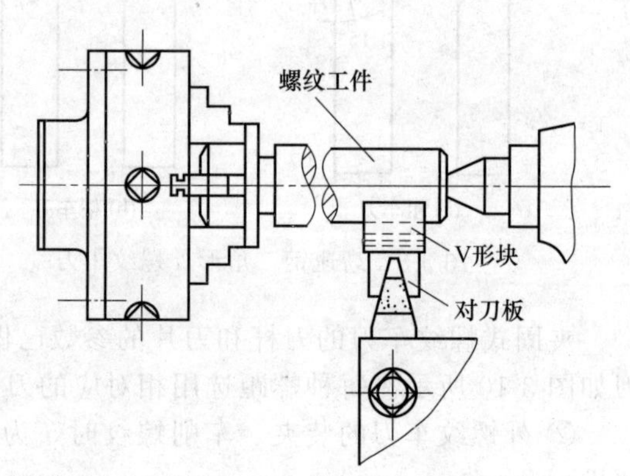

图 3-13　使用 V 形块对刀板校正车刀位置

c. 刀头伸出长度 刀头一般不要伸出过长，约为刀杆厚度的 1.5 倍左右。

（2）内螺纹车刀的几何参数与装夹

① 内螺纹车刀的几何参数　普通内螺纹车刀的几何参数如图 3-14 和图 3-15 所示。在高速车削内螺纹时，应选择硬度和耐磨性较高的硬质合金车刀；在低速车削内螺纹时，选用高速钢车刀。

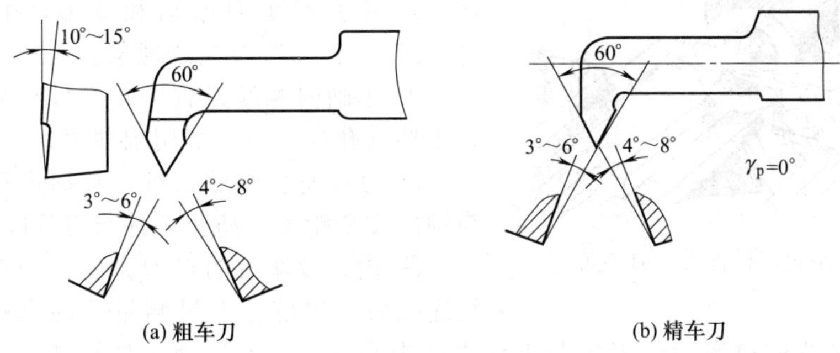

图 3-14　高速钢内螺纹车刀

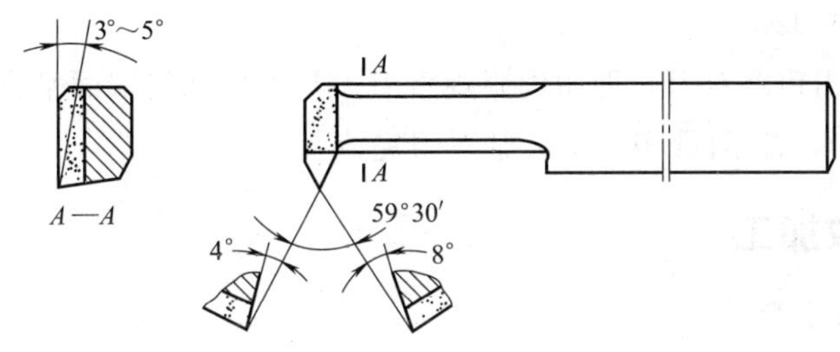

图 3-15　硬质合金内螺纹车刀

夹固式螺纹车刀的刀杆和刀片的参数已做成标准值，可直接按参数选用。夹固式螺纹车刀如图 3-16 所示。每种螺距选用相对应的刀片，左车刀和右车刀刀片不同。

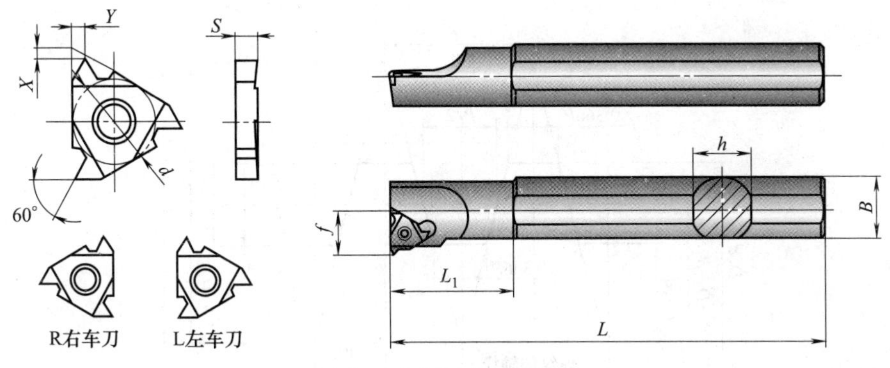

图 3-16　夹固式内螺纹刀

② 内螺纹车刀的装夹　车削内螺纹与车削外螺纹方法基本相同，但由于加工是在内孔中进行，不容易观察和控制，所以难度要比车削外螺纹大得多。特别是退刀时，需要精确计算，以防止刀具与工件发生碰撞。

a. 安装内螺纹车刀时，车刀刀尖要对准工件回转中心。装得过高，车削时易振动；装得过低，刀头下部与工件发生摩擦，车刀切不进去。

b. 保证车刀两刃夹角中心线垂直于工件轴线，如果螺纹车刀装歪，所车螺纹会产生牙型的歪斜而影响正常旋合。可以用角度样板校正，如图 3-17 所示。安装上以后，用手摇移

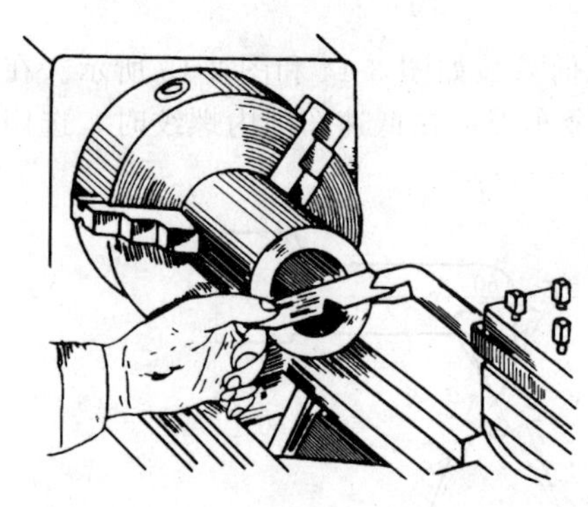

图 3-17　用角度样板找正刀尖角

动刀架检查刀杆与内孔是否干涉。

c. 内螺纹车刀的径向尺寸大小受到螺纹孔径的限制，一般刀头径向长度比孔径小 3～5 mm。内螺纹车刀刀杆不能选得太细，否则在切削力作用下，易引起车刀振动和变形，出现“扎刀”、“啃刀”、“让刀”及振纹现象。

d. 车削内螺纹过程中，工件在旋转时，不得将手伸入孔内，更不能用棉纱擦，以防发生事故。

e. 刀具安装好后，将刀具摇进孔内检查径向与轴向安全距离，防止工件与刀具以及刀座碰撞。

③ 内螺纹车刀的对刀方法　当钻完或车完螺纹底孔后，用游标卡尺测量孔的直径尺寸，记下尺寸数值。安装内螺纹车刀使刀尖与工件内孔中心等高。然后使工件转动，手摇内螺纹车刀，使刀尖刚好接触到内孔表面，在内螺纹车刀的刀偏的 X 栏里输入刚才测得的孔径数值，按[测量]软键，X 轴对刀完成。

Z 轴方向可以采用粗略对刀，即用肉眼观察刀尖与工件孔的端面平齐，在内螺纹车刀的刀偏的 Z 栏里输入 Z0，按[测量]软键，Z 轴对刀完成。

3.1.5　梯形螺纹加工

(1) 梯形螺纹的牙型

2005 年国家颁布新的梯形螺纹标准 GB/T 5796—2005《梯形螺纹》，规定了两种梯形螺纹牙型，即基本牙型和设计牙型。

① 基本牙型　即理论牙型，是由顶角为 30°的原始等腰三角形截去顶部和底部所形成的内、外螺纹共有的牙型，如图 3-18 所示。

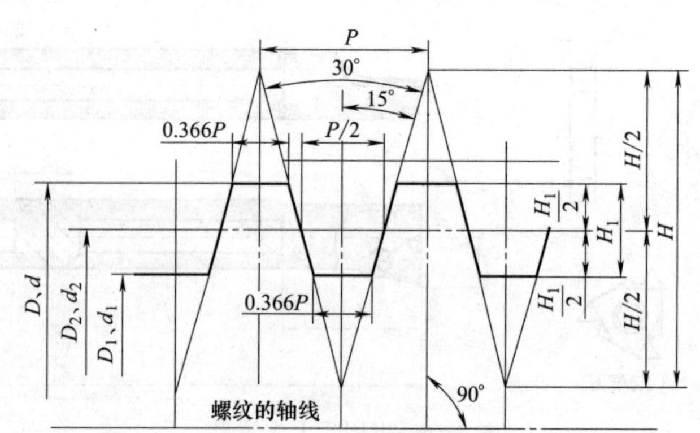

图 3-18　梯形螺纹基本牙型

D—内螺纹大径（公称直径）；d—外螺纹大径（公称直径）；P—螺距；
D_2—内螺纹中径；d_2—外螺纹中径；H—原始三角形高度；
D_1—内螺纹小径；d_1—外螺纹小径；H_1—基本牙型高度

② 设计牙型　与基本牙型的不同点是大径和小径间都留有一定间隙，牙顶和牙底给出了制造所需要的圆弧。设计牙型及基本尺寸代号见图 3-19，计算公式见表 3-4。

(2) 梯形螺纹的代号与标注

完整的梯形螺纹标记应包括螺纹特征代号、尺寸代号、公差带代号和旋合长度代号。螺纹特征代号为“Tr”，公称直径与导程之间用“×”号分开；螺距代号“P”和螺距值用圆括号括上。公差带代号仅包含中径公差带代号。公差带代号由公差等级数字和公差带位置字母（内螺纹用大写字母，外螺纹用小写字母）组成。螺纹尺寸代号与公差带代号间用“-”分开。

对单线梯形螺纹其标记应省略圆括号部分。对标准左旋梯形螺纹，其标记应添加左旋代号“LH”。右旋不标。

表示内、外螺纹配合时，内螺纹的公差带代号在前，外螺纹的公差带代号在后，中间用斜线分开。

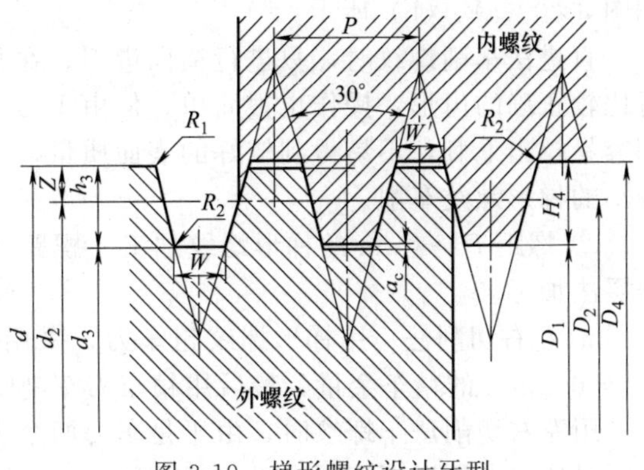

图 3-19　梯形螺纹设计牙型

表 3-4　梯形螺纹基本要素的名称及计算公式　mm

名称及代号		计算公式			
牙型角 α		$\alpha=30°$			
螺距 P					
牙顶间隙 a_c		P	1.5～5	6～12	14～44
		a_c	0.25	0.5	1
外螺纹	大径(公称直径)d				
	中径 d_2	$d_2=d-0.5P$			
	小径 d_3	$d_3=d-2h_3$			
	牙高 h_3	$h_3=0.5P+a_c$			
内螺纹	大径 D_4	$D_4=d+2a_c$			
	中径 D_2	$D_2=d_2=d-0.5P$			
	小径 D_1	$D_1=d-P$			
	牙高 H_4	$H_4=h_3$			
牙顶宽 f、f'		$f=f'=0.366P$ 或 $f=P-f_1$			
牙顶槽宽(牙顶间)f_1		$f_1=0.634P$ 或 $f_1=P-f$			
牙根宽 W_1		$W_1=0.634P+0.536a_c$　或 $W_1=P-W$			
牙槽底宽(牙根间)W、W'		$W=W'=0.366P-0.536a_c$　或 $W=P-W_1$			
螺纹升角 Ψ		$\tan\Psi=\dfrac{nP}{\pi d_2}$($n$ 为多线螺纹线数)			

标记示例如下。

公称直径为 40mm、导程和螺距为 7mm 的右旋单线梯形螺纹：Tr40×7。

公称直径为 40mm、导程为 14mm、螺距为 7mm 的右旋双线梯形螺纹：Tr40×14(P7)。

中径公差带为 7H 的内螺纹：Tr40×7-7H。

中径公差带为 7e 的双线、左旋外螺纹：Tr40×14(P7)LH-7e。

公差带为 7H 的双线内螺纹与公差带为 7e 的双线外螺纹配合：Tr40×14(P7)-7H/7e。

(3) *梯形螺纹的加工方法*

在数控车床上车削梯形螺纹工件，一般用低速切削。车削速度高时不能很好地保证螺纹的表面粗糙度，达不到加工要求。

由于梯形螺纹较三角螺纹的螺距和牙型都大，而且精度高，牙型两侧面表面粗糙度值较小，致使梯形螺纹车削时，吃刀深，走刀快，切削余量大，切削抗力大。在车削梯形螺纹时，根据螺距大小以及梯形螺纹的精度要求决定其车削方法。

① 螺距 $P\leqslant 4$mm 的梯形螺纹加工　螺距 $P\leqslant 4$mm 时，可用一把刀头宽等于牙槽底宽的梯形螺纹车刀，采用直进法（G32、G92 指令）或斜进法（G76 指令）粗、精车削完成，

如图 3-20（a）、（b）所示。

直进法车削螺纹时，只进行横向进刀，在几次行程中完成螺纹车削。这种方法虽可以获得比较正确的齿形，操作也很简单，但由于刀具三个切削刃同时参加切削，振动比较大，牙侧容易拉出毛刺，不易得到较好的表面质量，并容易产生扎刀现象，因此，它只适用于螺距较小的梯形螺纹车削。

② 螺距 $P>4$mm 的梯形螺纹加工　螺距 $P>4$mm 时，可采用左右切削法、车槽法或分层法加工。

a. 左右切削法　用梯形螺纹粗车刀，采用左右切削法粗车、半精车螺纹，每边牙侧留 0.1～0.2mm 的精车余量，最后用精车刀车削螺纹至要求，如图 3-20（c）所示。

用左右切削法车螺纹时，由于是车刀两个主切削刃中的一个在进行单面切削，避免了三刃同时切削，所以不容易产生扎刀现象。另外，精车时尽量选择低速（$v=4\sim7$m/min），并浇注切削液，一般可获得很好的表面质量。但左右切削法编程比较复杂。

b. 车直槽法　用刀头宽度稍小于牙槽底宽的车槽刀或矩形螺纹车刀，采用直进法精车螺纹小径至尺寸，然后用梯形螺纹车刀采用斜进法或左右切削法车削螺纹，每边牙侧留 0.1～0.2mm 的精车余量，最后用精车刀车削螺纹至要求，如图 3-20（d）所示。

这种方法简单、易懂、易掌握，但是在车削较大螺距的梯形螺纹时，刀具因其刀头狭长，强度不够而易折断；切削的沟槽较深，排屑不顺畅，致使堆积的切屑把刀头折断；进给量较小，切削速度较低，因而很难满足梯形螺纹的车削需要。

c. 车阶梯槽法　为了降低“直槽法”车削时刀头的损坏程度，可以采用车阶梯槽法，如图 3-20（e）所示。用刀头宽度小于牙槽底宽的车槽刀或矩形螺纹车刀，采用直进法进行车槽，不要直接切至小径尺寸，而是分成若干刀切削成阶梯槽，然后用梯形螺纹车刀采用斜进法或左右切削法车削螺纹，每边牙侧留 0.1～0.2mm 的精车余量，最后用精车刀车削螺纹至要求。这样切削排屑较顺畅，方法也较简单。但换刀时不容易对准螺旋直槽，很难保证正确的牙型，容易产生倒牙现象。

d. 分层切削法　“分层法”车削梯形螺纹实际上是直进法和左右切削法的综合应用，如图 3-20（f）所示。在车削较大螺距的梯形螺纹时，“分层法”通常不是一次性就把梯形槽切削出来，而是把牙槽分成若干层，每层深度根据实际情况而定。转化成若干个较浅的梯形槽来进行切削，可以降低车削难度。每一层的切削都采用左右交替车削的方法，背吃刀量很小，刀具只需沿左右牙型线切削，梯形螺纹车刀始终只有一个侧刃参加切削，从而使排屑比较顺利，刀尖的受力和受热情况有所改善，因此能加工出较高质量的梯形螺纹。

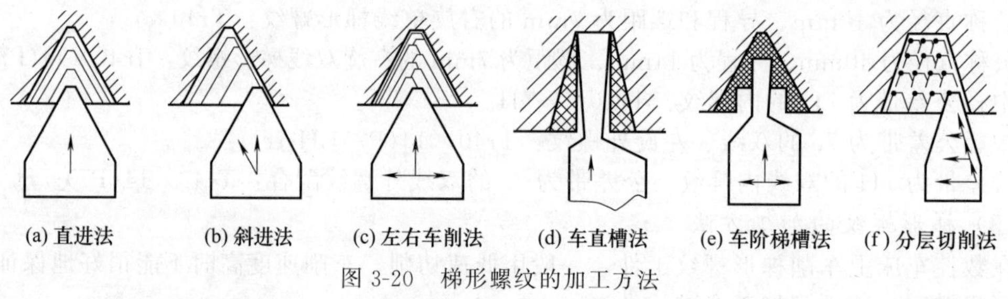

图 3-20　梯形螺纹的加工方法

（4）梯形螺纹车刀与安装

① 梯形螺纹车刀的选择　梯形螺纹车刀一般分为高速钢车刀和硬质合金车刀两大类。低速车削时一般选用高速钢车刀，而加工一般精度的梯形螺纹时可采用硬质合金车刀进行高速车削。由于梯形螺纹的牙型较深，车削时切削抗力较大，粗车时常采用弹性刀排，如图 3-21 所示。

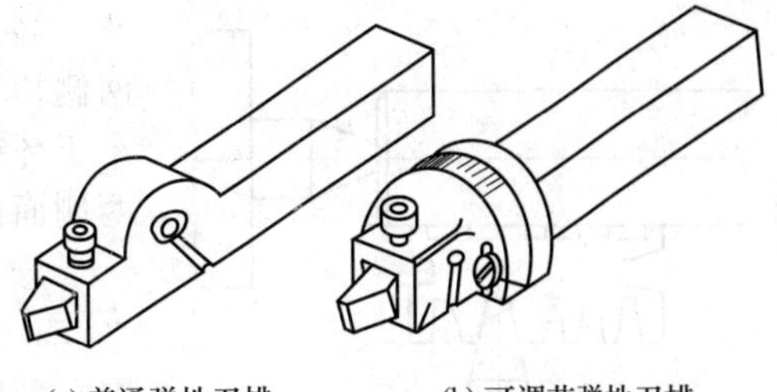

图 3-21　弹性刀排

② 梯形螺纹车刀的几何角度　车削螺纹，由于螺距不同，所以螺纹升角也不一致，而出现车刀两侧刃后角对车削螺纹产生不同影响。螺纹升角 Ψ 使车刀在车削时的实际后角发生变化，左切削刃上的实际后角减少了 Ψ，右切削刃上的实际后角增大了 Ψ。出于这个原因，车削右旋螺纹，在确定梯形车刀的后角时，左边切削刃上的后角还要加上一个 Ψ 角，而右切削刃上的后角要减去一个 Ψ 角。这样，在实际切削中就能保证两边的后角相等。车削左旋螺纹时与此相反。

a. 高速钢梯形外螺纹车刀的几何角度　车削外螺纹时，为了减小切削力，高速钢梯形外螺纹车刀分为粗车刀和精车刀，如图 3-22 所示。

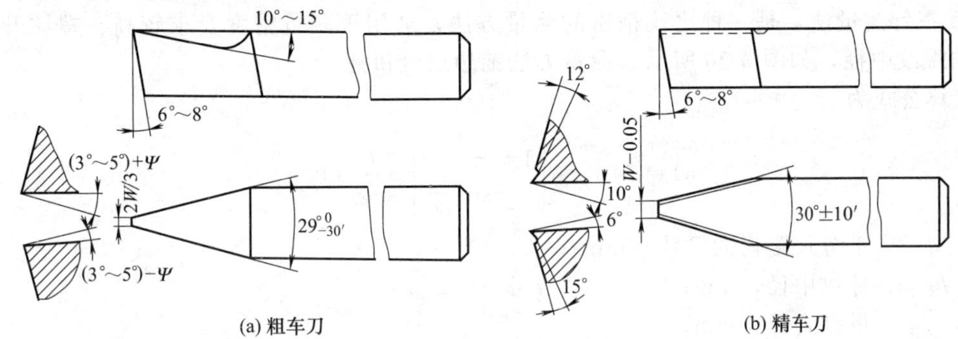

图 3-22　高速钢梯形外螺纹车刀

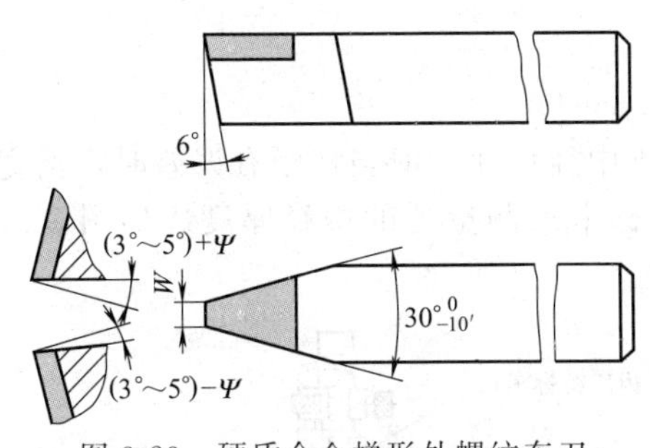

图 3-23　硬质合金梯形外螺纹车刀

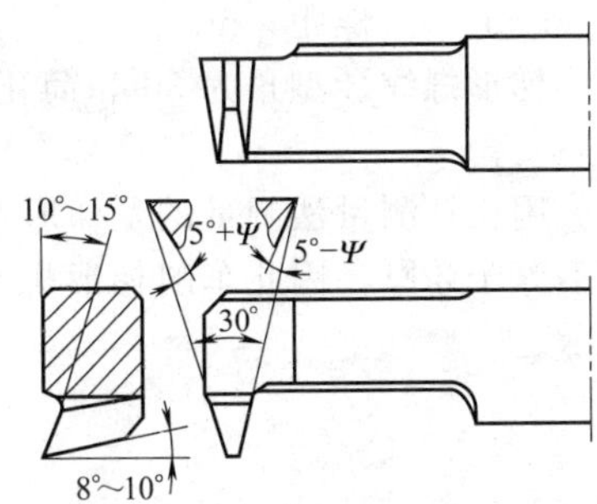

图 3-24　梯形内螺纹车刀

b. 硬质合金梯形外螺纹车刀的几何角度　如图 3-23 所示。加工时，由于三个刃同时参与切削，切削力较大，容易引起振动。

c. 梯形内螺纹车刀的几何角度　梯形内螺纹车刀与三角形内螺纹车刀基本相同，只是刀尖角等于 30°，如图 3-24 所示。

以车 Tr36×6-7e 梯形螺纹为例。

高速钢右旋梯形螺纹粗车刀：为了便于左右切削并留有精车余量，两侧切削刃之间的夹角应小于牙型角 30°，取 29°左右；刀头宽度应小于牙槽底宽 W（W＝1.928mm），刀头宽度取 $2W/3$≈1.3mm，这里取 1.5mm；为了高效去除大部分切削余量，将刀头磨成圆弧形，以增加刀头强度，并将刀头部分的应力分散；为了使车刀两条侧切削刃锋利且受力、受热均衡，将前刀面磨成左高右低、前翘的形状；使左边切削刃上的后角为（5°＋Ψ）≈8°，左边切削刃上的后角为（5°－Ψ）≈2°，螺纹升角 Ψ＝3.314°。

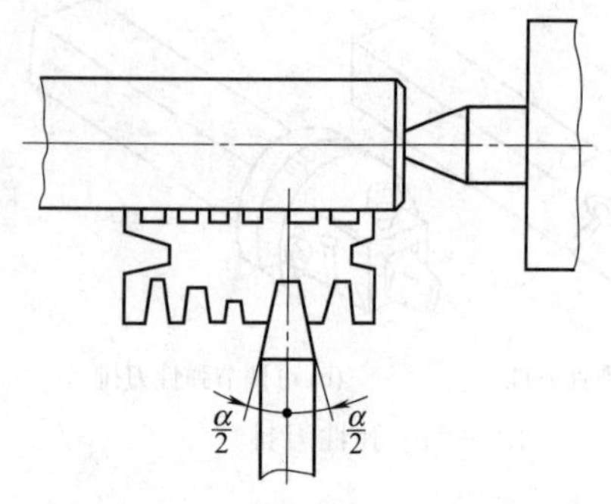

图 3-25　梯形螺纹车刀装夹

高速钢右旋梯形螺纹精车刀：为保证牙型角正确，两侧切削刃之间的夹角略大于牙型角，刀头宽度仍可略小于牙槽底宽 0.05mm，以利于两侧面的加工，并保证两侧面的表面表糙度达到要求。

③ 梯形螺纹车刀的装夹

a. 普通梯形螺纹车刀装夹，应使刀尖与工件回转中心高度等高。采用弹性刀排时，刀尖略高于工件回转中心 0.2mm 左右，以补偿刀排弹性的变形量。

b. 刀头的角平分线应垂直于工件轴线，如图 3-25 所示。可用角度样板找正装夹，以免产生螺纹半角的误差。

(5) 梯形螺纹的测量

梯形螺纹的测量分三针测量、单针测量和综合测量三种。

① 三针测量法　是一种比较精密的测量方法，适用于测量精度要求较高、螺纹升角小于 4°的螺纹中径，如图 3-26 所示。测量方法前边已经讲述。

计算公式为

$$M=d_2+d_D\left(1+\frac{1}{\sin\frac{\alpha}{2}}\right)-\frac{P}{2}\cot\frac{\alpha}{2}$$

式中　M——千分尺测得的尺寸，mm；

d_2——螺纹中径，mm；

d_D——量针直径，mm；

α——牙型角，(°)；

P——螺距，mm。

梯形螺纹牙型角为 30°，简化公式为

$$M=d_2+4.864d_D-1.866P$$

用三针测量法测量的是梯形螺纹的槽宽，间接得出中径尺寸。但当螺距有误差时，槽宽并不等于牙厚，因此车削梯形螺纹时，还应用齿厚游标卡尺测量牙的中径厚度。如图 3-27 所示。

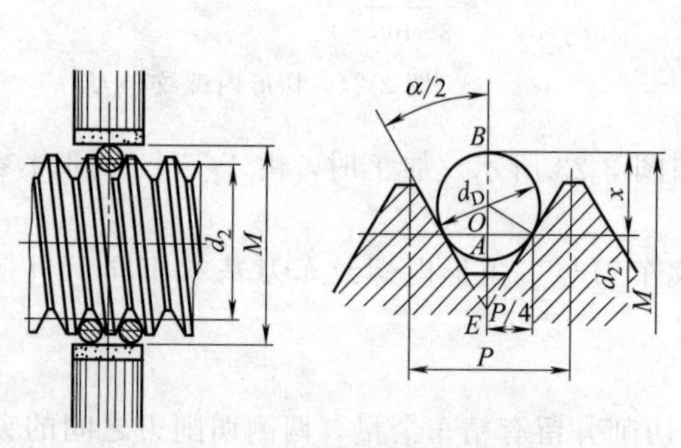

图 3-26　三针测量法测量中径

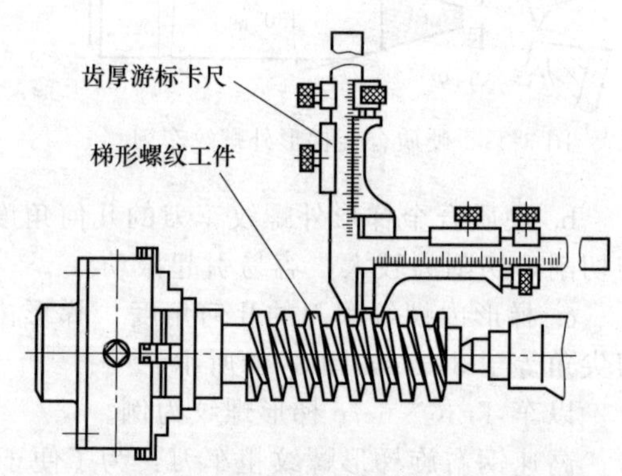

图 3-27　用齿厚游标卡尺测量中径厚度

② 单针测量法　在测量直径和螺距较大的螺纹中径时，用单针测量法比三针测量法方便、简单。测量时，将一根量针放入螺旋槽中，以螺纹的大径为基准，用千分尺测出量针顶点与另一侧螺纹大径之间的距离 A，由 A 值换算出螺纹中径的实际尺寸。量针的选择与三针测量法相同，如图 3-28 所示。

计算公式为

$$A=\frac{M+d_0}{2}$$

$$M=d_2+d_D\left(1+\frac{1}{\sin\frac{\alpha}{2}}\right)-\frac{P}{2}\cot\frac{\alpha}{2}$$

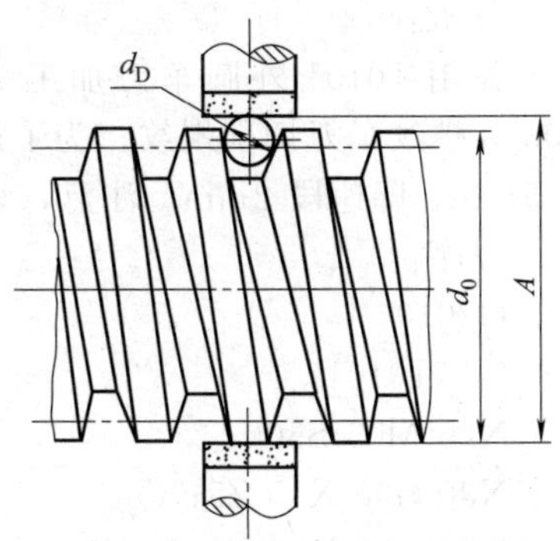

图 3-28 单针测量法测量螺纹中径

式中 A——单针测量时千分尺测得的尺寸，mm；

d_0——螺纹大径的实际尺寸，mm；

M——三针测量时量针测量距离的计算值，mm；

d_2——螺纹中径，mm；

d_D——量针直径，mm；

α——牙型角，(°)；

P——螺距，mm。

③ 综合测量法 采用标准梯形螺纹量规对内、外螺纹进行测量。梯形外螺纹用螺纹环规测量，梯形内螺纹用螺纹塞规测量。

3.2 指令学习

3.2.1 螺纹插补指令 G32

G32 指令用于等螺距的圆柱螺纹、圆锥螺纹和端面螺纹的切削，也可以进行多线螺纹的切削。

(1) 编程格式

G32 X __ Z __ F __；绝对值编程

G32 U __ W __ F __；增量值编程

式中，X、Z 为螺纹切削终点绝对坐标；U、W 为螺纹切削终点相对于起点的增量坐标；F 为螺纹导程（导程＝螺距×线数）。

(2) 注意事项

• 一般切削螺纹时，从粗车到精车，按同样的导程进行多次切削，可以采用递减式切削方法。

• 螺纹切削的开始和结束阶段，一般由于伺服系统的滞后，导程会不规则，因此必须设置升速进刀段 δ_1 和降速退刀段 δ_2。

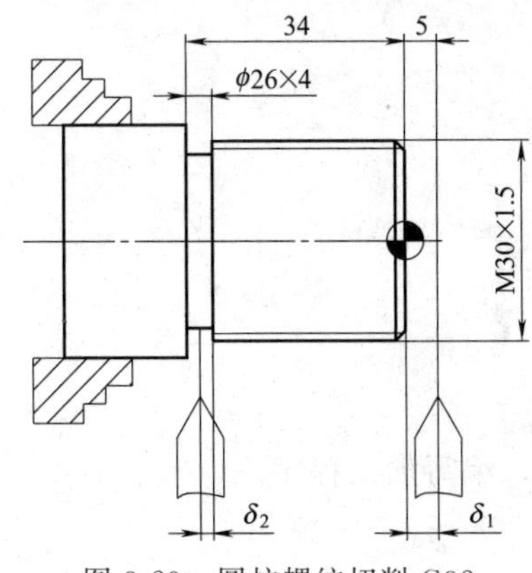

图 3-29 圆柱螺纹切削 G32

• 螺纹切削中进给倍率无效。

• 螺纹切削中进给中停无效。

• 在螺纹加工中不使用恒线速度功能。

• 螺纹从粗车到精车转速必须保持一致。粗、精加工时的起刀点要相同，以防止螺纹乱牙。

• 车螺纹时，为了减少表面粗糙度值和去毛刺，可以走 1～2 次空刀。

3.2.1.1 圆柱螺纹的切削

【例 3-1】 如图 3-29 所示零件，工件毛坯为 ϕ35mm 的圆钢，材料为 45 钢，加工螺纹 M30×1.5，小径为 28.2mm，编写加工程序。

分析：

先用 T0101 外圆车刀加工螺纹实际大径 ϕ29.8mm，用 T0202 切槽刀车槽，最后用 T0303 螺纹车刀切削螺纹。为了简化程序，螺纹车削 4 刀，最后一刀为修光空走刀。取升速段 5mm，降速段 2mm。注意，切削螺纹的每次起刀点都要相同，否则乱牙。

程序：

```
O2010；
N10T0101；                        换 T0101 外圆车刀
N20 M03 S500；                    主轴正转，500r/min
N30 G00 X45 Z5；                  快速定位到切削起点
N40 G90 X32 Z-34 F0.2；           车外圆
N50      X31；                    车外圆
N60      X29.8；                  车外圆
N70 G00 X50 Z100；                退刀
N80 T0202 S300；                  换 T0202 切槽刀，主轴转速 300r/min
N90 G00 X40；                     X 轴快速定位
N100     Z-34；                   Z 轴快速定位
N110 G01 X26 F0.1；               车槽
N120 G04 X2；                     槽底暂停
N130 G00 X50；                    X 向快速退刀
N140     Z100；                   Z 向快速退刀
N150 T0303；                      换 T0303 螺纹车刀
N160 G00 X45 Z5；                 快速定位到切削起点
N170     X29.2；                  X 方向进刀
N180 G32 Z-32 F1.5；              切削螺纹第 1 刀，导程 F1.5
N190 G00 X40；                    退刀
N200     Z5；                     Z 方向回到切削起点
N210     X28.6；                  X 方向进刀
N220 G32 Z-32；                   切削螺纹第 2 刀，导程 F1.5 省略
N230 G00 X40；                    X 方向退刀
N240     Z5；                     Z 方向回到切削起点
N250     X28.2；                  X 方向进刀
N260 G32 Z-32；                   切削螺纹第 3 刀
N270 G00 X40；                    X 方向退刀
N280     Z5；                     Z 方向回到切削起点
N290     X28.2；                  X 方向进刀
N300 G32 Z-32；                   切削螺纹第 4 刀
N310 G00 X50；                    X 方向退刀
N320     Z150；                   Z 方向退刀
N330 M30；                        程序结束
```

3.2.1.2 圆锥螺纹的切削

【例 3-2】 如图 3-30 所示，材料为尼龙 6，外形已加工，编写加工程序。

程序：

O2022；

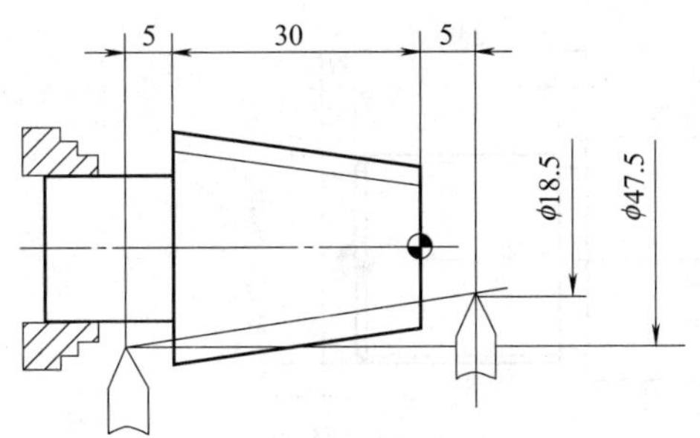

图 3-30　圆锥螺纹切削 G32

N10 T0303;	换 T0303 螺纹车刀
N20 M03 S300;	主轴正转，300r/min
N30 G00 X60 Z5;	快速定位到切削起点
N30 　　X19.5;	X 方向进刀
N40 G32 X48.5 Z−35 F1.5;	切削螺纹第 1 刀，导程 F1.5
N50 G00 X60;	X 方向退刀
N60 　　Z5;	退回起刀点
N70 　　X18.5;	X 方向进刀
N80 G32 X47.5 Z−35;	切削螺纹第 2 刀
N90 G00 X60;	X 方向退刀
N100 　　Z150;	退刀
N110 M30;	程序结束

注意：圆锥螺纹的参数尺寸可以查找有关资料，起刀点和终点坐标值通过计算得出。

3.2.1.3　多线螺纹的切削

圆柱体上只有一条螺旋槽的螺纹，称为单线螺纹。沿两条或两条以上的螺旋线所形成的螺纹，且该螺旋线在轴向等距分布，称为多线螺纹。

同一条螺旋线上的相邻两牙在中径上对应两点间的轴向距离称为导程。单线螺纹的导程与螺距相等；多线螺纹的导程等于螺距与线数的乘积：

$$P_h = Pn$$

式中　P_h——螺纹导程，mm；

　　n——螺纹线数；

　　P——螺纹螺距，mm。

多线螺纹的标注，按照国家标准 GB/T 197—2003《普通螺纹 公差》的规定，尺寸代号为“公称直径×Ph 导程 P 螺距”。例如，M30×Ph4P2 表示普通三角形螺纹公称直径 30mm，导程 4mm，螺距 2mm。

多线螺纹的加工方法有两种：轴向分线法和圆周分度法。

(1) 轴向分线法

轴向分线法是通过改变螺纹切削起点的 Z 坐标来确定各线螺纹的位置。当加工完第一条螺纹后，将切削起点的位置在 Z 轴正方向偏移一个螺距，然后加工第二条螺纹。为了保证第二条螺纹有足够的升速进刀距离，切削起点最好向右偏移，不要向左偏移。

利用这个方法，通过改变螺纹切削起点的 Z 坐标位置，可以采用左右切削法车削大螺距螺纹。

【例 3-3】 如图 3-31 所示，双线螺纹 M30×Ph4P2，螺纹公称直径为 30mm，小径为

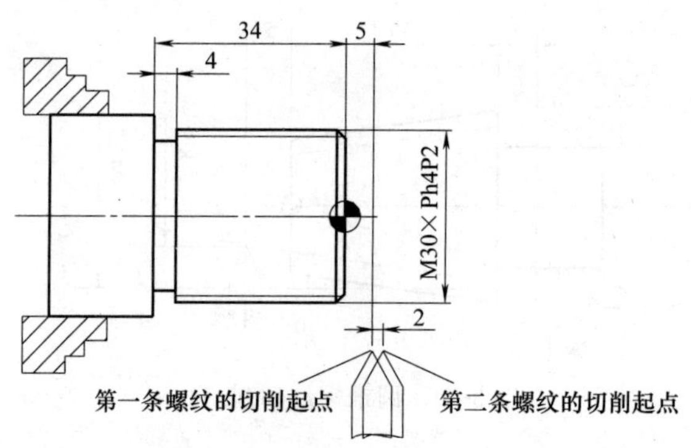

图 3-31 多线螺纹切削 G32

27.546mm，导程为 4mm，螺距为 2mm，编写加工程序。

分析：

确定第一条螺纹的升速段距离为 5mm。第二条螺纹的起刀点向右偏移一个螺距 2mm，升速段距离为 7mm。为了简化程序，在这里每条螺纹分 3 刀切削。

程序：

```
O2112;
N10 T0303;                 换 T0303 螺纹车刀
N20 M03 S300;              主轴正转，300r/min
N30 G00 X40 Z5;            快速定位到第一条螺纹切削起点
N40     X29.1;             X 方向进刀
N50 G32 Z-32 F4;           切削螺纹，第 1 刀，导程 F4
N60 G00 X40;               X 方向退刀
N70     Z5;                退回起刀点
N80     X28;               X 方向进刀
N90 G32 Z-32;              切削螺纹，第 2 刀，导程 F4 可以省略
N100 G00 X40;              X 方向退刀
N110     Z5;               退回起刀点
N120     X27.546;          X 方向进刀
N130 G32 Z-32;             切削螺纹，第 3 刀，第一条螺纹完成
N140 G00 X40;              X 方向退刀
N150     Z7;               快速定位到第二条螺纹切削起点
N160     X29.1;            X 方向进刀
N170 G32 Z-32;             切削螺纹，第 1 刀
N180 G00 X40;              X 方向退刀
N190     Z7;               退回起刀点
N200     X28;              X 方向进刀
N210 G32 Z-32;             切削螺纹，第 2 刀
N220 G00 X40;              X 方向退刀
N230     Z7;               退回起刀点
N240     X27.546;          X 方向进刀
N250 G32 Z-32;             切削螺纹，第 3 刀，第二条螺纹完成
N260 G00 X50;              X 方向退刀
```

```
N270 Z150;                    退刀
N280 M30;                     程序结束并返回
```

(2) 圆周分度法

圆周分度法是通过改变螺纹切削时主轴在圆周方向（数控车床上称为 C 轴）起始点 C 轴角位移来确定各线螺纹的位置。当换线切削另一条螺纹时，主轴圆周方向切削起始点 C 坐标应先转过一个角度再进行螺纹切削，换线时主轴应转动的角度为 360°/n，其中 n 为螺纹的线数。在普通车床上可以采用分度盘来分度，在数控车床上这种方法只用在有 C 轴控制功能的数控车床上。

在 FANUC 0i 系统的数控车床上，可以采用地址 Q 指定主轴一转信号与螺纹切削起点的偏移角度，可以很容易地切削出多线螺纹。用地址 Q 指令多线螺纹的切削方法也适合于 G92 指令。

① 编程格式

G32 X __ Z __ F __ Q __； 第一条螺纹

G32 X __ Z __ Q __； 第二条螺纹，F 可以省略

⋮

式中，X、Z 为切削螺纹的终点坐标；F 为螺纹导程；Q 为螺纹起始角。

② 注意事项

• 起始角 Q 不是模态值，每次使用都必须指定，如果不指定，就认为是 0。

• 起始角 Q 的增量是 0.001°。不能指定小数点。例如，起始角为 180°，则指定为 Q180000，不能指定为 Q180.000。

• 可在 0～360000（以 0.001°为单位）之间指定起始角 Q。如果指定了大于 360000 的值，则按 360000 计算（360°）。

• 多线螺纹可按线数将圆周等分，如三线螺纹就是 0°、120°、240°，依此类推，可以车出任何线数的螺纹。

• 在车多线螺纹时，粗、精切削的 Z 轴起刀点必须相同，否则会产生乱牙。

【例 3-4】 如图 3-32 所示，加工双线螺纹 M30×Ph4P2，螺纹公称直径为 30mm，小径为 27.546mm，导程为 4mm，螺距为 2mm，编写加工程序。

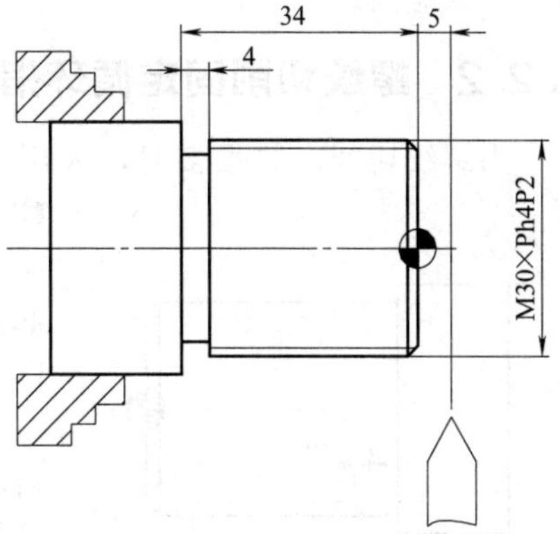

34
5
4
M30×Ph4P2

图 3-32 多线螺纹切削 G32

分析：

起始角分别为 0°和 180°。为简化程序，每条螺纹分 3 刀切完，切完第一条螺纹后，再切第二条螺纹。

程序：

```
O2113;
N10 M03 S300;                 主轴正转，300r/min
N20 T0303;                    换 T0303 螺纹车刀
N30 G00 X40 Z5;               快速定位到螺纹切削起点
N40     X29.1;                X 方向进刀
N50 G32 Z－32 F4 Q0;          切削第一条螺纹，第 1 刀，导程 F4
N60 G00 X40;                  X 方向退刀
N70     Z5;                   退回起刀点
N80     X28;                  X 方向进刀
```

```
N90 G32 Z-32 Q0;           切削螺纹，第 2 刀，F4 可以省略
N100 G00 X40;              X 方向退刀
N110     Z5;               退回起刀点
N120     X27.546;          X 方向进刀
N130 G32 Z-32 Q0;          切削螺纹，第 3 刀，第一条螺纹完成
N140 G00 X40;              X 方向退刀
N150     Z5;               切削起点与第一条螺纹相同
N160     X29.1;            X 方向进刀
N170 G32 Z-32 Q180000;     切削第二条螺纹，第 1 刀
N180 G00 X40;              X 方向退刀
N190     Z5;               退回起刀点
N200     X28;              X 方向进刀
N210 G32 Z-32 Q180000;     切削螺纹，第 2 刀
N220 G00 X40;              X 方向退刀
N230     Z5;               退回起刀点
N240     X27.546;          X 方向进刀
N250 G32 Z-32 Q180000;     切削螺纹，第 3 刀，第二条螺纹完成
N260 G00 X50;              X 方向退刀
N270     Z150;             Z 方向退刀
N280 M30;                  程序结束
```

注意：程序中 Q0 可以省略，Q180000 不可以省略，如不写，则被认为起始角为 0°，即为第一条螺纹。

3.2.2 螺纹切削固定循环指令 G92

当螺纹切削次数很多时，采用 G32 指令编程很繁琐，而采用螺纹切削固定循环指令 G92 就可以完成一次切削循环，如图 3-33 所示。

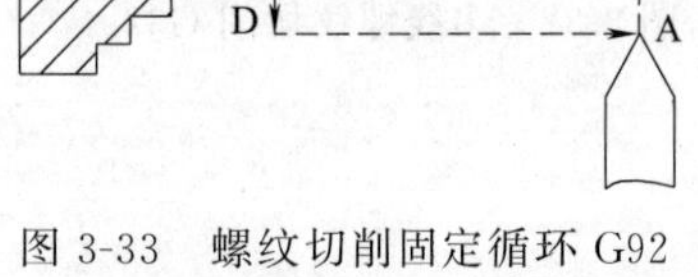

G92 指令把“快速进刀→螺纹切削→快速退刀→返回起点”四个动作作为一个循环，循环路径为 A→B→C→D→A。

G92 指令能在螺纹车削结束时，按要求有规则退出（称为螺纹退尾倒角功能）。另外，G92 指令可以加地址 Q 来切削多线螺纹，方法同 G32 指令。

图 3-33　螺纹切削固定循环 G92

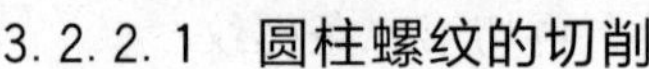

3.2.2.1 圆柱螺纹的切削

（1）编程格式

G92 X __ Z __ F __；绝对值编程

G92 U __ W __ F __；增量值编程

式中，X、Z 为每刀切削终点的绝对坐标；U、W 为每刀切削终点的增量坐标；F 为螺纹导程（单线螺纹时，导程=螺距）。

（2）注意事项

- R 为退尾长度，由系统参数设定，一般为 1 个螺距长度。
- 循环起点 A 的 X 轴坐标要大于工件外径。
- 其他注意事项与 G32 相同。

【例 3-5】 如图 3-34 所示，工件材料为 45 钢，编写加工程序。

分析：

螺纹大径车至 ϕ29.8mm，小径 $d_1 = d - 1.227P = 30 - 1.227 \times 2 \approx 27.55$mm。先车外圆至尺寸，最后车螺纹。用乳化液冷却。

参考表 3-5 分配走刀次数和径向进给量，在最后一刀切削时，实际小径按计算值 27.55mm，最后一刀为修光空走刀。

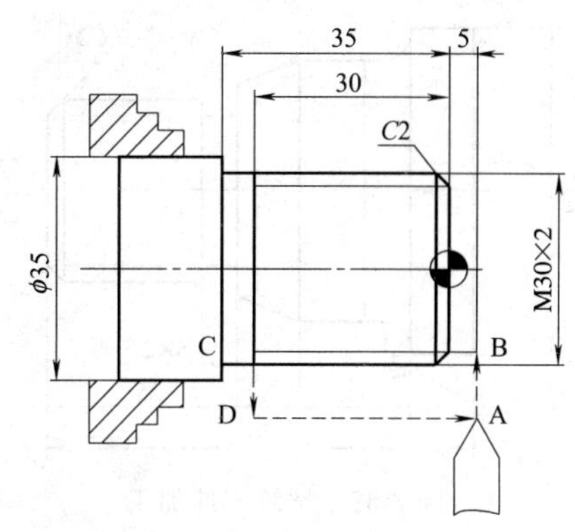

图 3-34 车螺纹

表 3-5 走刀次数和径向进给量 mm

项　目	第 1 刀	第 2 刀	第 3 刀	第 4 刀	第 5 刀	第 6 刀	第 7 刀	第 8 刀
径向进给量(半径值)	0.30	0.25	0.20	0.15	0.15	0.10	0.075	0
每刀切削直径	29.4	28.9	28.5	28.2	27.9	27.7	27.55	27.55

程序：

```
O2015;
N10 M03 S500;                  主轴正转，500r/min
N20 T0101 M08;                 换 T0101 外圆车刀，切削液开
N30 G00 X50 Z4;                快速定位到 G90 循环起点
N40 G90 X31 Z-35 F0.2;         G90 外圆切削固定循环
N50     X29.8;                 切削螺纹大径至尺寸
N60 G00 X50 Z100;              退刀
N70 T0303 S300;                换 T0303 螺纹车刀，300r/min
N80 G00 X40 Z5;                快速定位到 G92 循环起点
N90 G92 X29.4 Z-30 F2;         切削螺纹第 1 刀
N100     X28.9;                切削螺纹第 2 刀
N110     X28.5;                切削螺纹第 3 刀
N120     X28.2;                切削螺纹第 4 刀
N130     X27.9;                切削螺纹第 5 刀
N140     X27.7;                切削螺纹第 6 刀
N150     X27.55;               切削螺纹第 7 刀
N160     X27.55;               第 8 刀修光空走刀
N170 G00 X60 Z100 M09;         退刀，切削液关
N180 M30;                      程序结束
```

注意：首件试车时，宁可使车出的螺纹小径稍大，然后通过修改刀偏值的方法，逐次车出合格的螺纹。执行完加工程序后，不要卸下工件，用螺纹环规进行检测，如果车出的螺纹小径稍大，修改刀偏值，单独编写一段加工程序，走 2 刀，然后再用螺纹环规检测，直到加工出合格的螺纹为止。

【例 3-6】 如图 3-35 零件，材料为 45 钢，毛坯直径 ϕ50mm，编写加工程序。

分析：

工件材料为 ϕ50mm 的 45 钢棒料，可以采用 G71 指令先加工出工件外圆，然后用 5mm 宽的切槽刀车槽，用高速钢螺纹车刀车螺纹。ϕ42mm 外圆，图纸上长度是 56mm，为了方

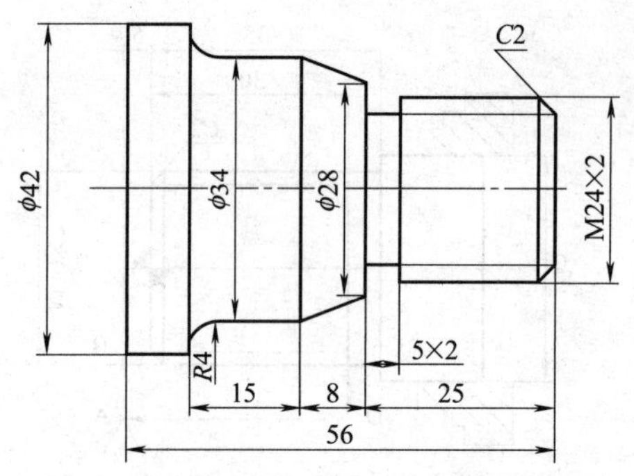

图 3-35　螺纹零件加工

便车断，在这里要车长一点，为 62mm，最后车断保证工件总长 56mm。外圆车刀 T0101、切槽刀 T0202、螺纹车刀 T0303 全部对刀。

由于是塑性材料，考虑到挤压变形，螺纹 M24×2 实际大径要比公称直径小 0.2mm 左右，所以 $d=23.8$mm；实际小径 $d_1 \approx d-1.227P=24-1.227\times2=21.546$mm。用螺纹环规测量。

程序：

```
O2011;
N10T0101;                           换 T0101 外圆车刀
N20 M03 S500;                       主轴正转，500r/min
N30 G00 X60 Z4;                     快速定位到循环起点
N40 G71 U2 R1;                      外圆粗车循环指令 G71
N50 G71 P60 Q150 U1 W1 F0.2;        外圆粗车循环指令 G71
N60 G00 X20;                        精加工程序首段
N70 G01 Z0 F0.1 S800;
N80     X23.8 Z-2;
N90     Z-25;
N100    X28;
N110    X34 W-8;
N120    W-11;
N130 G02 X42 W-4 R4;
N140 G01 Z-62;
N150    X50;                        精加工程序末段
N160 G70 P60 Q150;                  精车循环 G70
N170 G00 X60 Z100;                  退刀
N180 T0202 S300;                    换 T0202 切槽刀，300r/min
N190 G00 X60;                       X 向快速定位
N200    Z-25;                       Z 向快速定位
N210 G01 X20 F0.1;                  车退刀槽
N220 G04 X2;                        槽底暂停
N230 G00 X60;                       X 向退刀
N240    Z100;                       Z 向退刀
N250 T0303;                         换 T0303 螺纹车刀
N260 M03 S400;                      转速 400r/min
N270 G00 X30 Z5;                    快速定位到螺纹切削起点
N280 G92 X23.4 Z-22 F2;             切削螺纹第 1 刀
N290    X22.9;                      切削螺纹第 2 刀
N300    X22.5;                      切削螺纹第 3 刀
N310    X22.2;                      切削螺纹第 4 刀
```

```
N320        X21.9;               切削螺纹第 5 刀
N330        X21.7;               切削螺纹第 6 刀
N340        X21.546;             切削螺纹第 7 刀
N350        X21.546;             走空刀
N360 G00 X60 Z100;               退刀
N370 T0202;                      换 T0202 切槽刀
N380 M03 S300;                   转速 300r/min
N390 G00 X60;                    X 向快速定位
N400        Z-61;                Z 向快速定位
N410 G01 X1 F0.1;                切断
N420 G00 X60;                    X 向退刀
N430        Z100;                Z 向退刀
N440 M30;                        程序结束
```

3.2.2.2 圆锥螺纹的切削

用 G92 指令还能切削圆锥螺纹，如图 3-36 所示。

（1）编程格式

G92 X__ Z__ R__ F__；绝对值编程

G92 U__ W__ R__ F__；增量值编程

式中，X、Z 为每刀切削终点的绝对坐标；U、W 为每刀切削终点的增量坐标；F 为螺纹导程；R 为螺纹切削起点与切削终点的半径差。

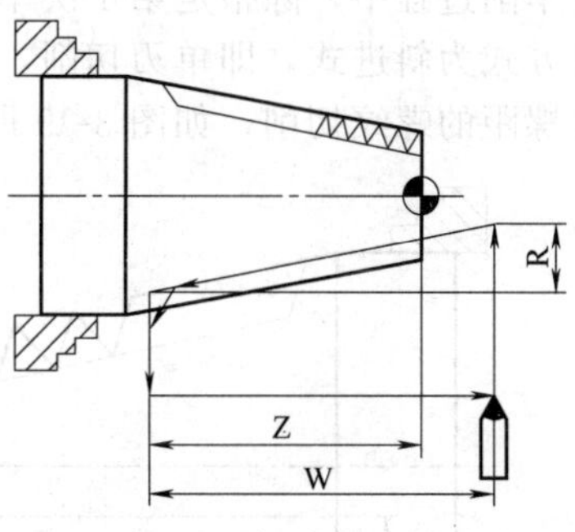

图 3-36 圆锥螺纹固定循环 G92

（2）R 值正负判断方法同 G90，如图 3-37 所示。

【例 3-7】 如图 3-38 所示，已知米制锥螺纹 ZM30×2，大径为 30mm，小径为 27.835mm，基准距离 $L_1=11$mm，有效螺纹长度 $L_2=16$mm，螺纹总长度为 30mm，外形已加工，编写加工程序。

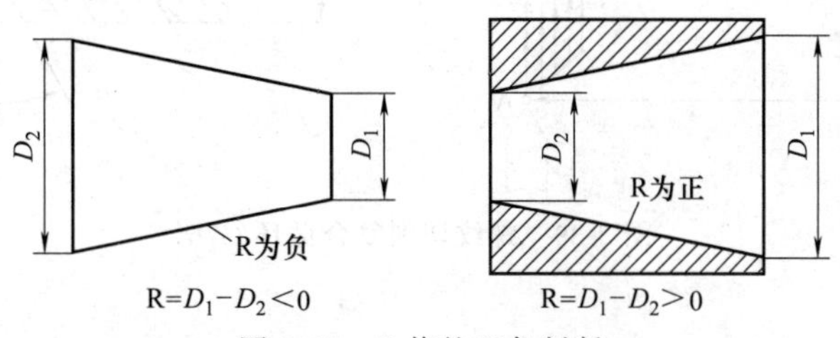

图 3-37 R 值的正负判断

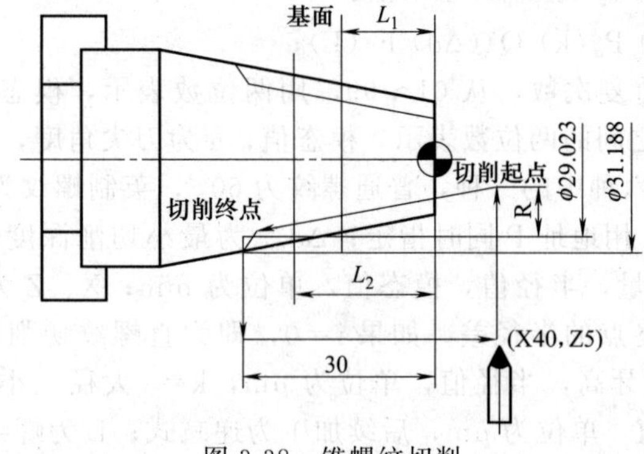

图 3-38 锥螺纹切削

分析：

根据螺纹标准，经查表计算，得 R=－1.094mm。在这里分 3 刀切完。

程序：

```
O2005；
N10 M03 S300；
N20 T0303；
N30 G00 X40 Z5；                      G92 循环起点
N40 G92 X30.188 Z－30 R－1.094 F2；   螺纹切削循环第 1 刀
N50     X29.788；                     螺纹切削循环第 2 刀
N60     X29.023；                     螺纹切削循环第 3 刀
N70 G00 X100 Z150；
N80 M30；
```

3.2.3 螺纹切削复合循环指令 G76

螺纹切削复合循环 G76 是多次自动循环切削螺纹的一种加工方式，使编程进一步简化。在车削过程中，除指定第 1 次车削深度外，其余各次车削深度自动计算。此循环加工中，进刀方式为斜进式，即单刃切削，从而使刀尖的负荷减轻，避免出现“啃刀”现象，适用于较大螺距的螺纹切削，如图 3-39 所示。

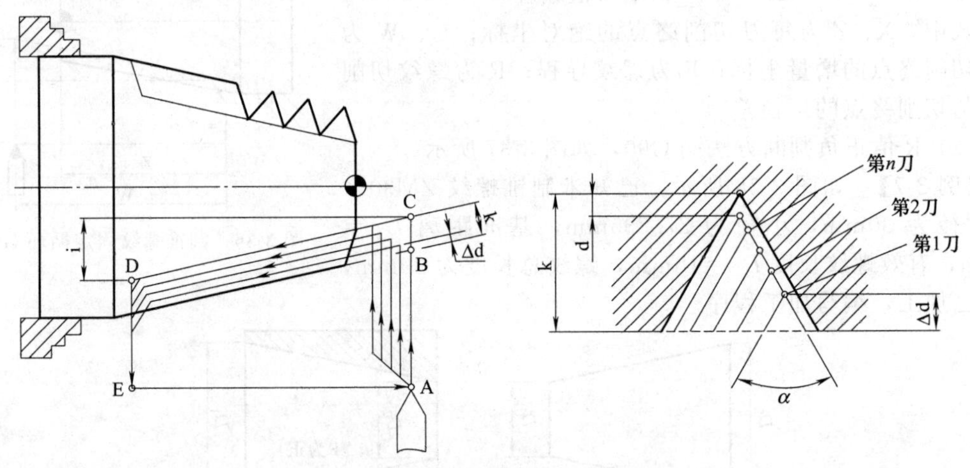

图 3-39 螺纹切削复合循环 G76

(1) 编程格式

G76 P（m）（r）（α）Q（Δd_{min}）R（d）；

G76 X __ Z __ R（i）P（k）Q（Δd）F（L）；

式中，m 为精加工重复次数，从 01～99，用两位数表示，模态值；r 为退尾量，单位 0.1 个螺距，用 00～99 之间的两位数表示，模态值；α 为刀尖角度，模态值，可以选择 80°、60°、55°、30°、29°和 0°六种中的一种，普通螺纹为 60 °，英制螺纹为 55°，梯形螺纹为 30°，用两位数指定，m、r、α 用地址 P 同时指定；Δd_{min} 为最小切削深度，半径值，模态值，单位为 μm；d 为精加工余量，半径值，模态值，单位为 mm；X、Z 为螺纹切削终点坐标；i 为螺纹切削起点与切削终点的半径差，如果 i=0，即为直螺纹切削，含义、正负号与 G92 判断方法相同；k 为螺纹牙高，半径值，单位为 μm，k=(大径－小径)/2；Δd 为螺纹第 1 刀切深，半径值，模态值，单位为 μm，后续加工为递减式；L 为螺纹导程。

(2) 注意事项

• 地址 P、Q 不能用小数点输入，以最小输入增量（即一个脉冲当量，一般机床为 0.001 mm）为单位，以此单位指定移动量和切深。

• 刀尖圆弧半径补偿不能用于 G76。

• 在 DNC 操作时不能执行 G76 多重循环。

G76 指令适合加工大螺距和精度要求不高的螺纹。如果螺纹精度要求较高，可以先用 G76 进行螺纹粗加工，再用 G92 进行修整。需要注意的是，用 G76 和 G92 时，如果切削循环起点相同，会产生螺纹乱牙。如图 3-40 所示，当用 G92 时第一个假想螺纹牙底的 Z 和切削循环起点 B 一致，而 G76 的第一个假想螺纹牙底 Z 和切削循环起点 B 有一个偏移量 a。

$$a=(h-d)\tan\frac{\alpha}{2}$$

式中 a——偏移量，mm；

h——螺纹牙高，mm；

d——精加工余量，半径值，mm；

α——螺纹牙型角，(°)。

因此，如果用 G92 修整 G76 指令加工的螺纹时，要把 G92 的循环起点 Z 顺着走刀方向偏移一个 a 值。步骤为：G76 的切削循环起点为 Z，使 X 方向有 0.1mm 左右的修正余量（半径值），调整 G76 指令中的相关参数，执行 G76 指令加工螺纹，然后用 G92 修整螺纹，G92 的切削循环起点为（Z$-a$）。

【例 3-8】 如图 3-41 所示工件，材料为 45 钢，外形已加工，编写加工程序。

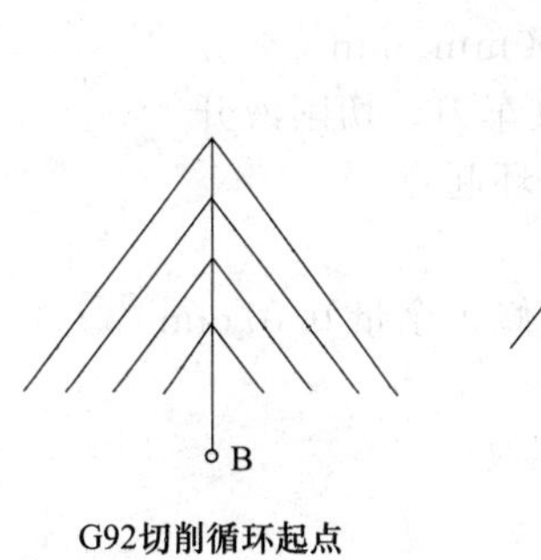

图 3-40 G92 与 G76 编程的循环起点

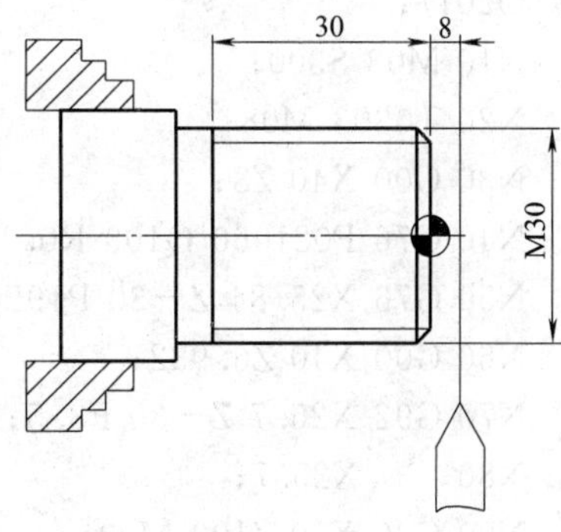

图 3-41 螺纹切削循环 G76

分析：

根据螺纹标准，M30 粗牙螺纹的螺距为 3.5mm。由于工件为塑性材料，在车削外螺纹时，由于螺纹牙型受到挤压产生塑性变形使直径变大，因此要使实际大径比公称大径稍小一些，$d_{实}\approx d-0.13P=30-0.13\times3.5=29.545$mm，取 $d_{实}=29.6$mm。实际小径按公式 $d_{小}=d-1.227P=30-1.227\times3.5\approx25.7$mm。实际牙高 $h=(29.6-25.7)/2=1.95$mm。升速段取 8mm。

程序：

O2016；	
N10 M03 S300；	主轴正转，300mm/min
N20 T0303 M08；	换 T0303 螺纹车刀，切削液开
N30 G00 X40 Z8；	快速定位到循环起点
N40 G76 P021060 Q100 R0.1；	螺纹循环 G76

N50 G76 X25.7 Z－30 P1950 Q350 F3.5；　　　切削螺纹
N60 G00 X50 Z100 M09；　　　　　　　　　退刀，切削液关
N70 M30；　　　　　　　　　　　　　　　程序结束

在 N40 程序段中，P021060 的前两位数 02 即 m＝2，表示精加工次数为 2 次；第三、四位数 10 即 r＝10，表示螺纹退尾量为 10 个单位＝10×0.1 个螺距＝1 个螺距；第五、六位数 60 即刀尖角度 α＝60°。Q100 即最小切削深度为 Δd_{min}＝0.1 mm（即 100μm）；R0.1 即精加工余量 d＝0.1mm。

在 N50 程序段中，X25.7，Z－30 为螺纹的终点坐标值；R（i）由于 i＝0，即为直螺纹，省略；P1950 为螺纹牙高 1.95mm；查表，螺距为 3.5mm 时，第 1 刀切深为 0.35mm，Q350 即第 1 刀切深 Δd＝0.35mm。F3.5 表示螺纹导程为 3.5mm。

G76 执行的动作为：第 1 刀保证切削深度 0.35mm，第 2、3 刀递减切削自动分配余量，然后依次保证最小切削深度 0.1mm 进行切削；最后在直径值 25.7mm 上精加工两次，加工结束。

如果要用 G92 修整螺纹，上面程序 G76 指令中的参数需要调整。例如 X 方向留修正余量 0.07mm（半径值），G76 中 X 值改为 25.7＋(0.07×2)＝25.84mm，计算循环起点偏移量：

$$a=(h-d)\tan\frac{\alpha}{2}=(1.95-0.1)\times\tan30^\circ=1.068\text{mm}$$

所以 G92 的切削循环起点的 Z 值为 Z＝8－1.068＝6.932mm。

程序：

O2017；
N10 M03 S300；　　　　　　　　　　　　　主轴正转，300mm/min
N20 T0303 M08；　　　　　　　　　　　　换 T0303 螺纹车刀，切削液开
N30 G00 X40 Z8；　　　　　　　　　　　　快速定位到循环起点
N40 G76 P021060 Q100 R0.1；　　　　　　螺纹循环 G76
N50 G76 X25.84 Z－30 P1950 Q350 F3.5；　切削螺纹，留修正余量 0.07mm
N60 G00 X40 Z6.932；　　　　　　　　　　调整起刀点
N70 G92 X25.7 Z－30 F3.5；　　　　　　　用 G92 修正螺纹
N80 　　X25.7；　　　　　　　　　　　　修光空走刀
N90 G00 X50 Z100 M09；　　　　　　　　　退刀，切削液关
N100 M30；　　　　　　　　　　　　　　　程序结束

3.3 典型工作任务

3.3.1 普通外螺纹轴加工

（1）任务描述

如图 3-42 所示工件，毛坯为 ϕ50mm 圆钢，材料为 45 钢。调质处理 216～260HBS。编写加工程序，并在数控车床上完成加工。

（2）任务分析

根据图纸及任务要求，该工件由外圆、槽和螺纹构成。工件长度为 80mm，为短轴加工，可采用三爪自定心卡盘装夹，不用顶尖。工件采取调质处理，切削性能良好，粗车可采用硬质合金车刀，精车用高速钢车刀。外圆形状较为复杂，去除余量较大，可采用 G71 指

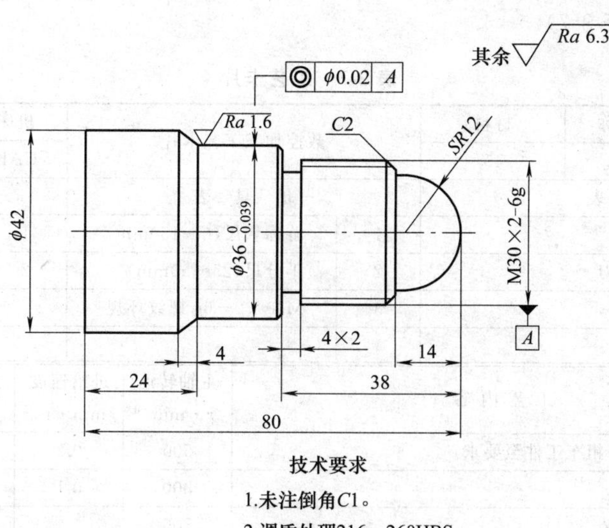

图 3-42　螺纹轴加工

令编程。螺纹 M30×2 的螺距不大，采用直进式加工，指令采用 G92。4mm×2mm 的槽可选择 4mm 宽的切槽刀一次完成。

由于尺寸 $\phi36_{-0.039}^{\ 0}$ mm 精度要求较高，且与螺纹 M30×2 有同轴度要求，如果先加工完成外圆尺寸后再车螺纹，由于车削螺纹的切削力较大，有可能引起工件变形，影响工件的同轴度，因此 ϕ36mm 外圆先粗车，留精加工余量，等车完螺纹后最后精加工。最后保证总长，切断。

(3) 数值处理

图 3-42 中尺寸 $\phi36_{-0.039}^{\ 0}$ mm，换算成编程尺寸 ϕ(35.981±0.019)mm。

螺纹 M30×2 的实际大径 $d=30-0.2=29.8$mm。

螺纹实际小径 $d_3=d-1.227P=30-1.227\times2\approx27.55$mm。

参考表 3-6 分配走刀次数和径向进给量，在最后一刀切削时，实际小径按计算值 27.55mm，最后一刀为修光空走刀。

表 3-6　走刀次数和径向进给量　　mm

项　　目	第 1 刀	第 2 刀	第 3 刀	第 4 刀	第 5 刀	第 6 刀	第 7 刀	第 8 刀
径向进给量(半径值)	0.30	0.25	0.20	0.15	0.15	0.10	0.075	0
每刀切削直径	29.4	28.9	28.5	28.2	27.9	27.7	27.55	27.55

(4) 任务实施

① 加工工艺方案

a. 用三爪卡盘装夹毛坯外圆，工件伸出长度约 100mm，找正并夹紧，车平端面，进行对刀。

b. 粗车工件外形至要求。车螺纹大径要车至最终尺寸 29.8mm。

c. 用切槽刀车槽至尺寸。

d. 用螺纹车刀车削螺纹 M30×2，用 M30×2-6g 螺纹环规检查。

e. 精车尺寸至图纸要求。

f. 手动切断，保证总长至尺寸。

选用乳化液进行冷却。

② 工艺卡片（表 3-7）

表 3-7　工艺卡片

零件编号	零件名称	材料	数控加工工艺卡片	机床型号	夹具名称
	螺纹轴	45		CAK6140	三爪卡盘

刀具表		量具表		工具表	
T01	90°外圆粗车刀	1	游标卡尺(0～150mm)	1	油石
T02	ϕ4mm 宽切槽刀	2	千分尺(25～50mm)	2	铜皮
T03	60°螺纹车刀	3	M30×2－6g 螺纹环规		
T04	90°外圆精车刀				

序号	工艺内容	主轴转速 /r·min^{-1}	进给速度 /mm·r^{-1}	背吃刀量 /mm	刀具
1	装夹毛坯外圆，粗车工件至要求	500	0.2	1	T0101
2	车退刀槽	300	0.1		T0202
3	车螺纹 M30×2	300			T0303
4	精车外圆至图纸要求	800	0.05	0.5	T0404
5	手动切断，保证总长至图纸要求	300	0.1	2	T0202

③ 加工程序

程序	说明
O4033；	
N10 M03 S500；	主轴正转，500r/min
N20 T0101；	换 T0101 外圆粗车刀
N30 G00 X56 Z2 M08；	快速定位，切削液开
N40 G71 U1 R1；	G71 循环
N50 G71 P60 Q180 U1 W0.5 F0.2；	精加工余量 X 向留 1mm、Z 向留 0.5mm
N60 G00 X0；	零件轮廓程序首段
N70 G01 Z0 F0.05；	进给至 Z0
N80 G03 X24 Z－12 R12；	车圆球面
N90 G01 Z－14；	车外圆
N100 X26；	进给至 X26
N110 X29.8 Z－16；	车倒角 C2
N120 Z－38；	车外圆 ϕ29.8mm
N130 X34；	进给至 X34
N140 X35.981 Z－39；	车倒角 C1
N150 Z－56；	车外圆 $\phi 36_{-0.039}^{\ 0}$ mm
N160 X42 Z－60；	车倒角
N170 Z－86；	车外圆 ϕ42mm 至长 86mm
N180 X56；	零件轮廓程序末段
N190 G00 Z－13；	Z 向快速定位
N200 X35；	X 向快速定位
N210 G01 X26 F0.2；	X 向进给
N220 Z－14；	Z 向进给
N220 X29.8 Z－16；	车倒角 C2

```
N230      Z−38;                车螺纹大径至 φ29.8mm
N240 G00 X100 Z50;             退刀
N250 T0202 S300;               换 T0202 切槽刀，主轴转速 300r/min
N260 G00 X40;                  快速定位
N270      Z−38;                快速定位
N280 G01 X26 F0.1;             车退刀槽
N290 G04 X2;                   槽底暂停
N300 G00 X100;                 快速退刀
N310      Z50;                 快速退刀
N320 M03 S300;                 主轴正转，300r/min
N325 T0303;                    换 T0303 螺纹车刀
N330 G00 X40 Z4;               快速定位至循环起点
N340 G92 X29.4 Z−36 F2;        车螺纹循环第 1 刀
N350      X28.9;               第 2 刀
N360      X28.5;               第 3 刀
N370      X28.2;               第 4 刀
N380      X27.9;               第 5 刀
N390      X27.7;               第 6 刀
N400      X27.55;              第 7 刀
N410      X27.55;              修光空走刀
N420 G00 X100 Z50;             退刀
N430 T0404 S800;               换 T0404 外圆精车刀，800r/min
N440 G00 X56 Z2;               快速定位
N440 G70 P60 Q180;             G70 精车循环
N450 G00 X100 Z50;             退刀
N460 M09;                      切削液关
N470 M30;                      程序结束
```

3.3.2 普通内螺纹套加工

（1）任务描述

如图 3-43 所示，毛坯材料为 45 钢，编写内螺纹加工程序并加工。

（2）任务分析

根据图纸，该工件需要加工内孔、车削内螺纹。内孔加工需要先钻孔、车内孔、车内退刀槽；然后用 G92 指令加工螺纹。内孔直径可以用游标卡尺检查，螺纹用螺纹塞规检查。

内螺纹车削与外螺纹的加工基本相同，但是进、退刀方向相反。车削内螺纹时，由于刀杆细长、刚度差、切屑不易排出、切削液不易进入以及观察不方便等原因，比车削外螺纹要困难。

车削内螺纹，在进刀和退刀时要注意防止刀具与工件相撞。在工件轴向，内螺纹车刀在孔底（特别是盲孔时）要留有一定安全距离，避免与孔底碰撞；在工件径向，退刀时防止与孔壁碰撞。如图 3-44 所示。

（3）普通内螺纹基本尺寸的计算

① 普通内螺纹底孔的计算　在车削内螺纹时，一般先钻孔或扩孔或车内孔。当切削塑性材料时，底孔孔径计算公式为 $D_{孔}=D-P$。本任务中，内螺纹 M22×1.5，螺距 P 为 1.5mm，螺纹大径 D 为 22 mm。工件材料为 45 钢，根据公式计算，螺纹底孔直径为

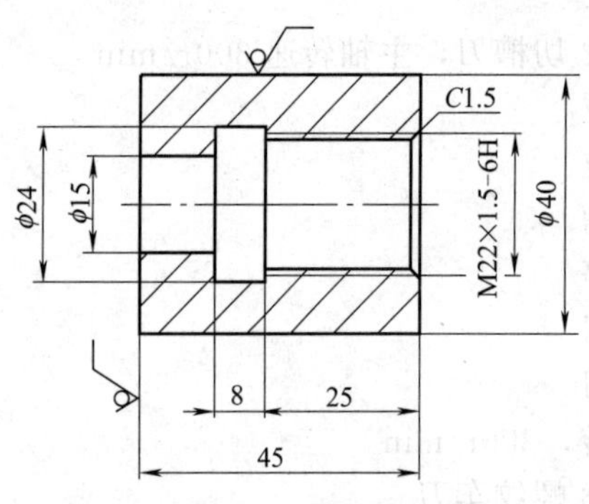

图 3-43　内螺纹套加工

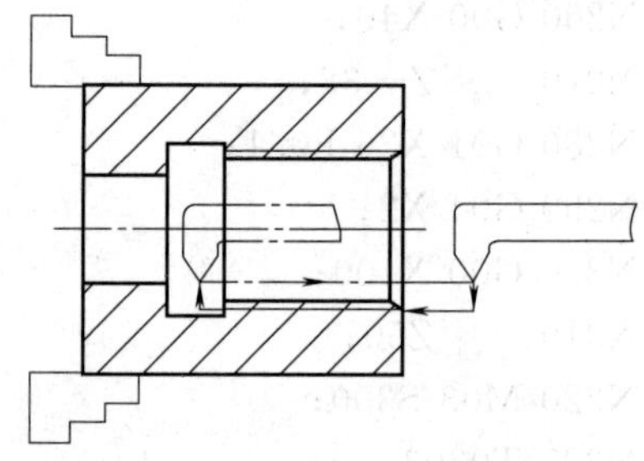

图 3-44　内螺纹的车削

$$D_{孔}=D-P=22-1.5=20.5\text{mm}$$

② 普通内螺纹实际切削大径的计算　内螺纹车削次数和径向进给量参考表 3-8，计算时从后往前推算，即第 6 刀切削直径为 22mm，第 5 刀对应的切削直径为 22－0.6×2＝21.88，第 4 刀的切削直径为 21.88－0.6×2＝21.76……计算出每刀的切削直径。

表 3-8　内螺纹车削次数和径向进给量　　mm

项　目	第 1 刀	第 2 刀	第 3 刀	第 4 刀	第 5 刀	第 6 刀	第 7 刀
径向进给量(半径值)	0.25	0.25	0.15	0.15	0.06	0.06	0
每刀车削直径	20.66	21.16	21.46	21.76	21.88	22	22

(4) 内螺纹车刀的选择与装夹

采用夹固式内螺纹车刀。

(5) 任务实施

① 加工工艺方案

a. 用三爪卡盘装夹工件外圆，找正并夹紧。用 ϕ2mm 中心钻钻中心孔。

b. 用 ϕ16mm 麻花钻，手动钻孔。

c. 用内孔车刀车内孔 ϕ20.5mm 及倒角 C1.5。

d. 用内槽刀车内沟槽。

e. 用内螺纹车刀车螺纹至要求，用 M22×1.5-6H 螺纹塞规检查。

选用乳化液进行冷却。

在这里只编写内螺纹的加工程序。

② 工艺卡片（表 3-9）

表 3-9　工艺卡片

零件编号	零件名称	材料	数控加工工艺卡片	机床型号	夹具名称
	螺纹套	45		CAK6140	三爪卡盘
刀具表		量具表		工具表	
T03	60°内螺纹车刀	1	游标卡尺(0~150mm)	1	油石
		2	M22×1.5-6H 螺纹塞规		

序号	工艺内容	主轴转速 /r·min^{-1}	进给速度 /mm·r^{-1}	背吃刀量 /mm	刀具
1	装夹毛坯外圆，车内螺纹 M22×1.5 至要求	300			T0303

③ 加工程序

O4035；	
N10 M03 S300；	主轴正转，300r/min
N20 T0303 M08；	换 T0303 内螺纹车刀，切削液开
N30 G00 Z8；	Z 轴快速定位
N40 X19；	X 轴快速定位至循环起点
N50 G92 X20.66 Z－27 F1.5；	G92 循环，车削螺纹第 1 刀
N60 X21.16；	第 2 刀
N70 X21.46；	第 3 刀
N80 X21.76；	第 4 刀
N90 X21.88；	第 5 刀
N100 X22；	第 6 刀
N110 X22；	走光刀以提高表面质量
N120 G00 Z50；	退刀
N130 X100 M09；	退刀，切削液关
N140 M30；	程序结束

(6) 注意事项

车削内螺纹时注意退刀距离，以防碰撞。如果把握不准，可以用手摇方式移动刀杆校验，使退刀在安全范围内。

3.3.3 梯形螺纹轴加工

(1) 任务描述

如图 3-45 所示零件，毛坯材料为 45 钢，外形已加工，编写梯形螺纹的加工程序并加工。

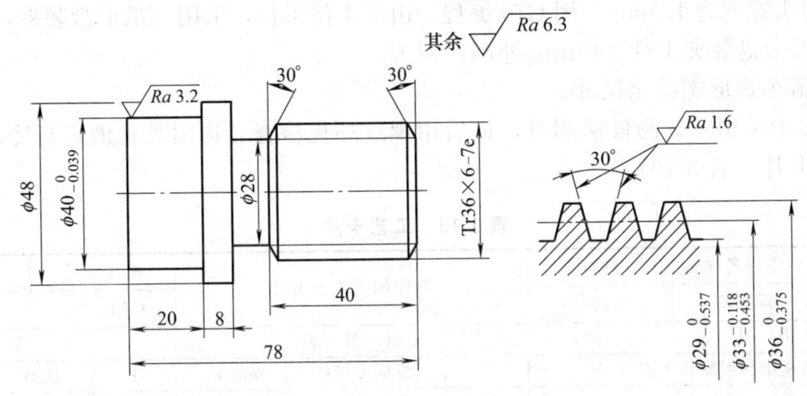

图 3-45 梯形螺纹轴加工

(2) 任务分析

梯形螺纹一般作传动用，用以传递准确的运动和动力，它具有中径配合定心和定心准确等特点。梯形螺纹的工件被广泛地用在各种机床上。因此，梯形螺纹的车削是一种非常重要的技能。梯形螺纹由于牙型高度深，精度要求高，牙型两侧面表面粗糙度值较小等，相对来说车削难度较大，特别是容易产生扎刀和断刀现象。使用高速钢粗车刀加工 45 钢工件时，吃刀量可以控制在 0.25～0.6mm 之间，并且需要浇注充分的切削液。

螺距不大的梯形螺纹，可以采用 G76 指令，斜进法加工螺纹。用一把梯形螺纹车刀，

分粗、精车削。较大螺距的梯形螺纹，最好采用左右切削法加工。

粗车较大螺距的梯形螺纹时，由于切削力较大，通常采用三爪定心卡盘一夹一顶，以保证装夹牢固，同时用工件的一个台阶靠住卡爪平面，或用轴向定位块限制，以防止工件轴向移动。个别对中径跳动要求高，不适合一夹一顶加工的工件，也应粗车选择一夹一顶装夹，精车时用两顶尖装夹来保证工件的技术要求。

工件采用一夹一顶或两顶尖装夹车削梯形螺纹时，要特别注意起刀点和退刀位置以及距离，防止车刀与顶尖碰撞。

螺纹大径也可留有0.2～0.3mm左右的修整余量，以便螺纹精车完后，发现牙顶有撕裂和变形时可以进行修整，最后将大径车至尺寸，并将牙顶尖边去毛刺。

学习时，先练习车 $P=4$mm 的梯形螺纹，采用直进法车削，接着练习车 $P=5$mm 的梯形螺纹，采用斜进法，最后练习车 $P=6$mm 的梯形螺纹，采用左右车削法，以方便进行比较。

本任务工件外形已经加工，在这里只加工梯形螺纹。

(3) 数值处理

标准规定了两种梯形螺纹牙型，即基本牙型和设计牙型。

本任务梯形螺纹Tr36×6-7e，根据图纸尺寸和计算公式计算如下：梯形螺纹牙型角 $\alpha=30°$，螺距 $P=6$mm，牙顶间隙 $a_c=0.5$mm，大径 $d=\phi36_{-0.375}^{\ 0}$ mm，中径 $d_2=\phi33_{-0.453}^{-0.118}$mm，小径 $d_3=\phi29_{-0.537}^{\ 0}$ mm，牙高 $h_3=0.5P+a_c=0.5\times6+0.5=3.5$mm。牙顶宽 $f=0.366P=2.196$mm，牙槽底宽 $W=0.366P-0.536a_c=1.928$mm。根据公式 $\tan\Psi=\dfrac{nP}{\pi d_2}=\dfrac{1\times6}{3.14\times33}=0.0579$，所以螺纹升角 $\Psi=3.314°$。

(4) 任务实施

① 加工工艺方案　本任务是车削Tr36×6-7e梯形螺纹，用一把梯形螺纹车刀，车刀材料为高速钢，刀头宽度为1.5mm。用G76编程。由于工件不长，采用三爪卡盘装夹，不用顶尖。

a. 用三爪卡盘装夹工件 $\phi40$mm 外圆。对刀。

b. 粗、精车梯形螺纹至尺寸。

车削过程中采用三针测量法测量，最后用螺纹环规检查。选用乳化液进行冷却。

② 工艺卡片（表3-10）

表3-10　工艺卡片

零件编号	零件名称	材料	数控加工工艺卡片	机床型号	夹具名称
	螺纹轴	45		CAK6140	三爪卡盘
刀具表		量具表		工具表	
T03	30°高速钢梯形螺纹车刀	1	游标卡尺(0～150mm)	1	油石
		2	千分尺(25～50mm)	2	铜皮
		3	Tr36×6-7e螺纹环规		

序号	工艺内容	主轴转速 /r·min^{-1}	进给速度 /mm·r^{-1}	背吃刀量 /mm	刀具
1	装夹工件，粗、精车螺纹至尺寸	300			T0303

③ 加工程序

```
O4236;
N10 M03 S300;                    主轴正转，300r/min
```

```
N20 T0303 M08;                         换 T0303 内螺纹车刀，切削液开
N30 G00 X50 Z12;                       快速定位到循环起点
N40 G76 P020030 Q100 R0.2;             螺纹切削循环
N50 G76 X29 Z-42 P3500 Q500 F6;        车螺纹，导程 6mm
N60 G00 X100 M09;                      退刀，切削液关
N70 M30;                               程序结束
```

程序中，在 N40 程序段中，P020030，前两位数 02 即 $m=2$，表示精加工次数为 2 次；第三、四位数 00 即 r=0，表示螺纹退尾量=0×0.1 个螺距=0 个螺距；第五、六位数 30 即刀尖角度 $\alpha=30°$。Q100 为第 1 刀切深 $\Delta d_{\min}=0.1\text{mm}$（即 100μm）；R0.2 为精加工余量 d=0.2mm。

在 N50 程序段中，X29，Z-42 为螺纹的终点坐标值；R（i）由于 i=0，即为直螺纹，省略；P3500 为螺纹牙高 k=3.5mm=3500μm；Q500 即第一刀切深 $\Delta d=0.5\text{mm}=500\mu\text{m}$。F6 为螺纹导程 6mm。

练习题

一、填空题（请将正确答案填在横线空白处）

1. 螺纹的基本要素包含公称直径、螺距、________、________、________。
2. 车削螺纹时如果主轴转速过高可能会产生________。
3. 加工螺纹时常采用多次走刀、分层切削的方法，一般采用________切削。
4. 螺纹的主要测量参数有螺纹牙型角、________、________、________、________。
5. G92 指令有________功能，可以切削没有退刀槽的轴件。

二、选择题（请将正确答案的代号填入括号内）

1.（　　）是影响螺纹松紧程度的主要尺寸，是控制螺纹精度最关键的参数。

A. 大径　　B. 小径　　C. 中径　　D. 螺距

2. 数控车床能进行螺纹加工，其主轴上一定安装了（　　）。

A. 三爪卡盘　　B. 主轴编码器　　C. 位置检测装置

3. 梯形螺纹测量一般是用三针测量法测量螺纹的（　　）。

A. 大径　　B. 小径　　C. 中径　　D. 底径

4. 传动螺纹一般采用（　　）。

A. 普通螺纹　　B. 管螺纹　　C. 梯形螺纹　　D. 矩形螺纹

5. 三角形普通螺纹的牙型角是（　　）。

A. 30°　　B. 40°　　C. 55°　　D. 60°

三、判断题（正确的请在括号内打“√”，错误的打“×”）

1. G32、G92 指令中的 F 值是螺纹的螺距。（　　）
2. 用 G76 指令切削螺纹后可以用 G92 指令修正，但两者起刀点必须相同。（　　）
3. 粗、精车螺纹时如果起刀点不同有可能产生乱扣。（　　）
4. 用螺纹环规检查螺纹时只要通规能通过就说明螺纹合格。（　　）
5. 可转位螺纹车刀每种规格的刀片只能加工一个固定的螺距。（　　）

四、简答题

1. 车削螺纹时为什么要设置升速进刀段和降速退刀段？
2. 简述如何加工左旋螺纹。

五、综合题

编制下列图形的加工程序并加工，毛坯材料为 45 钢（图 3-45～图 3-53）。

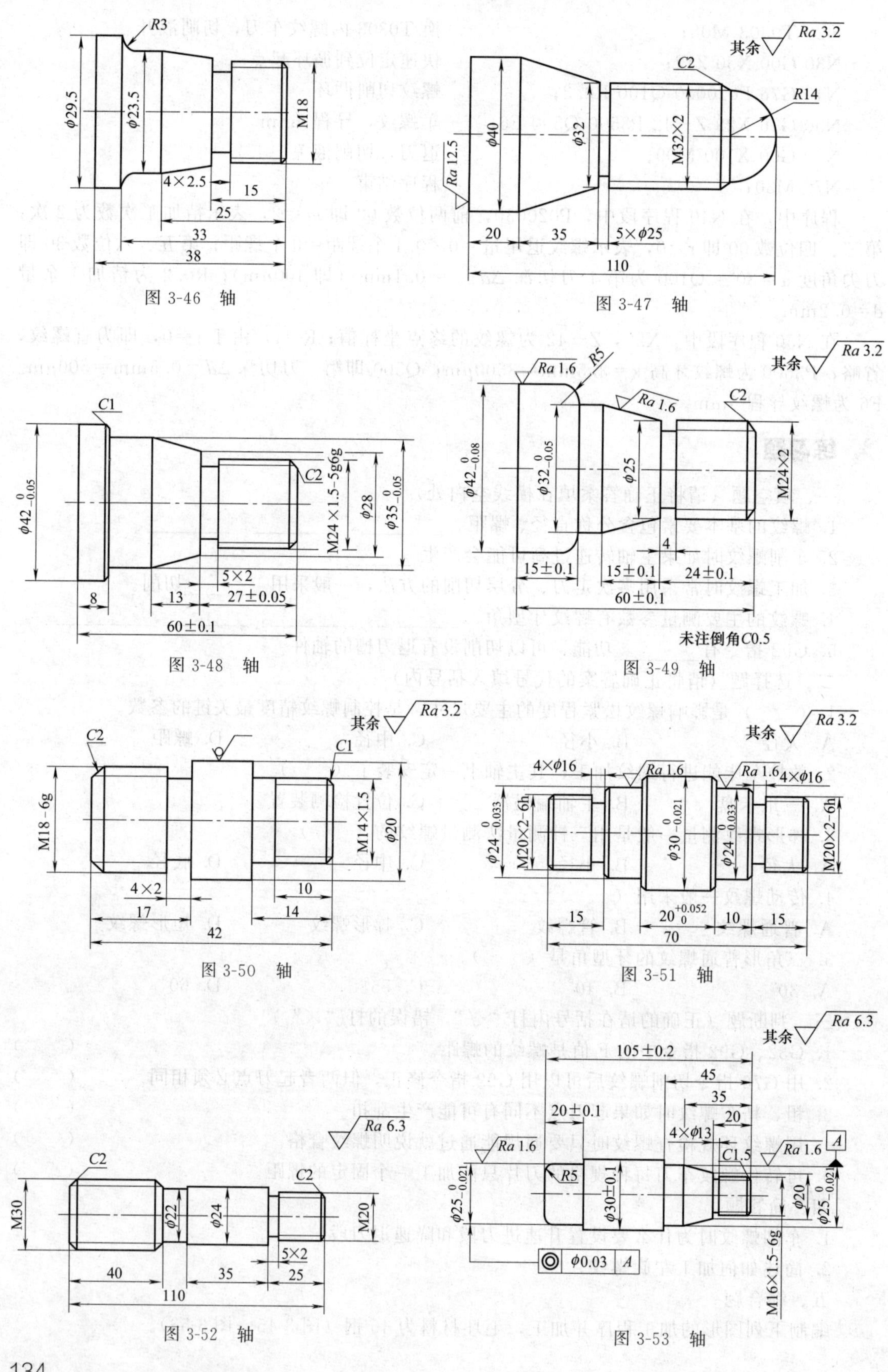

图 3-46 轴

图 3-47 轴

图 3-48 轴

图 3-49 轴

图 3-50 轴

图 3-51 轴

图 3-52 轴

图 3-53 轴

项目4 盘套类零件加工

4.1 知识准备

盘套类零件一般由孔、外圆、端面及沟槽构成，如轴承套、法兰盘、带轮、齿轮等。其技术要求除表面粗糙度和尺寸精度之外，位置精度一般有外圆对内孔轴线的径向圆跳动（或同轴度），端面对内孔轴线的端面圆跳动（或垂直度）等。

4.1.1 钻中心孔

（1）中心孔形状与尺寸

在车削过程中，需要多次装夹才能完成车削的轴类工件，如台阶轴、齿轮轴、丝杠等，一般先在工件两端钻中心孔，采用顶尖装夹。另外，在车床上，对工件进行钻孔前，为了防止钻头偏斜，也先钻中心孔进行定位。

中心孔按形状和作用可分为A型、B型、C型和R型四种。一般常用A型和B型，如图4-1所示。

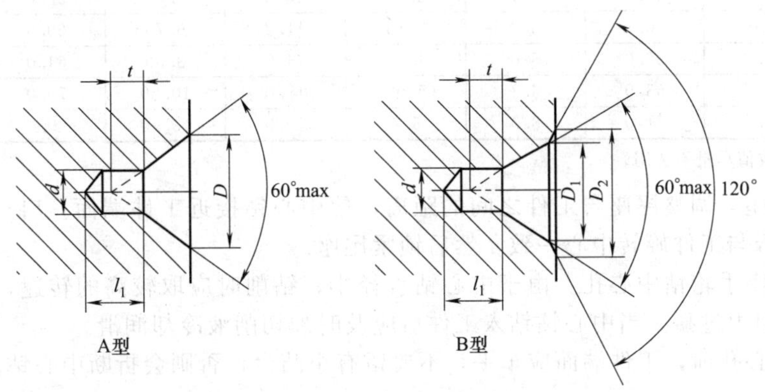

图4-1 A型、B型中心孔的形状

A型中心孔由圆柱部分和圆锥部分组成，圆锥孔为60°，一般适用于不需要多次装夹或不保留中心孔的零件。也可以作为麻花钻钻孔之前的定位孔。

B型中心孔是在A型中心孔的端部多了一个120°的圆锥孔，目的是保护60°锥孔，不使其碰伤。一般适用于多次装夹的零件。

A型、B型中心孔的尺寸见表4-1。

（2）中心钻

A型和B型中心钻如图4-2所示。A型和B型中心钻的基本尺寸见表4-2。

（3）钻中心孔的方法

① 将中心钻装夹在钻夹头上，用钻夹头钥匙旋紧。

② 将钻夹头锥柄装夹在数控车床尾座的锥孔里。

表 4-1　A 型、B 型中心孔的尺寸

d/mm		D/mm	D_1/mm	D_2/mm	选择中心孔的参考数据		
A 型	B 型	A 型	B 型	B 型	原料端部最小直径 D_c /mm	轴状原料最大直径 D_0 /mm	工件最大质量 /t
2.00		4.25		6.30	8	>10～18	0.12
2.50		5.30		8.00	10	>18～30	0.2
3.15		6.70		10.00	12	>30～50	0.5
4.00		8.50		12.50	15	>50～80	0.8
(5.00)		10.6		16.00	20	>80～120	1

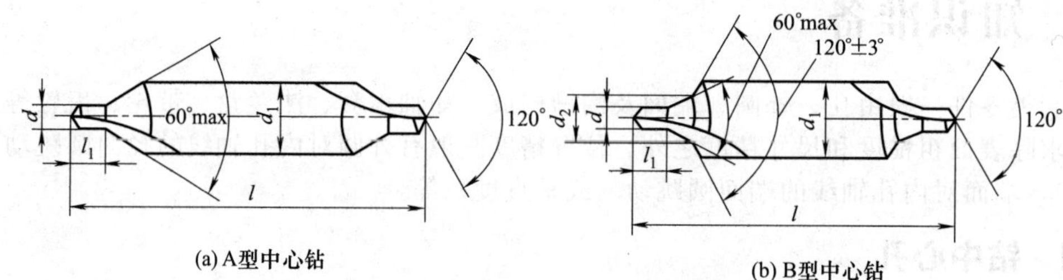

图 4-2　中心钻的形式及尺寸

表 4-2　中心钻的基本尺寸

mm

A 型中心钻的基本尺寸				B 型中心钻的基本尺寸				
d	d_1	l	l_1	d	d_1	d_2	l	l_1
1.60	4.0	35.5	2.0	1.60	6.3	3.35	45.0	2.0
2.00	5.0	40.0	2.5	2.00	8.0	4.25	50.0	2.5
2.50	6.3	45.0	3.1	2.50	10.0	5.30	56.0	3.1
3.15	8.0	50.0	3.9	3.15	11.2	6.70	60.0	3.9
4.00	10.0	56.0	5.0	4.00	14.0	8.50	64.0	5.0
(5.00)	12.5	63.0	6.3	(5.00)	18.0	10.60	75.0	6.3
6.3	16.0	71.0	8.0	6.3	20.0	13.20	80.0	8.0

注：带括号的数值尽量不选用。

③ 移动尾座，调整尾座与工件之间的距离，使中心钻接近工件端面。启动车床，观察中心钻钻头是否与工件旋转中心一致。然后锁紧尾座。

④ 手摇尾座手轮钻中心孔。由于中心钻直径小，钻削时应取较高的转速，进给速度小且均匀，切勿用力过猛。当中心钻钻入工件后应及时加切削液冷却润滑。

⑤ 在钻中心孔前，工件端面应车平，不要留有小凸台，否则会折断中心钻。

4.1.2 钻孔

在车床上加工的材料多为实体材料，要想在实体材料上加工出一个孔来，主要方法就是钻孔。钻孔属于粗加工，加工后的尺寸精度可达 IT11～IT12，表面粗糙度 Ra 值为 12.5～25μm。钻削加工中最常用的刀具为麻花钻。按柄部形状分为直柄麻花钻和锥柄麻花钻；按制造材料分为高速钢麻花钻和硬质合金麻花钻。锥柄麻花钻如图 4-3 所示。

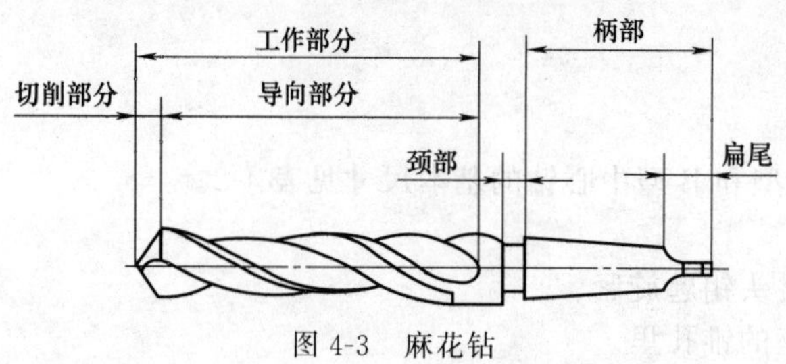

图 4-3　麻花钻

(1) 钻头的装夹

① 在斜床身数控车床及车削加工中心刀架上装夹钻头　斜床身数控车床及车削加工中心的刀架为多工位转塔式自动转位刀架，刀架可安装的刀具数量

一般为 8 把、10 把、12 把或 16 把。刀架的结构形式为回转式，刀具沿圆周方向安装在刀架上，可以安装车刀、钻头、镗刀等，如图 4-4 所示。

直柄麻花钻可用钻夹头装夹，然后插入刀架锥孔内使用。锥柄麻花钻可直接插入刀架锥孔内使用。可采取编程的方法自动钻孔。

② 在平床身数控车床刀架上装夹钻头　在经济型数控车床上，如果需要通过编程自动钻孔时，可将钻头装在刀架上，用钻尖和横刃处轴心线对刀。钻头在刀架上的装夹方法如图 4-5 所示。

图 4-4　多工位转塔式刀架上的钻头

③ 在普通尾座上装夹钻头　直柄麻花钻可用钻夹头装夹，然后插入车床尾座套筒内使用，如图 4-6 所示。锥柄麻花钻可直接插入车床尾座套筒内。通过手动方式钻孔。

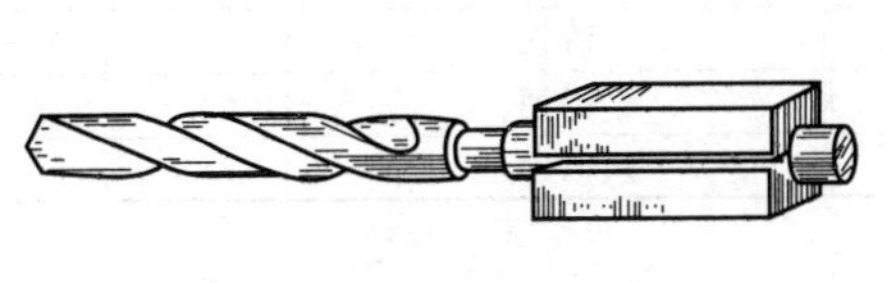

(a) 用开缝套夹　(b) 用专用工具

图 4-5　四工位卧式转位刀架上的钻头

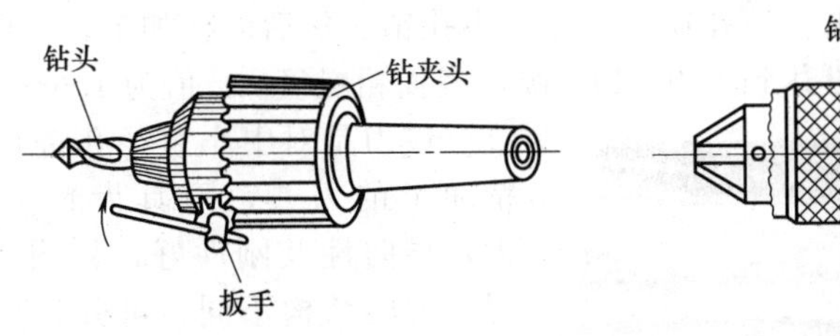

(a) 钻头夹紧在钻夹头内　(b) 钻夹头插入尾座中

图 4-6　尾座上安装钻头

（2）钻孔的方法

① 钻孔前，必须先把工件端面车平，中心处不允许留有凸台。

② 找正尾座，使麻花钻中心对准工件回转中心，以防孔径钻大或钻头折断。

③ 钻孔时，可先用中心钻钻中心孔定心，然后再用麻花钻进行加工。

④ 用较长钻头钻孔时，为了防止钻头跳动，可以在刀架上夹一铜棒或挡铁，支住钻头头部（不要用力过大），使它对准工件的回转中心，然后缓慢进给，当钻头在工件上已正确定心，并钻出一段孔后，再把铜棒退出，如图 4-7 所示。

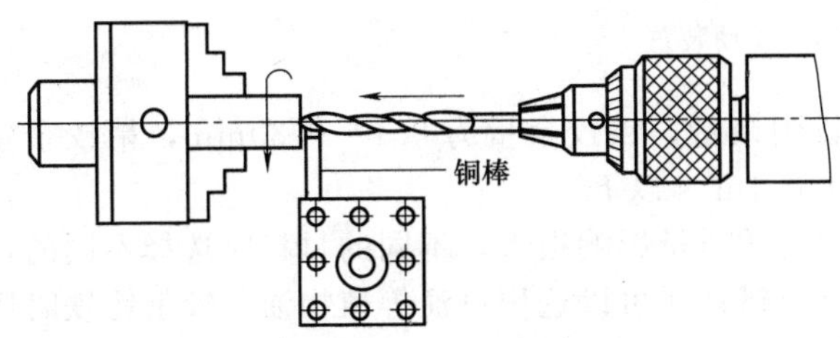

图 4-7　防止钻头跳动的方法

⑤ 钻较深孔时，切屑不易排出，必须经常退出钻头，清除切屑。

⑥ 在实体上钻孔，小孔可以一次钻出，若孔径超过 30mm 时，可分两次钻出，即先用小钻头钻出底孔，再用大钻头钻出所需要的尺寸。一般情况下，第一次钻孔用的钻头直径为第

二次钻孔用的钻头直径的 0.5～0.7 倍。

⑦ 钻孔时会产生大量的热，因此在钻钢材时必须有充分的冷却。钻铸铁时一般不用冷却液；钻铝材时如果用乳化液会产生针孔，可用煤油冷却润滑。钻铜合金一般不用冷却，如需要可以使用乳化液。钻镁合金时，不可以用冷却液，因为加冷却液后会发生氢化作用而引起燃烧甚至爆炸，只能用压缩空气来排屑和冷却。

(3) 切削用量的确定

① 钻孔时的进给量　参考值见表 4-3。

表 4-3　钻孔时的进给量参考值

钻头直径/mm	＜3	3～6	6～12	12～25	＞25
进给量/mm·r^{-1}	0.025～0.05	0.05～0.10	0.10～0.18	0.18～0.38	0.18～0.60

② 钻孔时的切削速度　参考值见表 4-4。

表 4-4　钻孔时的切削速度参考值

加工材料	切削速度/m·min^{-1}	加工材料	切削速度/m·min^{-1}
低碳钢	27～21	铸铁	90～75
中、高碳钢	22～12	铸钢	24～15
合金钢	18～10	其他合金	90～20

4.1.3 铰孔

铰孔是精加工孔的方法之一。铰削时，铰刀从工件的孔壁上切除微量的金属层，使被加工孔的精度和表面质量得到提高。铰孔往往作为中小孔钻、扩后的精加工，也可以用于磨孔或研孔前的预加工，铰孔精度可达到 IT9～IT7 级，表面粗糙度 Ra 值为 1.6～0.8μm。

图 4-8　铰刀

铰刀是对中小直径孔进行半精加工和精加工的刀具，刀具齿数多，槽底直径大，导向性及刚性好，如图 4-8 所示。根据铰刀的结构不同，可分为圆柱孔铰刀和锥孔铰刀；根据铰刀制造材料不同可分为高速钢铰刀和硬质合金铰刀。

一般铰孔时将铰刀安装在尾座套筒的锥孔内，转动尾座手轮即可铰孔，但安装后的铰刀对准主轴中心孔比较困难，可采用浮动套筒装置。它利用锥套和套筒之间的间隙而产生浮动，使铰刀自动定心进行铰削。浮动装置中的销子和锥套是紧配合，如图 4-9 所示。

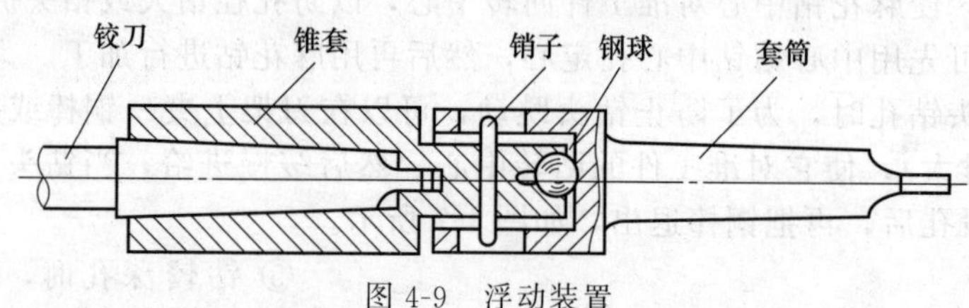

图 4-9　浮动装置

铰孔前，一般钻、扩或车孔，留一定铰削余量。粗铰余量为 0.1～0.30mm，精铰余量为 0.04～0.15mm。铰削时切削速度一般在 0.1m/s 以下。

铰削时必须及时注入切削液，切削液对孔的质量影响很大，不同的材料应选择不同的切削液。铰削钢件时可用硫化油或机油＋氯化石蜡；还可以选用豆油等植物油。铰削铸铁时用煤油或柴油。铰削铜件或铝合金时，可选用专用锭子油或煤油。

4.1.4 车孔

车孔是车削加工的主要内容之一。工件毛坯的铸孔、锻孔以及用麻花钻直接钻出的孔，精度都不高，在很多情况下还需要用车削的方法进行加工。数控车床上车孔的精度一般可达IT6～IT7，表面粗糙度 Ra 值为0.8～1.6μm。

（1）车孔刀的种类

车孔刀分为通孔车刀和不通孔车刀，如图4-10所示。

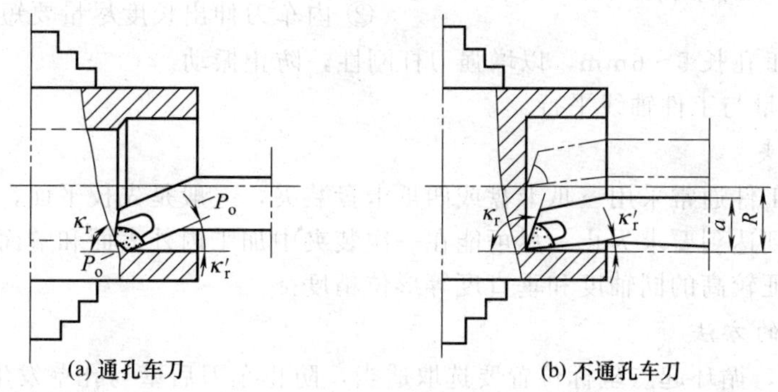

图4-10　内孔车刀

① 通孔车刀　用于车削通孔，其切削部分的形状与外圆车刀相似。主偏角一般取60°～75°，副偏角取15°～30°，后角一般磨成双重后角。为了解决排屑问题，精车时要求切屑流向待加工表面（前排屑），因此采用正刃倾角，如图4-11所示。

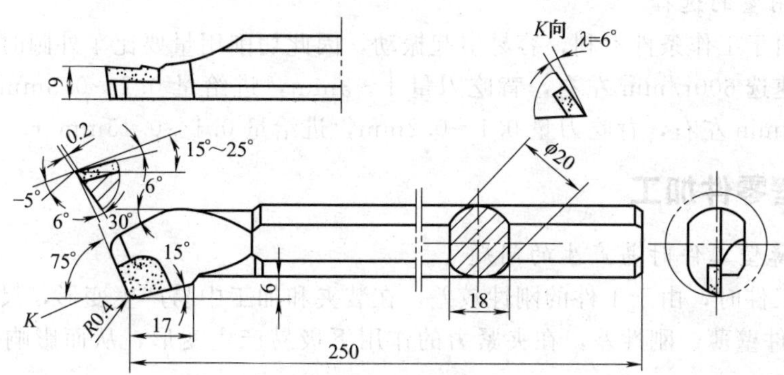

图4-11　前排屑通孔车刀

② 不通孔车刀　用于车削不通孔或台阶孔，其切削部分的形状与偏刀相似。主偏角一般取92°～95°，后角一般磨成双重后角。刀尖与刀柄外端的距离 a 要小于工件内孔半径 R。为了解决排屑问题，应采用负的刃倾角，使切屑从孔口排出（后排屑），如图4-12所示。

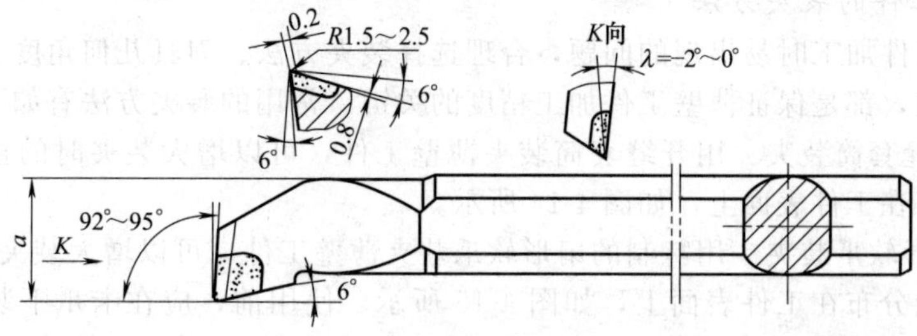

图4-12　后排屑不通孔车刀

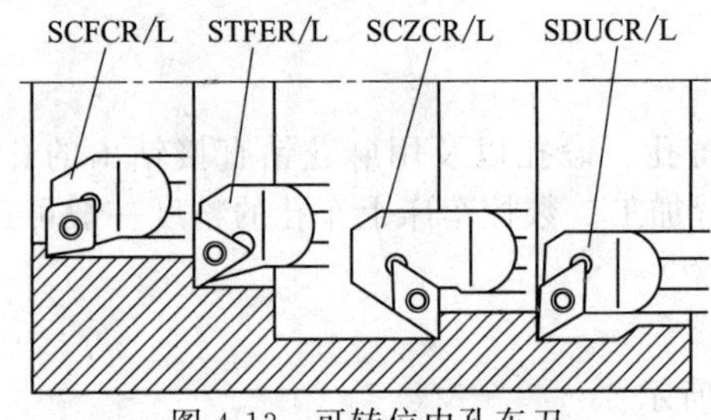

图 4-13 可转位内孔车刀

③ 可转位车刀 在数控车床上一般选用可转位车刀，如图 4-13 所示。

(2) 车孔刀的安装

① 刀尖应与工件旋转中心等高或稍高。这样就能防止由于切削力把刀尖扎进工件里（扎刀）。如果装得低于工件中心，就容易产生扎刀现象，把内孔车大。

② 内车刀伸出长度尽量要短，一般刀柄伸出刀架长度比被加工孔长 5～6mm，以增强刀杆刚性，防止振动。

③ 刀柄要尽量与工件轴线平行。

(3) 工件装夹

车内孔时，工件通常采用三爪卡盘或四爪卡盘装夹，一般是先校平面，再校外圆，经调整反复校几次直到达到要求为止。尽可能在一次装夹中加工内外表面和端面，这种方法没有定位误差，能保证较高的同轴度和垂直度等形位精度。

(4) 车内孔的方法

① 车内孔时，循环起点坐标位置要选取适当，防止车刀后壁与孔壁发生碰撞。

② 车不通孔或台阶孔时，一般先用钻头钻孔，因为钻头顶角为 118°，所以内孔底面是不平的，若要沿孔壁进刀车孔底时，车刀会切深加剧。可采用分层切削法或用平头钻锪平底面，再车不通孔。

③ 车直径较大的台阶孔时，一般先粗车大孔和小孔，再精车小孔和大孔。

(5) 切削用量的选择

车内孔时由于工作条件不利，容易引起振动，因此切削用量要比车外圆时适当小些。一般粗车主轴转速选 600r/min 左右，背吃刀量 1～3mm，进给量 0.2～0.3mm/r。精车时主轴转速选 800r/min 左右，背吃刀量 0.1～0.2mm，进给量 0.1～0.15mm/r。

4.1.5 薄壁零件加工

(1) 加工薄壁工件时易产生的问题

车削薄壁工件时，由于工件的刚性较差，在装夹和加工中易产生变形，尺寸不易控制。

① 由于工件壁薄、刚性差，在夹紧力的作用下极易产生变形，从而影响零件的尺寸精度和形状精度。

② 工件在切削力的作用下，极易产生振动和变形，从而影响零件的尺寸精度和形状精度。

③ 因为工件壁薄、质轻，在切削热的作用下，零件本身的温度上升较快，对于线胀系数较大的材料更容易引起热变形，使工件的尺寸不易控制。

(2) 薄壁工件的装夹方法

针对薄壁工件加工时易出现的问题，合理选择装夹方法、刀具几何角度、切削用量以及充分加注切削液，都是保证薄壁工件加工精度的关键。常用的装夹方法有如下几种。

① 使用开缝套筒装夹 用开缝套筒装夹薄壁工件，可以增大装夹时的接触面积，使夹紧力均匀地分布在工件表面上，如图 4-14 所示。

② 使用扇形软爪装夹 用特制的扇形软爪装夹薄壁工件，可以增大装夹时的接触面积，使夹紧力均匀地分布在工件表面上，如图 4-15 所示。使用前，应在卡爪下装夹相应的圆形工件，将卡爪车削成形。

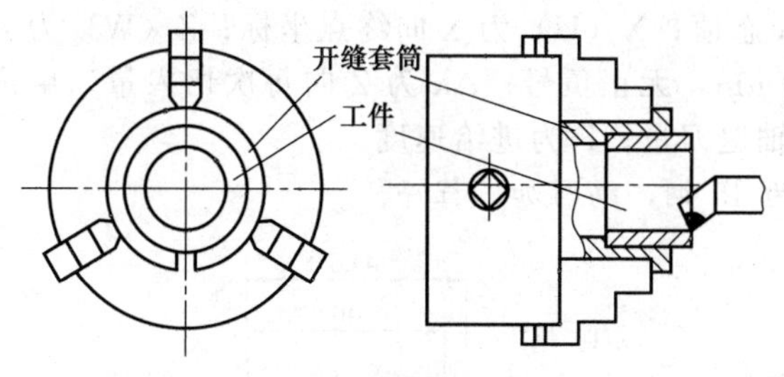

图 4-14　开缝套筒

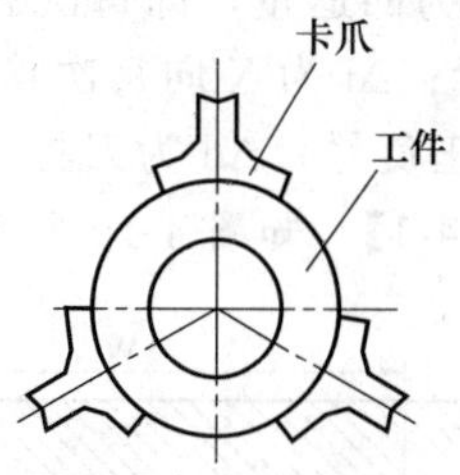

图 4-15　扇形软爪

③ 使用轴向夹紧夹具装夹　用轴向夹紧夹具装夹薄壁工件，可有效地防止工件变形，如图 4-16 所示。

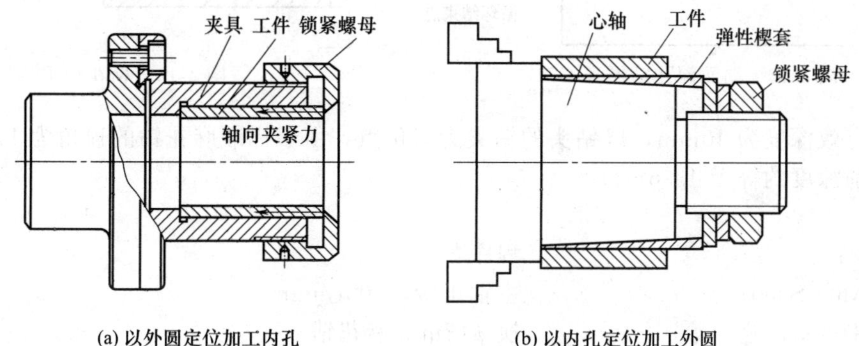

(a) 以外圆定位加工内孔　(b) 以内孔定位加工外圆

图 4-16　轴向夹紧夹具

(3) 车削薄壁工件使用的车刀

车削薄壁工件时，针对工件刚性差、易变形的特点，合理选择车刀角度是非常重要的。内孔车刀可以使用机夹车刀，以缩短换刀时间。外圆车刀均选用 90°硬质合金车刀。下面介绍一种外圆精车刀。

该车刀适合精车薄壁钢件，硬质合金刀片为 YT15，如图 4-17 所示。车刀前角为 48°～50°，这样的大前角使刃口锋利，突出切割功能，减小挤压作用，切削轻快，减小切削力，降低切削热。采用大后角可以减小车刀后面与工件表面的摩擦；主偏角为 90°～93°，可以减小径向力，避免振动。断屑槽不宜过宽，以 2mm 左右为宜。

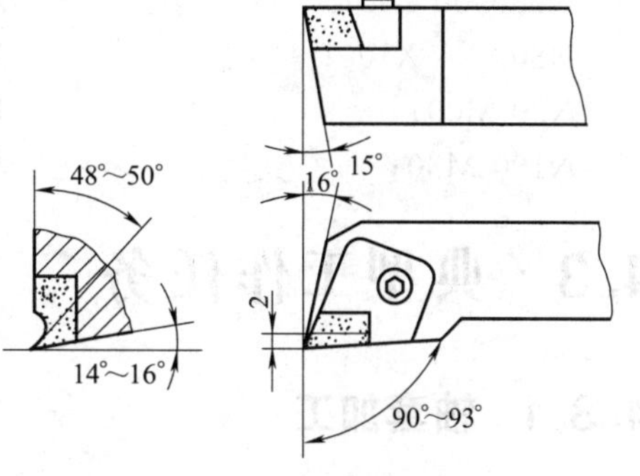

图 4-17　车削薄壁件外圆精车刀

4.2　指令学习

在钻深孔时，排屑和散热比较困难，需要在加工中反复进行退出和钻削动作。G74 指令能够自动完成断屑、排屑动作，适用于深孔的钻削加工。其加工路径为：钻头先在循环起点向 Z 向切削进给一定距离，再反向退刀一定距离，实现断屑；然后重复以上动作，直到钻孔完成；最后 Z 向退刀至循环结束点位置，如图 4-18 所示。

编程格式：

G74 R (e)；

G74 X (U) __ Z (W) __ P (Δi) Q (Δk) R (Δd) F __；

式中，e 为回退量，即每次 Z 向退刀量，模态值；X（U）为 X 向终点坐标；Z（W）为 Z 向终点坐标；Δi 为 X 向每次移动量，单位为 μm，无正负号；Δk 为 Z 向每次切入量，单位为 μm，无正负号；Δd 为刀具切到终点时 X 轴退刀量；F 为进给速度。

【例 4-1】 如图 4-19 所示，毛坯材料为 45 钢，编写加工程序。

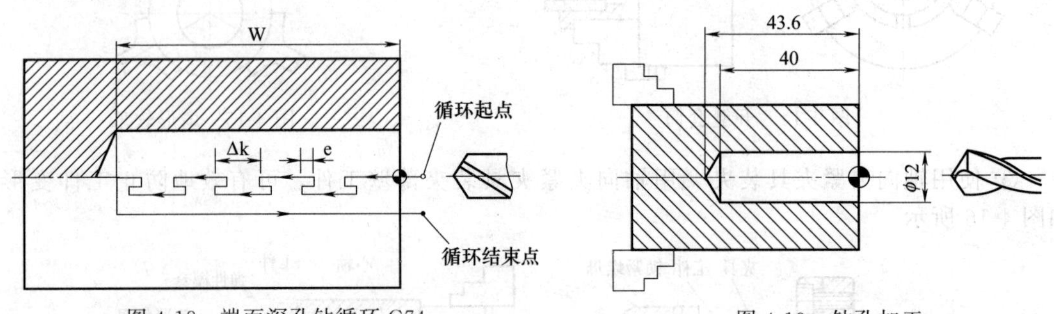

图 4-18　端面深孔钻循环 G74　　　　图 4-19　钻孔加工

孔的有效深度为 40mm，以钻头的钻尖为刀位点，由于标准麻花钻的顶角为 118°，所以钻头的钻削深度约等于 43.6mm。

程序：

O3322；	程序名
N10 M03 S300；	主轴正转，300r/min
N20 T0303；	换 φ12mm 麻花钻
N30 M08；	切削液开
N40 G00 X0 Z3；	快速定位到循环起点
N50 G74 R2；	Z 向每次退刀量 2mm
N60 G74 Z-43.6 Q8000 F0.1；	每次切深 8mm，啄式钻孔至深 43.6mm
N70 G00 Z50；	Z 向退刀
N80 X100；	X 向退刀
N90 M09；	切削液关
N100 M30；	程序结束

4.3 典型工作任务

4.3.1 轴套加工

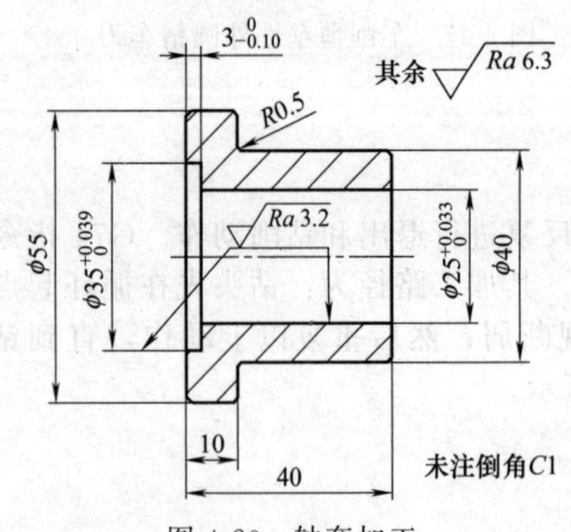

图 4-20　轴套加工

（1）任务描述

如图 4-20 所示轴套零件，毛坯尺寸为 φ60mm 的圆钢，材料为 45 钢，编写加工程序并加工。

（2）任务分析

该零件需要加工内、外圆表面，内圆表面有精度要求，需要精车。圆弧 R0.5 处，将外圆车刀磨出刀尖圆弧 R0.5 直接车出。先加工内孔，后加工外圆。

（3）数值处理

图纸尺寸 $\phi25^{+0.033}_{0}$ mm 换算成编程尺寸 φ(25.017±0.016)mm；$\phi35^{+0.039}_{0}$ mm 换算成编程尺寸 φ(35.020±

0.020)mm。

(4) 任务实施

① 加工步骤

a. 用三爪卡盘夹住工件毛坯外圆，伸出长度约 50mm，车平端面，手动打中心孔。

b. 用 ϕ20mm 的麻花钻手动钻孔，深 50mm。

c. 粗、精车内孔 $\phi 25^{+0.033}_{0}$ mm 至图纸要求。

d. 车外圆 ϕ40mm、ϕ55mm、倒角 $C1$、圆角 $R0.5$mm 至尺寸。

e. 用宽 4mm 的切断刀切断工件，工件长 41mm。

f. 调头装夹外圆 ϕ40mm。车平端面，保证工件长 40mm。车倒角 $C1$、车止口 $\phi 35^{0.039}_{0}$ mm 至图纸尺寸。这里倒角 $C1$ 可以用 45°端面车刀进行车削，不再编程。

选用乳化液进行冷却。

② 工艺卡片（表 4-5）

表 4-5 工艺卡片

零件编号	零件名称	材料	数控加工工艺卡片	机床型号	夹具名称
	轴套	45		CAK6140	三爪卡盘

刀具表		量具表		工具表	
T01	90°外圆车刀	1	游标卡尺(0～150mm)	1	油石
T02	90°内孔车刀	2	内径千分尺(0～25mm)		
T03	宽 4mm 的切断刀	3	内径千分尺(30～40mm)		
	ϕ20mm 麻花钻				
	ϕ4mm 中心钻				

序号	工艺内容	主轴转速 /$r \cdot min^{-1}$	进给速度 /$mm \cdot r^{-1}$	背吃刀量 /mm	刀具
1	车平端面，手动打 ϕ4mm 中心孔	600			ϕ4mm 中心钻
2	手动钻 ϕ20mm 孔，深 50mm	300			ϕ20mm 麻花钻
3	粗车内孔 ϕ24mm，留单边精车余量 0.5mm	600	0.2	1	T0202
4	精车内孔 $\phi 25^{+0.033}_{0}$mm、$C1$、$R0.5$mm 至图纸要求	600	0.05	0.5	T0202
5	车外圆 ϕ40mm、ϕ55mm、倒角 $C1$、圆角 $R0.5$mm 至尺寸	600	0.2	1	T0101
6	用宽 4mm 的切断刀切断工件，工件长 41mm	300	0.1		T0303
7	调头加工。车止口 $\phi 35^{+0.039}_{0}$mm 至图纸尺寸	600	0.05	3	T0205

③ 加工程序

a. 工件已钻 ϕ20mm 孔，粗、精车内孔 $\phi 25^{+0.033}_{0}$ mm 至图纸要求。车外圆 ϕ40mm、ϕ55mm、倒角 $C1$、圆角 $R0.5$mm 至尺寸。

程序：

O1022；

N10 M03 S600； 主轴正转，600r/min

N20 T0202 M08； 换 T0202 内孔车刀，切削液开

N30 G00 X17 Z4； 快速定位至循环起点

N40 G90 X22 Z−42 F0.2； 车内孔

N50 X24； 车内孔

N60 X25.017 F0.05； 精车内孔 $\phi 25^{+0.033}_{0}$ mm

N70 G00 Z50； Z 向退刀

```
N80      X100;                  X向退刀
N90 T0101;                      换T0101外圆车刀
N100 G00 X80 Z4;                快速定位至循环起点
N110 G71 U1 R1;                 G71外圆粗车循环
N120 G71 P130 Q190 U1 W0.5 F0.2;
N130 G00 X38;
N140 G01 Z0 F0.05;
N150       X40 Z-1;
N160       Z-30;
N170       X55;
N180       Z-45;
N190       X60;
N200 G70 P130 Q190;             G70精车循环
N210 G00 X50 Z100;              退刀
N220 M09;                       切削液关
N230 M30;                       程序结束
```

b. 工件已切断。调头加工。车内圆 $\phi 35^{+0.039}_{0}$ mm 至图纸尺寸。

程序：

```
O1023;
N10 M03 S600;                   主轴正转，600r/min
N20 T0202 M08;                  换T0202内孔车刀，切削液开
N30 G00 X20 Z4;                 快速定位
N40 G01 Z-3 F0.2;               Z向进给
N50      X34;                   粗车内孔
N60      X35 F0.05;             精车内孔
N70 G04 X2;                     孔底暂停
N80 G01 X20 F0.5;               X向进给
N90      Z4;                    Z向进给
N100 G00 Z50;                   Z向退刀
N110      X100;                 X向退刀
N120 M09;                       切削液关
N130 M30;                       程序结束
```

(5) 操作注意事项

车内孔时，循环起点坐标位置要选取适当，防止车刀后壁与孔壁发生碰撞。

4.3.2 内外轮廓加工

(1) 任务描述

如图 4-21 所示零件，毛坯为 ϕ55mm 圆钢，材料为 45 钢，编写加工程序并加工。

(2) 任务分析

该零件加工内外圆弧面、内外圆柱面、内孔和端面。由于工件右端壁厚较薄不能装夹，因此只能装夹工件左端，将内轮廓和外形一次加工出来。在加工薄壁处，背吃刀量要小一些。

内轮廓可以用 G71 指令编程，注意 Δu 应该是负值。外形用 G73 指令编程。

（3）数值处理

编程时有两个基点A、B的坐标需要计算，可以在CAD上作出。计算结果为圆弧切点A（X40，Z－15），交点B（X22，Z－19.05）。

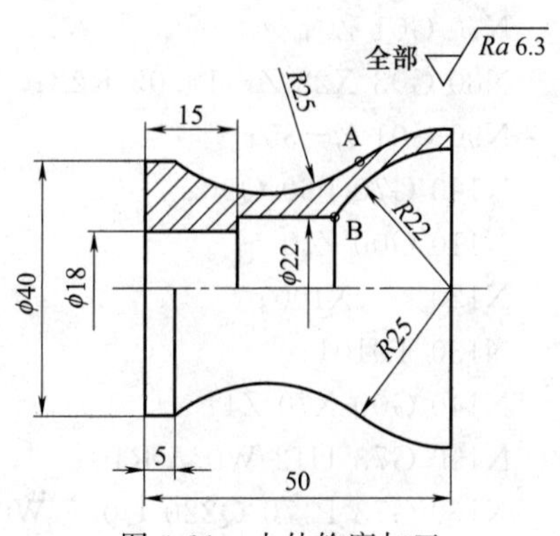

图4-21 内外轮廓加工

（4）任务实施

① 加工步骤

a. 装夹工件毛坯外圆，伸出长度为60mm，先用ϕ4mm的中心钻钻定位孔，然后用ϕ18mm的麻花钻钻孔，孔深60mm。

b. 用90°内孔车刀车内轮廓至图纸要求。

c. 用主偏角为93°、刀尖角为35°菱形外圆车刀车外形至图纸要求。

d. 用4mm宽的切断刀切断工件，保证工件总长50mm。

选用乳化液进行冷却。

② 工艺卡片（表4-6）

表4-6 工艺卡片

零件编号	零件名称	材料	数控加工工艺卡片		机床型号	夹具名称
	零件	45			CAK6140	三爪卡盘
刀具表			量具表		工具表	
T01	主偏角93°的35°菱形外圆车刀		1	游标卡尺(0～150mm)	1	油石
T02	90°内孔车刀		2	圆弧样板		
T03	宽4mm的切断刀					
	ϕ18mm麻花钻					
	ϕ4mm中心钻					

序号	工艺内容	主轴转速 /r·min^{-1}	进给速度 /mm·r^{-1}	背吃刀量 /mm	刀具
1	车平端面，手动打ϕ4mm中心孔	600			ϕ4mm中心钻
2	手动钻ϕ18mm孔，深60mm	300			ϕ18mm麻花钻
3	车内孔ϕ22mm、内圆弧面R22mm至尺寸	600	0.1	1	T0202
4	车外圆ϕ40mm、R25mm至尺寸	600	0.1	1	T0101
5	用宽4mm的切断刀切断工件，工件长50mm	300	0.1		T0303

③ 加工程序 工件已钻ϕ18mm孔。用90°内孔车刀车内轮廓至图纸要求。用35°菱形外圆车刀车外形至图纸要求。最后切断，保证工件长50mm。

程序：

```
O1223;
N10 M03 S600;                 主轴正转，600r/min
N20 T0202;                    换T0202内孔车刀
N25 M08;                      切削液开
N30 G00 X18 Z4;               快速定位至循环起点
N40 G71 U1 R0.5;              G71内圆粗车循环
N50 G71 P60 Q90 U－0.5 W0.2 F0.1;
N60 G00 X44;
```

```
N70 G01 Z0;
N80 G03 X22 Z-19.05 R22;
N90 G01 Z-35;
N100 G70 P60 Q90;                      G70 精车循环
N110 G00 Z50;                          Z 向退刀
N120     X100;                         X 向退刀
N130 T0101;                            换 T0101 外圆车刀
N140 G00 X70 Z4;                       快速定位至循环起点
N150 G73 U12 W0.5 R10;                 G73 仿形循环
N160 G73 P170 Q220 U0.5 W0.2 F0.1;
N170 G00 X50;
N180 G01 Z0;
N190 G03 X40 Z-15 R25;
N200 G02 X40 Z-45 R25;
N210 G01 Z-55;
N220     X55;
N230 G70 P170 Q220;                    G70 精车循环
N240 G00 X100 Z50;                     退刀
N250 T0303 S300;                       换 T0303 切断刀
N260 G00 X60;                          X 向快速定位
N270     Z-54;                         Z 向快速定位
N280 G01 X2 F0.1;                      切断
N290 GO0 X60;                          X 向退刀
N300     Z100;                         Z 向退刀
N310 M09;                              切削液关
N320 M30;                              程序结束
```

(5) 操作注意事项

车内孔时，循环起点坐标位置要选取适当，防止车刀后壁与孔壁发生碰撞。

4.3.3 薄壁衬套加工

(1) 任务描述

如图 4-22 所示衬套，毛坯为 ϕ50mm、壁厚 12mm 的热轧钢管，材料为 45 钢。调质处理 220～260HBS，编写加工程序并加工。

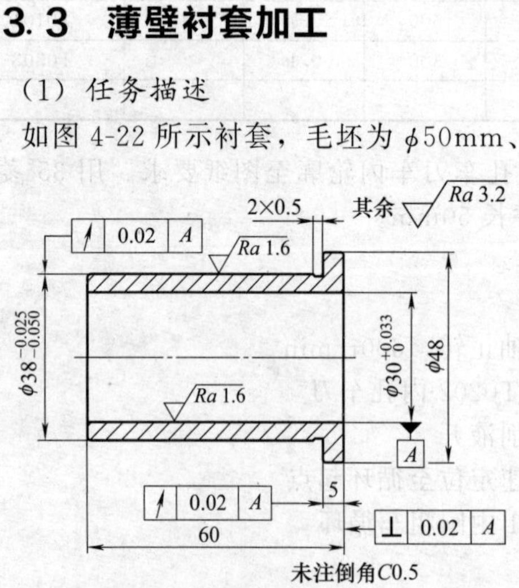

图 4-22 薄壁衬套加工

(2) 任务分析

该零件精度要求较高，壁厚较薄，属于薄壁零件。毛坯为管件，加工时先将外圆和端面加工出来，然后用专用夹具装夹工件，车削内孔至尺寸。

对于此类零件，如果加工后需要淬火处理，则内、外圆及端面必须在车削时留有磨削余量，车完后淬火加低温回火。以外圆为基准磨削内孔和外端面；然后以内孔为基准，把工件套在高精度的心轴上，心轴锥度为（1∶1000）～

（1：5000），然后磨削外圆和内端面。

（3）数值处理

图 4-22 中尺寸 $\phi30^{+0.033}_{0}$mm 换算成编程尺寸 $\phi(30.017\pm0.016)$mm；$\phi38^{-0.025}_{-0.050}$mm 换算成编程尺寸 $\phi(34.963\pm0.012)$mm。

（4）任务实施

① 加工工艺方案

a. 用三爪自定心卡盘装夹工件毛坯外圆，伸出长度约 80mm，车出外圆 $\phi38^{-0.025}_{-0.050}$mm、ϕ48mm、槽 2mm×0.5mm 及端面。

b. 用 4mm 宽的切断刀切断工件，保证总长 60mm。

c. 用专用夹具装夹工件，以外圆为基准定位，车内孔 $\phi30^{+0.033}_{0}$mm 至尺寸。

内孔倒角 C0.5 在这里就不再编程了。也可以手工用油石将尖角倒钝。

选用乳化液进行冷却。

② 工艺卡片（表 4-7）

表 4-7 工艺卡片

零件编号	零件名称	材料	数控加工工艺卡片	机床型号	夹具名称
	衬套	45		CAK6140	三爪卡盘

刀具表		量具表		工具表	
T01	90°外圆车刀	1	游标卡尺(0～150mm)	1	油石
T02	90°内孔车刀	2	外径千分尺(25～50mm)	2	专用夹具
T03	宽 2mm 的切槽刀	3	内径千分尺(25～30mm)		
T04	宽 4mm 的切断刀				

序号	工艺内容	主轴转速 /r·min^{-1}	进给速度 /mm·r^{-1}	背吃刀量 /mm	刀具
1	用三爪卡盘装夹工件毛坯外圆，伸出长度约 80mm，车出外圆 $\phi38^{-0.025}_{-0.050}$mm、ϕ48mm 及端面	800	0.1	1	T0101
2	用宽 2mm 的切槽刀切槽 2mm×0.5mm	300	0.1		T0303
3	用 4mm 宽的切断刀切断工件，保证总长 60mm	300	0.1		T0404
4	用专用夹具装夹工件，车内孔 $\phi30^{+0.033}_{0}$mm 至尺寸	800	0.1	1	T0202

③ 加工程序

a. 用三爪卡盘装夹工件毛坯外圆，伸出长度约 80mm，车出外圆 $\phi38^{-0.025}_{-0.050}$mm、ϕ48mm、槽 2mm×0.5mm 及端面，如图 4-23 所示。

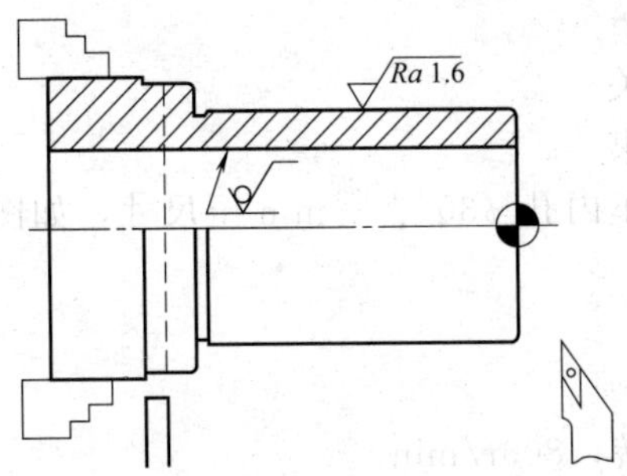

图 4-23 用三爪卡盘装夹工件车外形

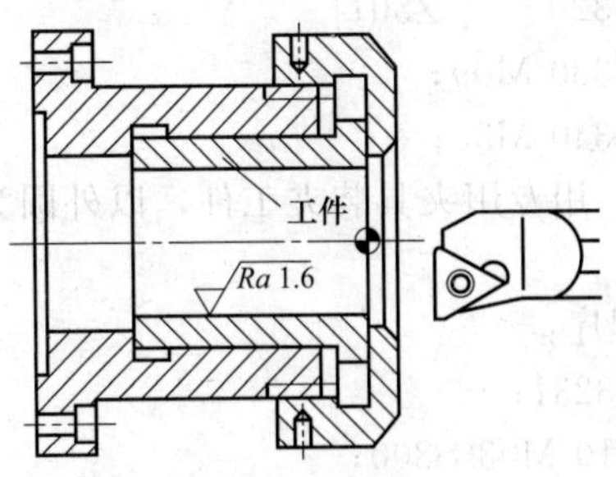

图 4-24 用专用夹具装夹工件车内孔

程序：

```
O3230;
N10 M03 S800;                     主轴正转，800r/min
N20 T0101;                        换 T0101 外圆车刀
N25 M08;                          切削液开
N30 G00 X60 Z4;                   快速定位至循环起点
N40 G90 X48 Z-65 F0.1;            G90 固定循环车外圆
N50     X46 Z-54.7;
N60     X44;
N70     X42;
N80     X40;
N90     X39;                      车外圆，留单边精车余量 0.5mm
N100 G00 X24 Z2;                  进刀
N110 G01 Z0;                      精车工件外形
N120     X37;
N130     X34.963 Z-0.5 F0.05;     车外圆至 φ38(-0.025/-0.050)mm
N140     Z-55;
N150     X47;
N160     X48 Z-55.5;
N170     Z-65;
N180 G00 X100 Z50;                退刀
N190 T0303 S300;                  换 T0303 切槽刀，300r/min
N200 G00 X50;                     快速定位
N210     Z-55;                    快速定位
N220 G01 X37 F0.1;                车槽
N230 G04 X2;                      槽底暂停
N240 G01 X50;                     退刀
N250 G00 X100;                    退刀
N260     Z50;                     退刀
N270 T0404;                       换 T0404 切断刀
N280 G00 X60;                     快速定位
N290     Z-64;                    快速定位
N300 G01 X22 F0.1;                切断
N310 G00 X100;                    退刀
N320     Z50;                     退刀
N330 M09;                         切削液关
N340 M30;                         程序结束
```

b. 用专用夹具装夹工件，以外圆为基准定位，车内孔 $\phi30^{+0.033}_{0}$ mm 至尺寸，如图 4-24 所示。

程序：

```
O3231;
N10 M03 S800;                     主轴正转，800r/min
N20 T0202;                        换 T0202 内孔车刀
```

```
N25 M08;                       切削液开
N30 G00 X24 Z15;               快速定位至循环起点
N40 G90 X28 Z-62 F0.1;         G90固定循环车内孔
N50      X29;                  车内孔
N60      X30.017 F0.05;        车内孔至φ30+0.033/0 mm
N70 G00 Z50;                   退刀
N80      X100;                 退刀
N90 M09;                       切削液关
N100 M30;                      程序结束
```

(5) 操作注意事项

车内孔时，循环起点坐标位置要选取适当，防止车刀后壁与孔壁发生碰撞。

4.3.4 端面及内沟槽加工

(1) 任务描述

如图4-25所示零件，材料为45钢，外形以及内孔已经加工，编写加工端面槽及内沟槽的加工程序。

(2) 任务分析

根据图纸，工件需要加工内沟槽和端面槽。内沟槽用4mm宽的内切槽刀加工。用G01指令编程。加工时适当减小进给量。端面槽用5mm宽端面切槽刀，横向安装。

① 车内沟槽的加工方法

a. 内切槽刀的种类与装夹　内切槽刀如图4-26所示。内切槽刀在装夹时应使主切削刃与孔中心等高或略高，两侧副偏角必须对称。

b. 车内沟槽的方法　车内沟槽的方法与车外沟槽的方法相似。

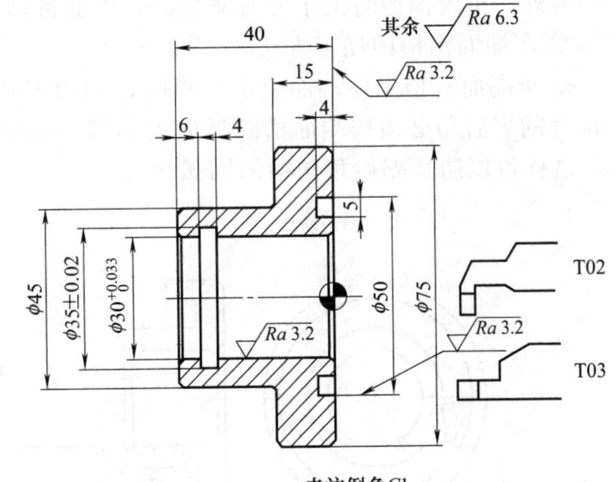

图4-25　内沟槽零件加工

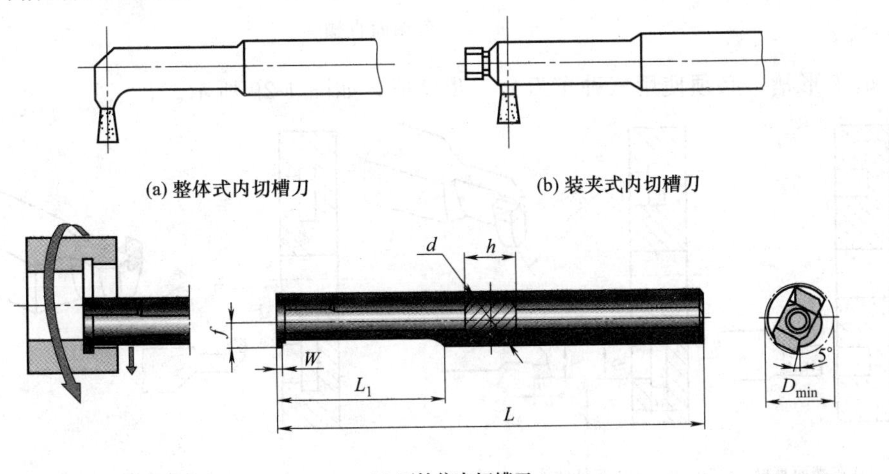

图4-26　内切槽刀

对于宽度较小和精度不高的内沟槽，可以用主切削刃等于槽宽的刀一次车出，如图 4-27（a）所示。对于精度要求高或较宽的槽，可以用直进法分几次车出。粗车时，槽壁和槽底留精车余量，然后进行精车，如图 4-27（b）所示。对于深度较浅，宽度很大的槽，可以先用车孔刀车出凹槽，然后再用内沟槽刀车至尺寸，如图 4-27（c）所示。

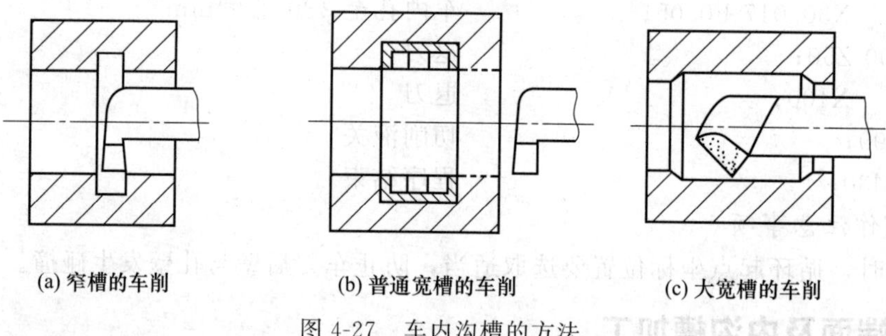

图 4-27　车内沟槽的方法

车内沟槽时可以用 G01 指令编程，在槽底用暂停指令 G04 暂停一定时间，以使槽底光滑。退刀时注意刀杆的位置，不要与孔壁发生碰撞。

另外，车内沟槽时由于刀头刚性差，因此进给量和切削速度应适当减小。

② 车端面沟槽的加工方法

a. 车端面直槽　在端面上车直槽时，切槽刀的一个刀尖角相当于车削内孔，因此刀尖角 a 处的副后角必须按端面槽圆弧的大小刃磨成圆弧形 R，并磨有一定后角，如图 4-28 所示，这样可以防止副后角与槽的圆弧相碰。

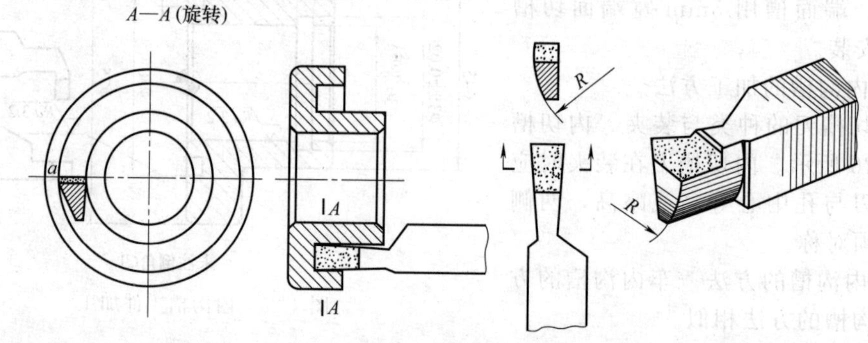

图 4-28　车端面直槽

b. 车 T 形槽　必须使用三种车刀分三步完成，如图 4-29 所示。

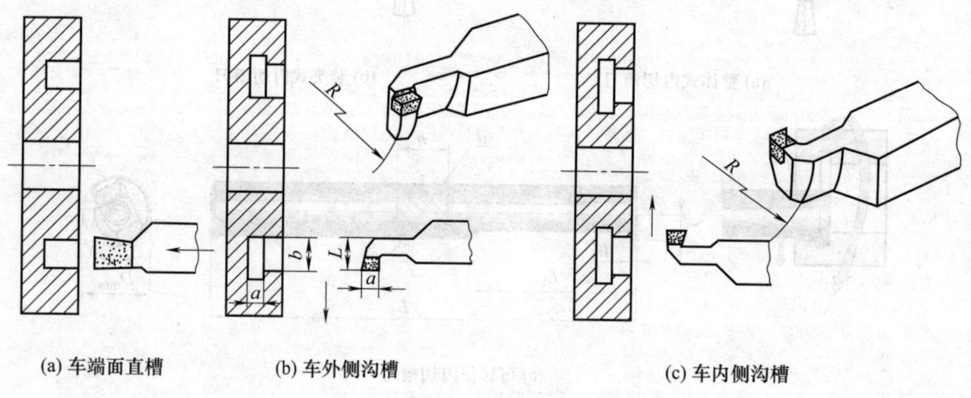

图 4-29　车 T 形槽

第一步用端面车槽刀车端面直槽；第二步用弯头右切刀车外侧沟槽；第三步用弯头左切刀车内侧沟槽。弯头切刀的刀头宽度应等于槽宽，L 应小于 b，还应注意弯头切刀进入端面直槽时，为了避免切刀侧面与工件相碰，应磨成圆弧形。

（3）任务实施

① 加工工艺方案　用三爪卡盘装夹工件 ϕ45mm 外圆，进行对刀。

a. 用 4mm 宽的内切槽刀加工内沟槽。用弹簧内卡钳测量内沟槽直径，用样板检查内沟槽宽度。

b. 用 5mm 宽的可转位切槽刀车端面沟槽。用游标卡尺检查和测量。

选用乳化液进行冷却。

② 工艺卡片（表 4-8）

表 4-8　工艺卡片

零件编号	零件名称	材料	数控加工工艺卡片	机床型号	夹具名称
	法兰盘	45		CAK6140	三爪卡盘

刀具表		量具表		工具表	
T02	4mm 宽的内切槽刀	1	游标卡尺(0～150mm)	1	油石
T03	5mm 宽的端面切槽刀	2	弹簧内卡钳		
		3	样板		

序号	工艺内容	主轴转速 /r·min^{-1}	进给速度 /mm·r^{-1}	背吃刀量 /mm	刀具
1	装夹工件 ϕ45mm 外圆，车内沟槽至图纸要求	400	0.1		T0202
2	车削工件端面直槽至图纸要求	400	0.1		T0303

③ 加工程序

```
O4131；
N10 M03 S400；            主轴正转，400r/min
N20 T0202；               换 T0202 内切槽刀
N30 M08；                 切削液开
N40 G00 Z10；             Z 向快速定位
N50     X25；             X 向快速定位
N60 G01 Z－34 F1；        Z 向进给到内沟槽位置
N70     X32 F0.1；        X 向切削
N80     X25 F1；          X 向退刀，断屑
N90     X34 F0.1；        X 向切削
N100    X25 F1；          X 向退刀，断屑
N110    X35 F0.1；        X 向切削到槽底
N120 G04 X2；             槽底暂停
N130 G01 X25 F1；         X 向退刀
N140 G00 Z100；           Z 向退刀
N150 T0303；              换 T0303 切槽刀
```

```
N160 G00 Z10;           Z向快速定位
N170     X50;           X向快速定位
N180 G01 Z-4 F0.1;      车端面槽到槽底
N190 G04 X2;            槽底暂停
N200 G01 Z2;            Z向退刀
N210 G00 Z100;          Z向退刀
N220 M09;               切削液关
N230 M30;               程序结束
```

（4）操作注意事项

① 内切槽刀在孔内和槽内进、退刀时注意安全，防止车刀与工件内孔或内沟槽碰撞。

② 端面切槽刀在刃磨时，副后面必须按略小于端面槽外圈圆弧半径刃磨成圆弧形；切槽刀在主后刀面和副后刀面以及刀的厚度上不要与槽发生干涉。

练习题

一、填空题（请将正确答案填在横线空白处）

1. 铰孔一般加工精度可达________，表面粗糙度可达________。
2. 铰孔时，孔口扩大，主要原因是____________________。
3. 车不通孔时为了排屑，应采用________的刃倾角，使切屑从孔口排出。
4. 车通孔时为了排屑，精车时要求切屑流向待加工表面，因此采用________刃倾角。
5. 车孔刀如果装得________工件中心，就容易产生扎刀现象，把内孔车大。

二、选择题（请将正确答案的代号填入括号内）

1. 钢材工件铰削余量小，铰刀刃口不锋利，会产生较大的（　　），使孔径缩小。
A. 切削力　　B. 弯曲　　C. 弹性恢复
2. 车内孔时切削用量要比车外圆时适当（　　）。
A. 大一些　　B. 小一些　　C. 相同
3. 最好用（　　）来校正内径百分表零位。
A. 游标卡尺　　B. 千分尺　　C. 标准环规
4. 麻花钻有2条主切削刃、2条副切削刃和（　　）横刃。
A. 1条　　B. 2条　　C. 3条　　D. 没有
5. 车削薄壁工件时，工件的（　　）较差，装夹和加工易产生变形，尺寸不易控制。
A. 强度　　B. 韧性　　C. 刚性　　D. 塑性

三、判断题（正确的请在括号内打"√"，错误的打"×"）

1. 内径百分表用于比较法测量孔的直径或形状误差。（　　）
2. 麻花钻的切削刃由主切削刃、副切削刃和横刃各两条组成。（　　）
3. 内径百分表一次调整后可测量多个基本尺寸相同的孔。（　　）
4. 内测千分尺可以用来测量孔距尺寸。（　　）
5. 在数控车床上铰孔时，铰刀一般采用浮动装置装夹。（　　）

四、简答题

1. 车削薄壁零件时，工件有哪些装夹方法？
2. 简述在实体毛坯上加工内孔的步骤和方法。

五、综合题

编制下列图形的加工程序并加工，毛坯材料为45钢（图4-30～图4-45）。

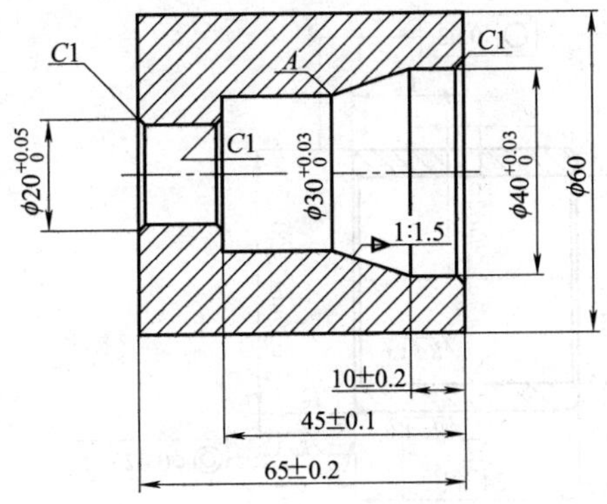

图 4-30　盘套类零件

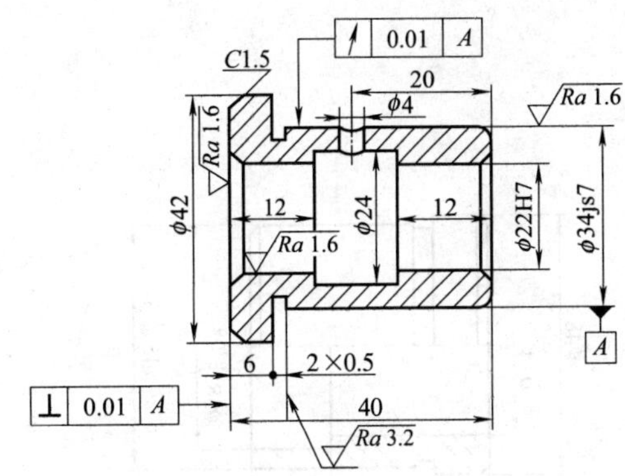

图 4-31　盘套类零件

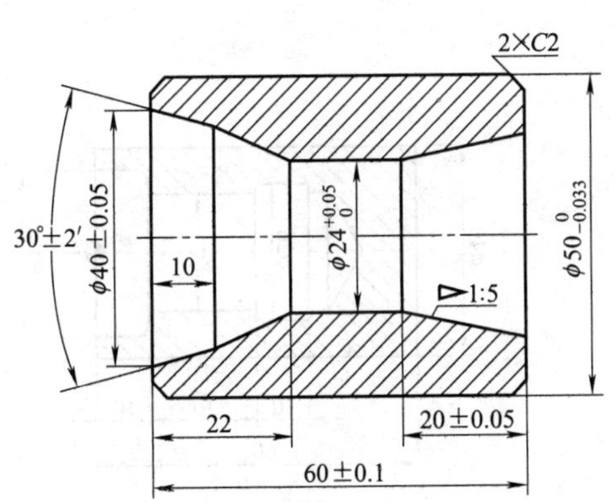

图 4-32　盘套类零件

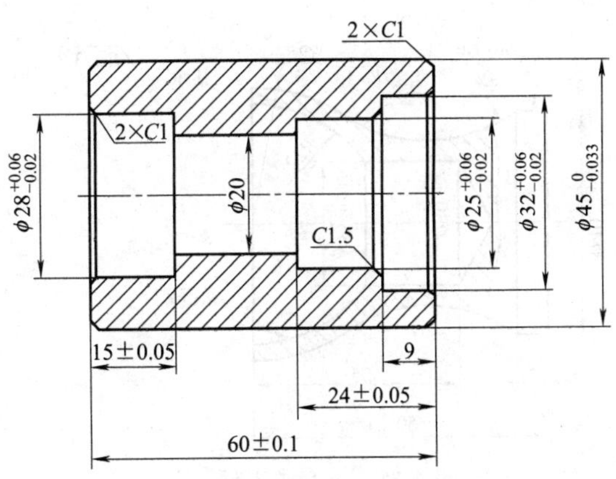

图 4-33　盘套类零件

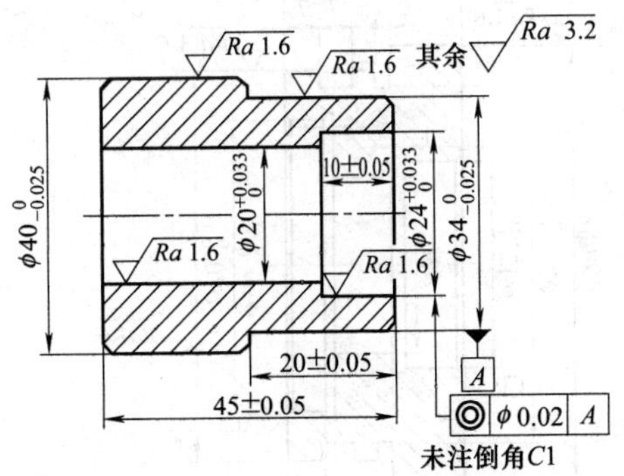

图 4-34　盘套类零件

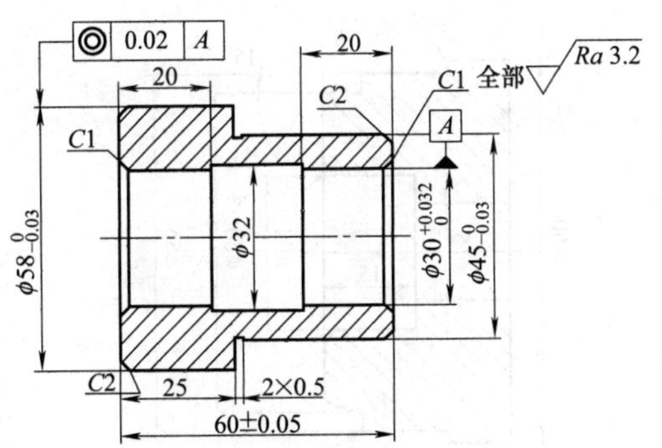

图 4-35　盘套类零件

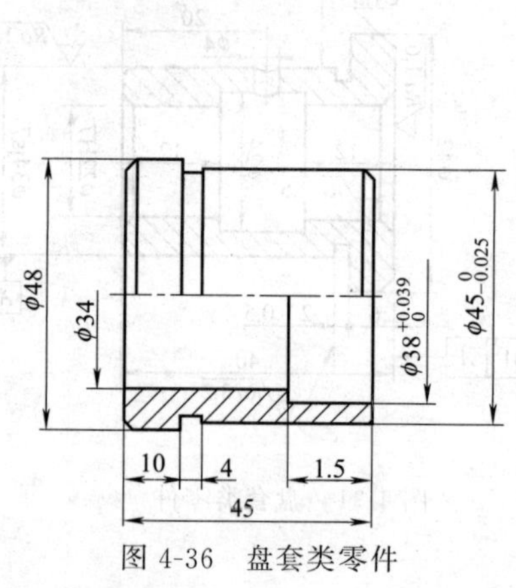

图 4-36　盘套类零件

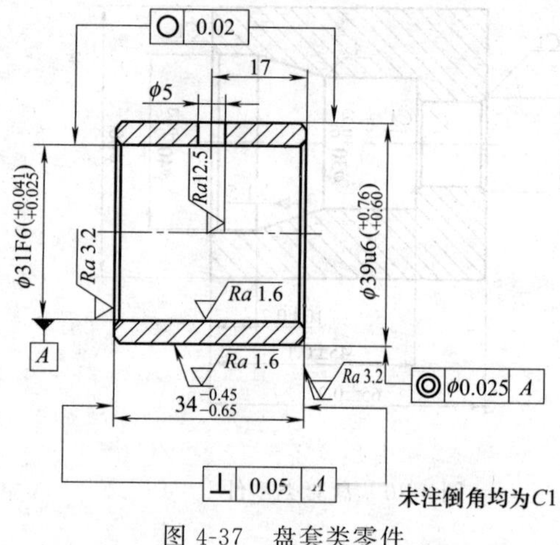

图 4-37　盘套类零件

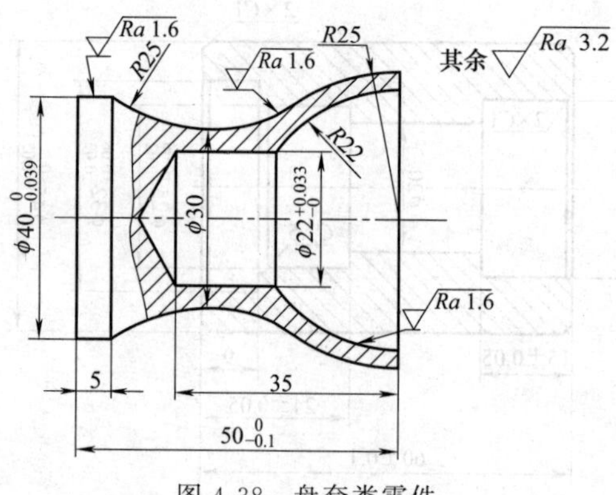

图 4-38　盘套类零件

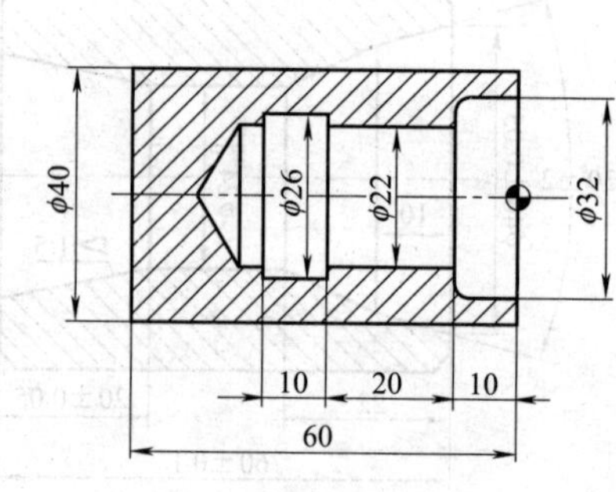

图 4-39　盘套类零件

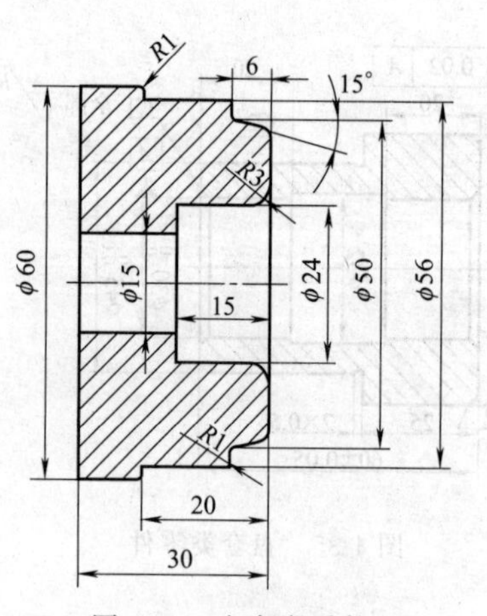

图 4-40　盘套类零件

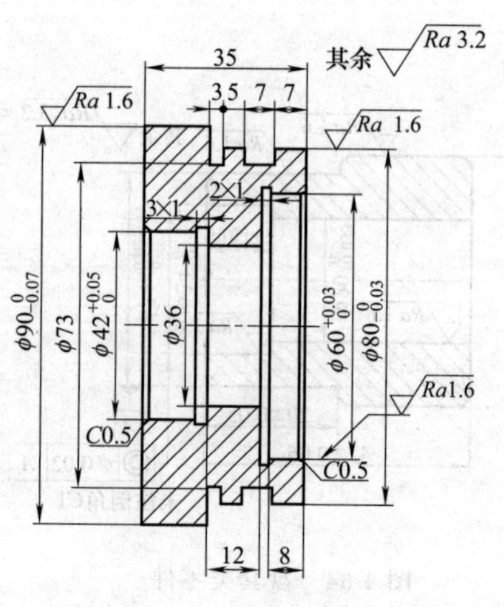

图 4-41　盘套类零件

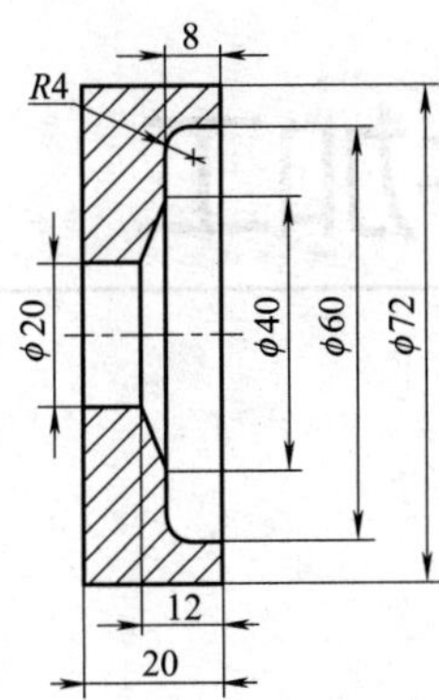

图 4-42　盘套类零件

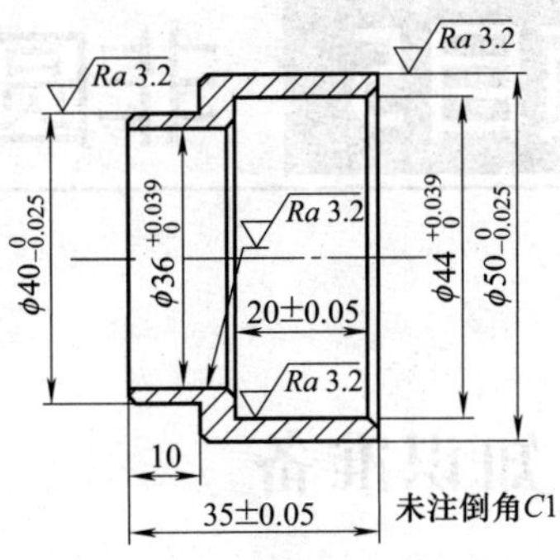

图 4-43　盘套类零件

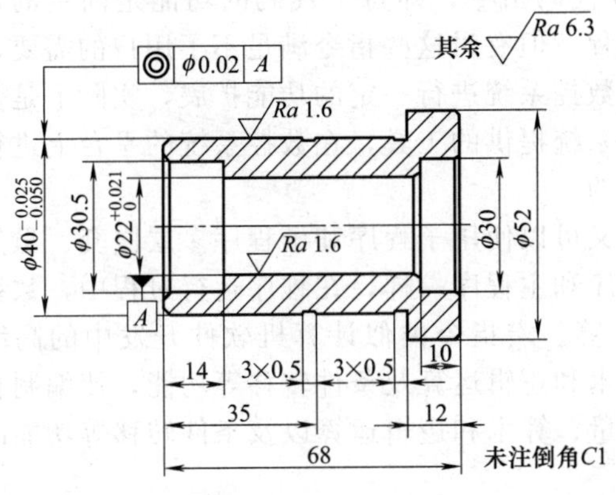

图 4-44　盘套类零件

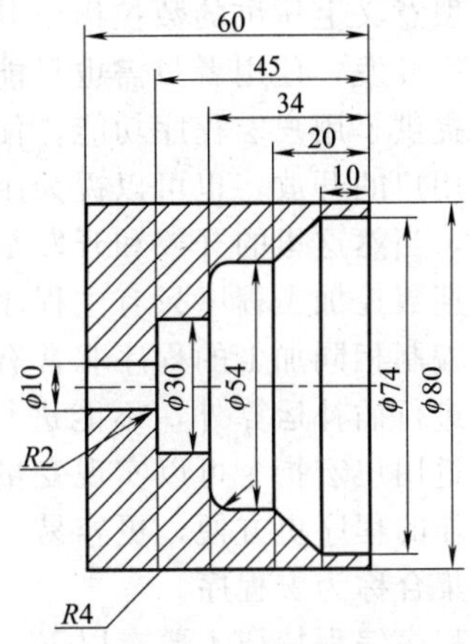

图 4-45　盘套类零件

项目5　非圆曲面零件加工

5.1　知识准备

5.1.1　宏程序的概念

一般意义上所讲的数控指令其实是指 ISO 代码指令，即每个代码的功能是固定的，由生产厂家开发，使用者只需也只能按照规定编程。但有时这些指令满足不了用户的需要，因此系统提供了用户宏程序功能，使用户可以对数控系统进行一定的功能扩展，实际上是数控系统对用户的开放，也可以视为用户利用数控系统提供的工具，在数控系统的平台上进行二次开发，当然这里的开放和开发是有条件限制的。

早期数控加工程序只有主程序一种，后来又可以使用子程序和子程序多层嵌套。虽然子程序对编制相同加工的程序非常有用，但子程序和主程序一样，在程序运行过程中，数控系统除了进行插补运算外，不能进行其他数字运算。宏指令类似计算机软件开发中的高级语言，通过用户宏指令可以实现变量的赋值、算术和逻辑运算及条件转移等功能，使编制相同加工操作的程序更方便，更容易。这些含有变量、算术和逻辑运算以及条件转移等功能的宏指令的集合称为宏程序。

宏程序编程特征主要有以下三个方面：可以在宏程序主体中使用变量；可以进行变量之间的运算；可以用宏程序指令对变量进行赋值。

FANUC 系统中宏程序一般分为 A 类宏程序和 B 类宏程序。在早期的 0 系列中，以 A 类宏程序为主，目前 FANUC 0i 系列中一般采用 B 类宏程序。B 类宏程序可以在程序中直接应用变量和公式等宏指令来编程，比 A 类宏程序的应用相对更直接和简单。本书介绍 B 类宏程序的应用。

下面是一个圆弧的加工宏程序。

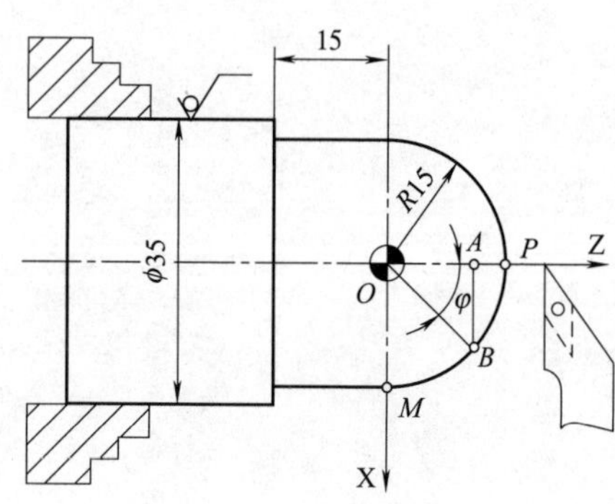

图 5-1　圆的宏程序编程

【例 5-1】　有一工件如图 5-1 所示，毛坯为 ϕ35mm 的棒料，材料为尼龙 6，用宏程序编写精加工程序。

编制宏程序的关键，就是对曲线进行建模，找到 X、Z 之间的关系，求出曲线上点的坐标。对于圆的曲线，可以用圆的标准方程，也可以用参数方程进行建模。把工件坐标系原点建在圆心上，用参数方程进行建模。B 为圆上的一点，圆的半径为 R，则 B 点对应于 X 轴和 Z 轴的坐标为

$$\begin{cases} AB = R\sin\varphi \\ OA = R\cos\varphi \end{cases}$$

由于是直径编程，因此 X 的坐标值要乘以 2，所以 B 点的编程坐标为

$$\begin{cases} X = 2AB = 2R\sin\varphi \\ Z = OA = R\cos\varphi \end{cases}$$

以角度 φ 为变量，φ 在圆弧顶点 P 时为 0°，从 P 到 M 逐渐增大，在 M 点时 $\varphi = 90°$。现在设置参数：

＃1＝15，圆弧半径值；

＃2＝0，角度初始值；

＃3＝90，角度终止值。

加工程序如下：

```
O1234;
M03 S500;                       主轴正转，500r/min
T0101;                          换 T0101 外圆车刀
G00 Z17;                        快速定位
   X0 Z20;                      快速定位
G01 Z15 F0.2;                   进给到端面中心
#1=15;                          圆弧半径 R
#2=0;                           角度初始值
#3=90;                          角度终止值
N1 IF [#2 GT #3] GOTO 2;        如果#2>#3，则执行 N2 程序段
#4=2*#1*SIN [#2];               圆弧上 X 坐标值
#5=#1*COS [#2];                 圆弧上 Z 坐标值
G01 X [#4] Z [#5] F0.1;         拟合曲线
#2=#2+1;                        角度变量#2 递增 1°
GOTO 1;                         执行 N1 程序段
N2 G01 Z-15;                    进给切削外圆
      X40;                      切削端面
G00 X100 Z50;                   快速退刀
M30;                            程序结束
```

5.1.2 宏变量

(1) 变量的定义

用一个可赋值的代号代替具体的数值，这个代号就称为变量。FANUC 系统的宏变量用变量符号＃和后面的变量号指定。如＃1、＃2、＃3 等；也可以用表达式来表示变量，如＃［＃1＋＃2－12］等。

(2) 变量的使用方法

① 在地址的后面指定变量号或表达式，表达式必须用方括号“[ ]”括起来。

F＃103，设＃103＝150，则为 F150。式中 F 为地址，即进给指令；后面＃103 为变量号。

Z－＃110，设＃110＝200，则为 Z－200。式中 Z 为地址，即 Z 坐标；后面＃103 为变量号。

X[＃24＋[＃18*COS[＃1]]]。式中 X 为地址，即 X 坐标；后面的为表达式。

② 变量号可以用变量代替。

＃[＃30]，设＃30＝3，则为＃3。

③ 程序号、顺序号和任选程序段跳转号不能使用变量。

下述方法是不允许的：

O＃1；

/＃2 G01　X50；

N＃2 Z100；

（3）变量的类型

变量根据变量号可以分为四种类型，功能见表 5-1。

表 5-1　变量的类型及功能

变量号	变量类型	功　　能
＃0	空变量	该变量总是空，没有赋值给该变量
＃1～＃33	局部变量	局部变量只能在宏程序中存储数据，如运算结果。当断电时，局部变量的数值被清除，当宏程序被调用时，可对局部变量赋值
＃100～＃199 ＃500～＃999	公共变量	公共变量在不同的宏程序中的意义相同。＃100～＃199 在断电时数据被清除；＃500～＃999的数据在断电时被保存不会丢失
＃1000 及以后	系统变量	系统变量用于读和写 CNC 运行时的各种数据，例如，刀具的当前位置和补偿值

在编写宏程序时，通常可以用局部变量＃1～＃33 或公共变量＃100～＃199。而公共变量＃500～＃999 和＃1000 及以后的系统变量通常是提供给机床厂家进行二次开发的，不能随便使用。若使用不当，会导致整个数控系统的崩溃。

变量＃0 为空变量，它不能被赋任何值。

（4）变量的引用

① 在地址后指定变量号即可引用其变量值。当用表达式指定变量时，要把表达式放在方括号里。例如：

G01 X[＃1＋＃2]F＃3；

被引用变量的值根据地址的最小设定单位自动地舍入。

② 改变引用的变量值的符号，要把负号（－）放在＃前面。例如：

G00 X－＃1；

③ 当引用未被定义的变量时，变量及地址都被忽略。

当变量＃1 的值是 0，并且变量＃2 的值是空时，G00 X＃1 Z＃2 的执行结果为 G00 X0。

④ 当变量值未被定义时，这样的变量成为“空”变量。变量＃0 总是空变量。它不能被赋任何值。空变量不等于变量值为 0 的状态。

当＃1＝，G90 X100 Z＃1 即为 G90 X100。这里＃1 就未被赋予任何数值，是空变量。

当＃1＝0，G90 X100 Z＃1 即为 G90 X100 Z0。这里＃1 被赋予的数值是 0，不是空变量。

当＃11＝0，＃22＝，G00 X＃11 Y＃22 的执行结果是 G00 X0。

从上边的例子可以看出，“变量的值是 0”与“变量的值是空”是完全不同的概念，可以这样理解：“变量的值是 0”相当于变量的数值等于 0；“变量的值是空”就意味着该变量所对应的地址根本不存在，不生效。

5.1.3 运算指令

宏程序具有赋值、算术运算、逻辑运算、函数运算等功能。运算符右边的表达式可包含常量或由函数或运算符组成的变量。表达式中的变量＃j 和＃k 可以用常数赋值。左边的变量也可以用表达式赋值。如表 5-2 所示。

表 5-2　变量的各种运算

功能	格式	备注
定义	#i=#j	
加法 减法 乘法 除法	#i=#j+#k; #i=#j-#k; #i=#j * #k; #i=#j/#k;	
正弦 反正弦 余弦 反余弦 正切 反正切	#i=SIN[#j]; #i=ASIN[#j]; #i=COS[#j]; #i=ACOS[#j]; #i=TAN[#j]; #i=ATAN[#j/#k];	角度以度指定。例 90°30′表示为 90.5°
平方根 绝对值 四舍五入 下取整 上取整 自然对数 指数函数	#i=SQRT[#j]; #i=ABS[#j]; #i=ROUND[#j]; #i=FIX[#j]; #i=FUP[#j]; #i=LN[#j]; #i=EXP[#j];	取整后的数值的绝对值比原来的数值大时称为上取整,反之称为下取整
或 异或 与	#i= #jOR #k; #i= #jXOR #k; #i= #jAND #k;	对二进制数进行逻辑运算
十进制数转为二进制数 二进制数转为十进制数	#i=BIN[#j]; #i=BCD[#j];	用于与 PMC 的信号交换

运算的优先顺序如下：函数；乘除、逻辑与；加减、逻辑或、逻辑异或。

可以用 [] 来改变顺序。例如，#1=SIN[[[#2-#3]*#4+#5]/#6]；包括函数的括号在内最多可用到 5 重，超过时则出现报警。

5.1.4　转移与循环指令

(1) 无条件的转移指令

格式：

GOTO n;

n 为顺序号（1～9999），也可用表达式指定顺序号。例如：

GOTO 1；转移至 N1 段程序执行

GOTO #10；转移至#10 表达式

(2) 条件转移指令

格式：

IF [(条件式)] GOTO n;

若条件式成立，则程序转向程序段号为 n 的程序段；若条件不能满足就继续执行下一段程序。例如：

IF [#2 GT #3] GOTO 2；如果#2>#3，则执行 N2 程序段

运算符见表 5-3。

表 5-3　运算符

运算符	意义	运算符	意义
EQ	＝	GE	⩾
NE	≠	LT	＜
GT	＞	LE	⩽

条件式中的变量 ＃j 或 ＃k 也可以是常数或表达式，条件式必须用方括号“[　]”括起来。

(3) 循环指令

格式：

```
WHILE [条件表达式] DO m；m=1，2，3
⋮
END m；
```

若条件式成立时，程序执行从 DO m 到 END m 之间的程序段；如果条件不成立，则执行 END m 之后的程序段。DO 和 END 后的数字是用于表明循环执行范围的识别号。可以用数字 1、2 和 3，如果是其他数字，系统会产生报警。

① 在 DO m 到 END m 之间的循环识别号 m (1，2，3) 可以使用任意次，但不能交叉循环，例如：

```
WHILE [条件式] DO 1；
  ⋮
END 1；
  ⋮
WHILE [条件式] DO 1；
  ⋮
END 1；
  ⋮
```

② DO 可以最多嵌套 3 重，但不能交叉循环，例如：

```
WHILE [条件式] DO 1；
  ⋮
  WHILE [条件式] DO 2；
    ⋮
    WHILE [条件式] DO 3；
      ⋮
    END 3；
    ⋮
  END 2；
  ⋮
END 1；
```

5.1.5　宏程序调用

宏程序可以直接在主程序中应用，也可以用非模态调用指令（G65）、模态调用指令（G66、G67）、G 代码、M 代码调用宏程序。

用宏程序调用（G65）不同于子程序调用（M98）。两者区别如下。

① 用G65，可以指定自变量（数据传送到宏程序），M98没有该功能。

② 当M98程序段包含另一个CNC指令（例如：G01 X100 M98 P __）时，在指令执行之后调用子程序。相反，G65无条件地调用宏程序。

③ 当M98程序段中包含另一个CNC指令（例如：G01 X100 M98 P __）时，在单程序段方式中，机床停止。相反，G65机床不停止。

④ 用G65，改变局部变量的级别。用M98，不改变局部变量的级别。

（1）宏程序调用指令G65

在主程序中可以用G65指令调用宏程序。

格式：

G65 P __ L __（自变量赋值）；

式中，P指定宏程序名；L为重复调用次数（1～9999，1次时L可以省略）。自变量赋值由地址及数值构成，用以对宏程序中的局部变量赋值。举例如下。

主程序：

O7002；

⋮

G65 P7100 L2 A1 B2；（调用O7100宏程序执行，重复调用2次，＃1＝1，＃2＝2）

⋮

M30；

宏程序：

O7100；

＃3＝＃1＋＃2；

IF［＃3 GT 360］GOTO 9；

G00 G91 X＃3；

N9 M99；

（2）自变量赋值

自变量赋值有两种类型。自变量赋值Ⅰ使用除去G、L、N、O、P以外的其他字母作为地址，自变量赋值Ⅱ可使用A、B、C每个字母一次，I、J、K每个字母可使用十次作为地址。表5-4和表5-5分别列出了两种类型自变量赋值的地址与变量号之间的对应关系。

表5-4　自变量赋值Ⅰ的地址与变量号码之间的对应关系

地址	宏程序中变量	地址	宏程序中变量
A	＃1	Q	＃17
B	＃2	R	＃18
C	＃3	S	＃19
D	＃7	T	＃20
E	＃8	U	＃21
F	＃9	V	＃22
H	＃11	W	＃23
I	＃4	X	＃24
J	＃5	Y	＃25
K	＃6	Z	＃26
M	＃13		

表 5-5 自变量赋值Ⅱ的地址与变量号码之间的对应关系

地 址	宏程序中变量	地 址	宏程序中变量
A	#1	K_5	#18
B	#2	I_6	#19
C	#3	J_6	#20
I_1	#4	K_6	#21
J_1	#5	I_7	#22
K_1	#6	J_7	#23
I_2	#7	K_7	#24
J_2	#8	I_8	#25
K_2	#9	J_8	#26
I_3	#10	K_8	#27
J_3	#11	I_9	#28
K_3	#12	J_9	#29
I_4	#13	K_9	#30
J_4	#14	I_{10}	#31
K_4	#15	J_{10}	#32
I_5	#16	K_{10}	#33
J_5	#17		

说明：

① 表 5-5 中 I、J、K 的下标只表示顺序，并不写在实际命令中。系统可以根据使用的字母自动判断自变量赋值的类型。

② 地址 G、L、N、O、P 不能在自变量中使用。

③ 不需指定的地址可以省略，对应于省略地址的局部变量设为空。

④ 地址不需要按字母顺序指定，但应符合字地址的格式。I、J、K 需要按字母顺序指定。例如：

B__A__D__…J__K__；正确

B__A__D__…K__J__；不正确

⑤ 任何自变量前必须指定 G65。

⑥ CNC 内部自动识别自变量指定Ⅰ和自变量指定Ⅱ。如果自变量指定Ⅰ和自变量指定Ⅱ混合指定，后指定的自变量类型有效。

5.2 指令学习

5.2.1 椭圆宏程序

（1）椭圆的方程

① 椭圆的标准方程 如图 5-2 所示，平面内一点 M，它与两个定点 F_1、F_2 的距离的和等于常数（$2a$）的点的轨迹称为椭圆。式中 $2a > |F_1F_2|$，F_1、F_2 称为椭圆的焦点，两焦点间的距离 $|F_1F_2| = 2c$ 称为椭圆的焦距。A_1A_2、B_1B_2 分别称为椭圆的长轴和短轴。$A_1A_2 = 2a$，$B_1B_2 = 2b$，数学坐标系中椭圆的标准方程是

$$\frac{z^2}{a^2}+\frac{x^2}{b^2}=1$$

式中，$b^2=a^2-c^2$，$a>b>0$。

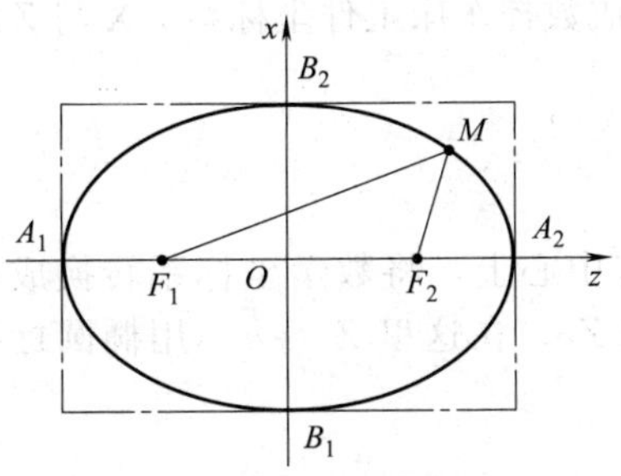

图 5-2 椭圆的定义

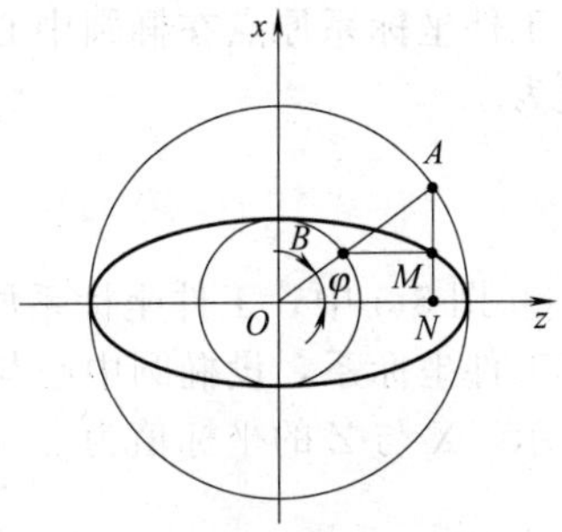

图 5-3 椭圆的参数方程

② 椭圆的参数方程 如图 5-3 所示，以原点为圆心，分别以 a、b（$a>b>0$）为半径作两个圆，点 B 是大圆半径 OA 与小圆的交点，过点 A 作 $AN\perp Oz$，垂足为 N；过点 B 作 $BM\perp AN$，垂足为 M，当半径 OA 绕点 O 旋转时点 M 的轨迹就是椭圆。数学坐标系中椭圆的参数方程为

$$\begin{cases}z=a\cos\varphi\\x=b\sin\varphi\end{cases}$$

式中，a 为长半轴长，b 为短半轴长，$a>b>0$，φ 是参数。

(2) 数控坐标系中角度正负规定

角度的正负符号遵循数学原则及数控系统的规定，即逆时针方向为正，顺时针方向为负。斜床身后置式刀架数控车床符合此规定，前置刀架的数控车床正好与之相反。因此前置刀架的数控车床加工曲线时，刀具从工件的右端面向左运动车削，角度是正向变化，如图 5-4 所示。

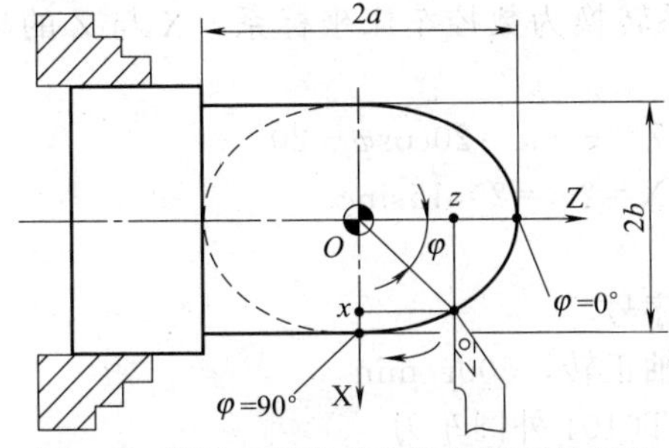

图 5-4 前置刀架数控车床角度正负方向

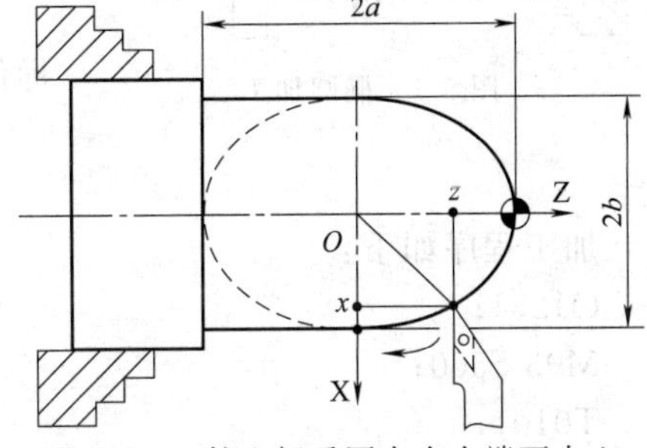

图 5-5 工件坐标系原点在右端面中心

(3) 数控车床坐标系中椭圆的坐标值

① 图 5-4 中，数学坐标系中的坐标值用小写字母 z、x 表示，椭圆标准方程为

$$\frac{z^2}{a^2}+\frac{x^2}{b^2}=1$$

工件坐标系原点在椭圆中心上，工件坐标系中的坐标值用大写字母 Z、X 表示，将数学坐标系转换成数控车床工件坐标系，由于数控系统采用直径编程，公式中的 X 的坐标值要乘以 2。X 与 Z 的坐标值为

$$\begin{cases}Z=z\\X=2x=2b\sqrt{1-\frac{z^2}{a^2}}\end{cases}$$

② 图 5-4 中，数学坐标系中的椭圆参数方程为

$$\begin{cases}z=a\cos\varphi\\x=b\sin\varphi\end{cases}$$

工件坐标系原点在椭圆中心上，将数学坐标系转换成数控车床工件坐标系。X 与 Z 的坐标值为

$$\begin{cases}Z=z=a\cos\varphi\\X=2x=2b\sin\varphi\end{cases}$$

③ 图 5-5 中，工件坐标系原点在工件右端面的回转中心上，将数学坐标系转换成数控车床工件坐标系，设椭圆中心与工件坐标原点的距离为 Z_1，在这里 $Z_1=a$，用椭圆标准方程表示，X 与 Z 的坐标值为

$$\begin{cases}Z=z-Z_1=z-a\\X=2x=2b\sqrt{1-\dfrac{z^2}{a^2}}\end{cases}$$

④ 图 5-5 中，工件坐标系原点在工件右端面的回转中心上，将数学坐标系转换成数控车床工件坐标系，用椭圆参数方程表示，X 与 Z 的坐标值为

$$\begin{cases}Z=z-Z_1=z-a=a\cos\varphi-a\\X=2x=2b\sin\varphi\end{cases}$$

【例 5-2】 如图 5-6 所示，图中为椭圆曲线，用宏程序编写精加工程序。

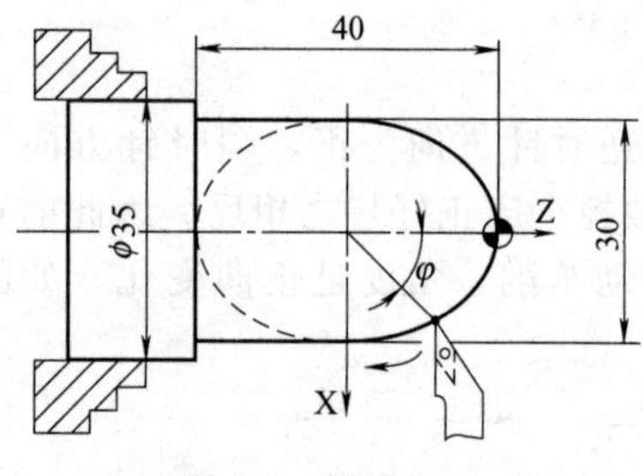

图 5-6 椭圆加工

分析：

将工件坐标原点建在工件右端面的回转中心上。已知椭圆的长半轴长为 $a=20$mm，短半轴长为 $b=15$mm。数学坐标系中椭圆的参数方程为

$$\begin{cases}z=a\cos\varphi=20\cos\varphi\\x=b\sin\varphi=15\sin\varphi\end{cases}$$

将数学坐标系转换为数控车床坐标系，X 与 Z 的坐标值为

$$\begin{cases}Z=z-a=20\cos\varphi-20\\X=2x=2\times15\sin\varphi\end{cases}$$

加工程序如下：

```
O1234;                                    程序号
M03 S500;                                 主轴正转，500r/min
T0101;                                    换 T0101 外圆车刀
G00 X0 Z2;                                快速定位到起刀点
G01 Z0 F0.2;                              进给至椭圆起点
#1=15;                                    指定椭圆短半轴
#2=20;                                    指定椭圆长半轴
#3=0;                                     变量（角度）初始值为 0°
#4=90;                                    终止角度为 90°
N1 IF [#3 GT #4] GOTO 2;                  如果#3 大于#4，转到 N2 程序段
#5=2*#1*SIN [#3];                         椭圆上 X 的坐标值
#6=#2*COS [#3] -#2;                       椭圆上 Z 的坐标值
G01 X [#5] Z [#6] F0.1;                   拟合椭圆曲线
#3=#3+0.1;                                变量（角度）增加 0.1°
```

```
  GOTO 1;                          转到 N1 程序段
N2 G01 Z-40;                       加工 φ30mm 外圆
      X40;                         X 向退出
  G00 X50 Z150;                    退刀
  M30;                             程序结束
```

在上面的程序中，椭圆的短半轴和长半轴分别设定了变量＃1 和＃2，然后给予赋值。当然＃1 和＃2 也可以不设变量，而直接用数值 15 和 20 代替，结果是一样的。设定变量有很大的方便之处，当椭圆形状发生变化时，仅改变程序中＃1 和＃2 的赋值就可。

【例 5-3】 如图 5-7 所示，曲线为椭圆，用宏程序编写精加工程序。

分析：

图 5-7 中椭圆长半轴长为 20mm，短半轴长为 10mm，采用椭圆标准方程：

$$\frac{z^2}{20^2}+\frac{x^2}{10^2}=1$$

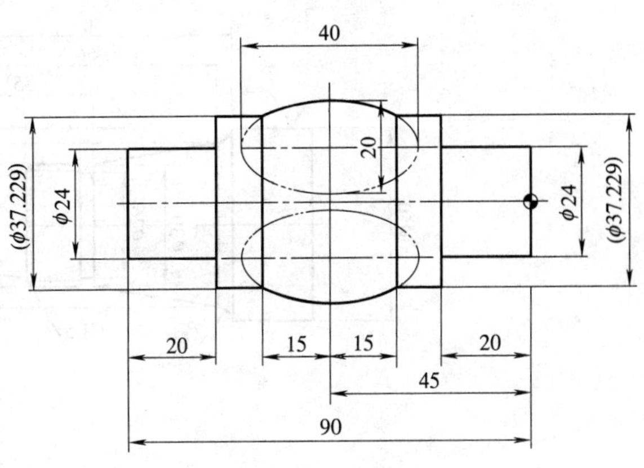

图 5-7 椭圆加工

先加工出左端，然后装夹左端，以工件右端面中心为工件坐标系原点对刀，将坐标进行转换，椭圆中心与工件坐标系原点之间的距离 $Z_1=45$mm，椭圆中心线和工件轴线不重合，两者之间的偏离值 $X_1=12$mm，X 坐标需要加上中心线的偏离值，所以椭圆上的任意一点在工件坐标系中的坐标为

$$\begin{cases}Z=z-Z_1=z-45\\X=2\times(12+x)=24+2\times10\times\sqrt{1-\dfrac{z^2}{20^2}}\end{cases}$$

加工程序如下：

```
  O1235;                           程序号
  M03 S500;                        主轴正转，500r/min
  T0101;                           换 T0101 外圆车刀
  G00 X0 Z2;                       快速定位到起刀点
  G01 Z0 F0.2;                     进给至端面中心
      X24;                         切削端面至 X24
      Z-20;                        切削外圆至 Z-20
      X37.229;                     进给至 X37.229
      Z-30;                        进给至 Z-30
  #1=15;                           椭圆上 Z 轴初始值（数学坐标系）
  #2=-15;                          椭圆上 Z 轴终止值（数学坐标系）
N1 IF [#1 LT #2] GOTO 2;           如果#1 小于#2，转到 N2 程序段
  #3=#1-45;                        椭圆上任意点 Z 的坐标值
  #4=24+2*10*SQRT [1- [#1*#1] / [20*20] ];
                                   椭圆上任意点 X 的坐标值
```

```
G01 X [#4] Z [#3] F0.1;          拟合椭圆曲线
#1=#1-0.1;                       变量递减 0.1mm
GOTO 1;                          转到 N1 程序段
N2 G01 Z-70;                     加工 φ37.229mm 外圆
X60;                             X 向退出
G00 Z150;                        退刀
M30;                             程序结束
```

【例 5-4】 如图 5-8 所示，已知毛坯为 ϕ50mm 棒料，材料为 45 钢，用宏程序编写精加工程序。

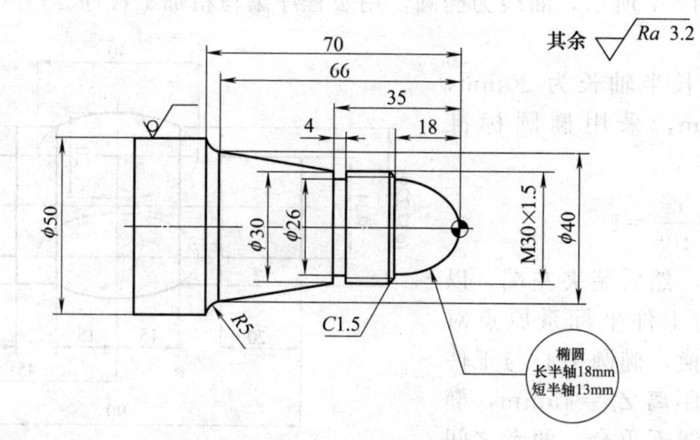

图 5-8 综合实例

分析：

该零件加工难度在椭圆上。加工这类零件，可以把宏程序与 G73 指令结合起来。椭圆方程为

$$\frac{z^2}{18^2}+\frac{x^2}{13^2}=1$$

以工件右端面中心为工件坐标系原点，将坐标进行转换，椭圆上的任意一点在工件坐标系中的坐标为

$$\begin{cases} Z=z-18 \\ X=2x=2\times 13\times\sqrt{\left(1-\frac{z^2}{18^2}\right)} \end{cases}$$

加工程序如下：

```
O1026;                           程序号
M03 S800;                        主轴正转，800r/min
T0101;                           换 T0101 外圆粗车刀
G00 X55 Z5;                      快速定位到循环起点
G73 U25 W1 R20;                  G73 循环指令
G73 P1 Q2 U0.5 W0.2 F0.2;        G73 循环指令
N1G00 X0 Z2;                     轮廓程序第一段
G01 Z0 F0.1;
#1=18;                           Z 轴初始值
```

```
    #2=0;                                Z轴终止值
    WHILE [#1GE#2] DO 1;                 如果#1≥#2时执行DO1到END1之间的程序
    #3=#1-18;                            椭圆上Z轴坐标
    #4=2*13*SQRT [1- [#1*#1] / [18*18] ]; 椭圆上X轴坐标
    G01 X [#4] Z [#3] F0.1;              拟合曲线
    #1=#1-0.1;                           Z轴递减0.1mm
    END 1;
    G01 X27;                             至倒角C1.5起点
        X29.8 W-1.5;                     车倒角C1.5
        Z-35;                            车外圆，螺纹大径φ29.8mm
        X30;                             圆锥的起点
        X40 Z-66;                        车锥
    G02 X50 Z-70 R5;                     车弧
N2 G01 X52;                              X轴退刀
    G70 P1 Q2;                           精车
    G00 X60 Z100;                        退刀
    T0303;                               换T0303车槽刀
    M03 S300;                            转速300r/min
    G00 X35;                             快速定位
        Z-35;                            快速定位
    G01 X26 F0.1;                        车槽
    G04 X2;                              槽底停2s
    G01 X35 F0.2;                        X向退刀
    G00 X100;                            退刀
        Z100;                            退刀
    T0404;                               换T0404螺纹车刀
    M03 S400;                            转速400r/min
    G00 X50 Z5;                          G92循环起点
    G92 X29.5 Z-33 F1.5;                 车第1刀螺纹
        X29;                             车第2刀螺纹
        X28.6;                           车第3刀螺纹
        X28.36;                          车第4刀螺纹
        X28.16;                          车第5刀螺纹
        X28.16;                          走空刀
    G00 X100 Z100;                       退刀
    M30;                                 程序结束
```

5.2.2 双曲线宏程序

(1) 双曲线的标准方程

如图5-9所示，平面内一点 M，它与两个定点 F_1、F_2 的距离的差的绝对值等于常数（$2a$）的点的轨迹称为双曲线。式中 $|F_1F_2|>2a>0$，F_1、F_2 称为双曲线的焦点，两焦点间的距离 $|F_1F_2|=2c$ 称为双曲线的焦距。A_1A_2、B_1B_2 分别称为双曲线的长轴和虚轴。$A_1A_2=2a$，$B_1B_2=2b$，在数控车床坐标系中，双曲线的标准方程是

$$\frac{z^2}{a^2}-\frac{x^2}{b^2}=1$$

式中，$b^2=c^2-a^2$，$a>0$，$b>0$。

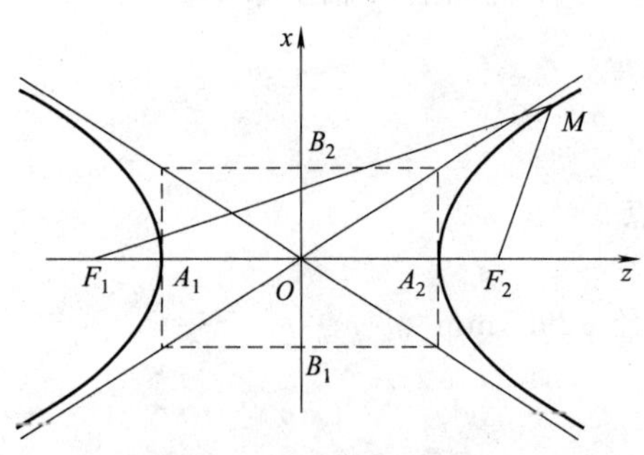

图 5-9　双曲线的定义

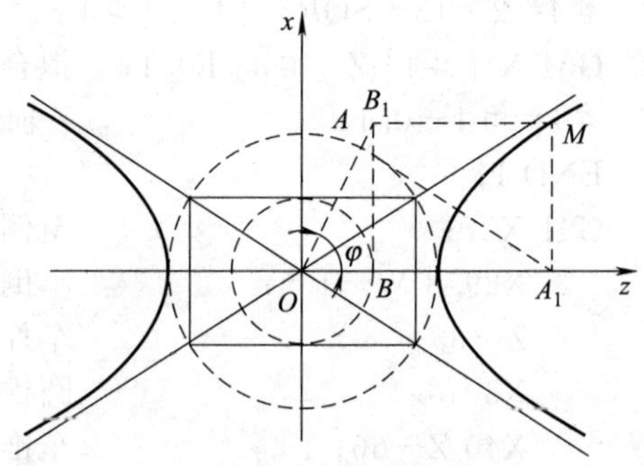

图 5-10　双曲线的参数方程

（2）双曲线的参数方程

如图 5-10 所示，分别以 a、b（$a, b>0$）为半径作两个圆，$|OA|=a$，$|OB|=b$，点 A 是以 a 为半径的圆上的一个点，点 B 是半径为 b 的圆上的点，过 B 点作垂直于 Oz 的直线交 OA 的延长线于 B_1 点；过 A 点作 OA 的垂线交 Oz 于 A_1 点。过 A_1 点作垂直于 Oz 的直线与过 B_1 点平行于 Oz 的直线相交于 M 点，当点 A 在圆上运动时，M 点的轨迹是双曲线。

设点 M 的坐标是（z，x），φ 是以 Oz 为始边、OA 为终边的正角，取 φ 为参数，那么在$\triangle OAA_1$中，$z=OA_1=\dfrac{a}{\cos\varphi}$，在$\triangle OBB_1$中，$x=BB_1=b\tan\varphi$。所以，数控车床坐标系中双曲线的参数方程为

$$\begin{cases} z=\dfrac{a}{\cos\varphi} \\ x=b\tan\varphi \end{cases}$$

式中，a 为长半轴，b 为虚半轴，$a>0$，$b>0$，φ 是参数，$\varphi\neq\dfrac{\pi}{2}$，$\varphi\neq\dfrac{3\pi}{2}$。

注意：由于数控系统中采用直径编程，所以 X 的坐标值要乘以 2，即 $X=2x$。

【例 5-5】 如图 5-11 所示双曲线外轮廓，用宏程序编写精加工程序。

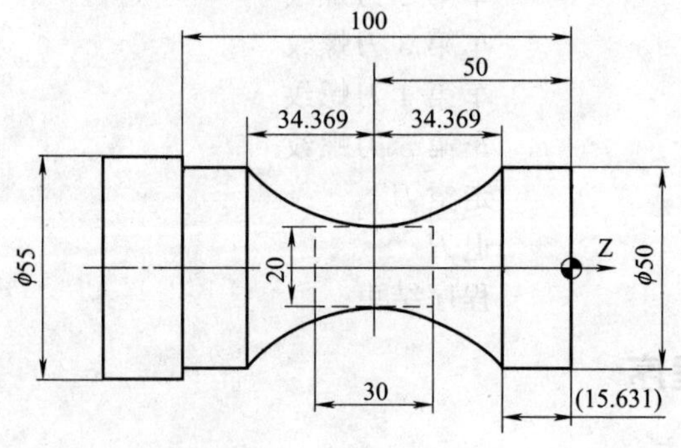

图 5-11　双曲线加工

分析：

把工件坐标系原点建在工件右端面的中心上，然后用直线逼近法（也称拟合法），把 Z 作为自变量，把 X 作为 Z 的函数。数学坐标系中双曲线的标准方程为

$$\frac{x^2}{10^2}-\frac{z^2}{15^2}=1$$

把Z作为自变量，进行坐标转换，Z、X的坐标为

$$\begin{cases}Z=z-50\\ X=2x=20\times\sqrt{1+\dfrac{z^2}{15^2}}\end{cases}$$

加工程序如下：

```
  O2233;                                      程序号
  M03 S800;                                   主轴正转，800r/min
  T0101;                                      换T0101外圆车刀
  G00 X0 Z2;                                  快速定位到起刀点
  G01 Z0 F0.1;                                至零点
  X50;                                        车端面
  G01 Z-15.631;                               切削外圆φ50mm
  #1=34.369;                                  Z的起始值
  #2=-34.369;                                 Z的终止值
N1  IF [#1LT#2] GOTO 2;                       如果#1小于#2转到N2段执行
  #3=#1-50;                                   双曲线上Z轴坐标值
  #4=20*SQRT [1+ [#1*#1] /225];               双曲线上X的坐标值
  G01 X [#4] Z [#3];                          拟合曲线
  #1=#1-0.1;                                  Z值递减0.1mm
  GOTO 1;                                     转到N1段执行
N2  G01 Z-100;                                加工φ50mm外圆
        X60;                                  X向退出
  G00 Z150;                                   退刀
  M30;                                        程序结束
```

5.2.3 抛物线宏程序

如图5-12所示，平面内与一个定点F和一条直线l的距离相等的点的轨迹称为抛物线。点F称为抛物线的焦点，直线l称为抛物线的准线。抛物线与它的轴的交点称为抛物线的顶点。数控车床坐标系中的抛物线的标准方程见表5-6。

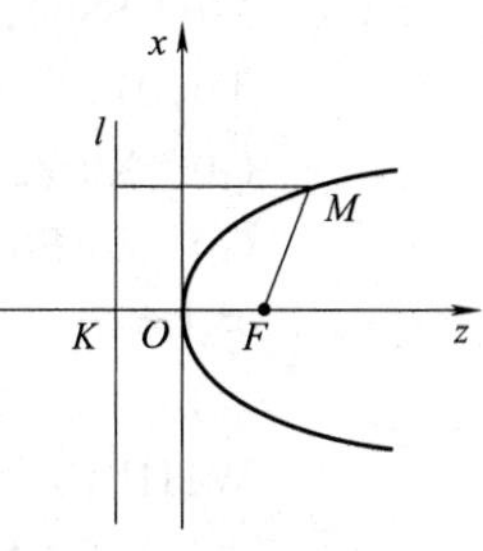

图5-12 抛物线的定义

表5-6 抛物线的标准方程

方程	焦点	准线	图形
$x^2=2pz$ $(p>0)$	$F\left(\dfrac{p}{2},0\right)$	$z=-\dfrac{p}{2}$	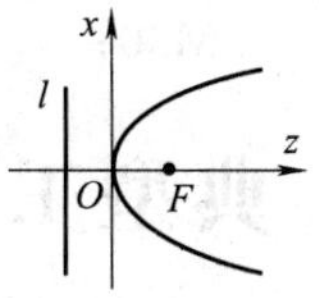
$x^2=-2pz$ $(p>0)$	$F\left(-\dfrac{p}{2},0\right)$	$z=\dfrac{p}{2}$	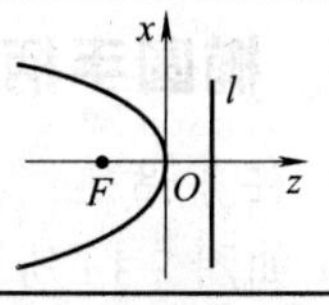

续表

方程	焦点	准线	图形
$z^2=2px$ $(p>0)$	$F\left(0,\frac{p}{2}\right)$	$x=-\frac{p}{2}$	
$z^2=-2px$ $(p>0)$	$F\left(0,-\frac{p}{2}\right)$	$x=\frac{p}{2}$	

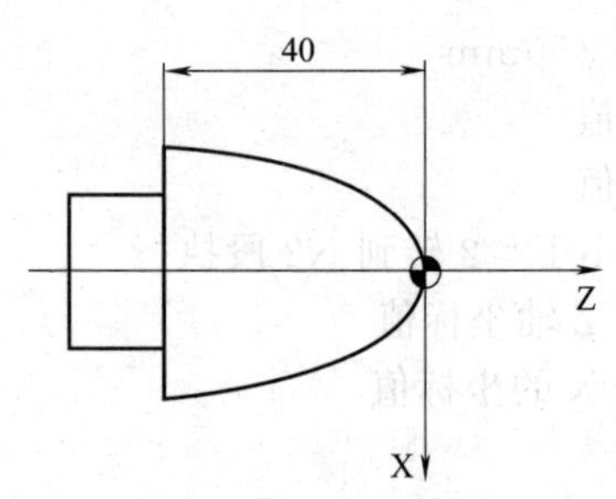

图 5-13　抛物线加工

【例 5-6】　如图 5-13 所示，已知抛物线方程为 $x^2=-10z$（x 为半径值），用宏程序编写精加工程序。

分析：

数学坐标系中抛物线方程为 $x^2=-10z$，将坐标进行转换，数控车床工件坐标系中 Z、X 的坐标为

$$\begin{cases}Z=z\\X=2x=2\times\sqrt{(-10z)}\end{cases}$$

编程时，把 Z 作为自变量，把 X 作为 Z 的函数。

加工程序如下：

```
O2022;                      程序号
M03 S800;                   主轴正转，800r/min
T0101;                      换 T0101 外圆车刀
G00 X0 Z2;                  快速定位到起刀点
G01 Z0 F0.1;                走刀至端面中心点
＃1=0;                      抛物线 Z 轴初始值
＃2=－40;                   抛物线 Z 轴终止值
WHILE [＃1GE＃2] DO 1;      如果＃1≥＃2 时执行 DO1 到 END1 之间的程序
＃3= 2＊SQRT [－10＊＃1];    抛物线上 X 的坐标值
G01 X [＃3] Z [＃1];        拟合曲线
＃1=＃1－0.1;               Z 值递减 0.1mm
END 1;                      循环指令
G00 X60 Z100;               退刀
M30;                        程序结束
```

5.3　典型工作任务

5.3.1　椭圆手柄加工

（1）任务描述

加工如图 5-14 所示的椭圆手柄，毛坯为 ϕ35mm×82mm 的热扎圆钢，材料为 Q235 钢，

编写加工程序并加工。

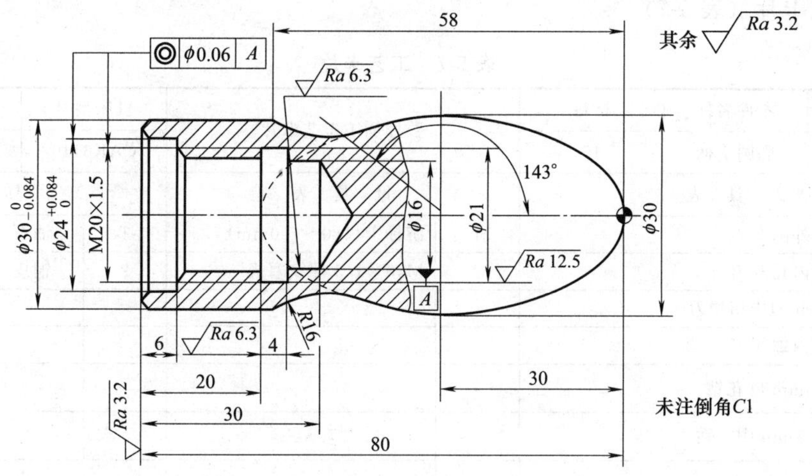

图 5-14　椭圆手柄加工

(2) 任务分析

该任务重点为椭圆部分的车削。根据图纸尺寸，在编写椭圆宏程序时用参数方程比较方便。由于工件需要切除的余量比较大，外轮廓不能一刀车出，必须分层车削，所以将宏程序与 G73 指令结合起来。

(3) 数值处理

图纸尺寸 $\phi30_{-0.084}^{\ 0}$ mm 换算成编程尺寸 $\phi(29.958\pm0.042)$mm，尺寸 $\phi24_{\ 0}^{+0.084}$ mm 换算成编程尺寸 $\phi(24.042\pm0.042)$mm。

内螺纹 M20×1.5，底孔直径 $D_{孔}\approx D-P=20-1.5=18.5$mm。

将工件坐标原点建在工件右端面中心上。已知椭圆的长半轴 $a=30$mm，短半轴 $b=15$mm，数学坐标系中椭圆的参数方程为

$$\begin{cases}z=a\cos\varphi=30\cos\varphi\\x=b\sin\varphi=15\sin\varphi\end{cases}$$

数控坐标系中 X 与 Z 的坐标值为

$$\begin{cases}Z=z-30=30\cos\varphi-30\\X=2x=2\times15\sin\varphi\end{cases}$$

(4) 任务实施

① 加工步骤

a. 用三爪自定心卡盘装夹毛坯外圆，伸出长度约 40mm。车平端面，用 $\phi2.5$mm 的中心钻钻中心孔，然后用 $\phi16$mm 的麻花钻钻孔至图纸尺寸。

b. 车内孔 $\phi24_{\ 0}^{+0.084}$ mm、螺纹底孔 $\phi18.5$mm、倒角 C1 至尺寸。

c. 切内沟槽 $\phi21$mm×4mm 至尺寸。

d. 车内螺纹 M20×1.5 至图纸要求。

e. 车外圆 $\phi30_{-0.084}^{\ 0}$ mm×30mm、倒角 C1 至尺寸。

f. 调头装夹，夹持长度 20mm，卡爪下垫铜皮。车端面，保证总长至尺寸。粗、精车工件右端外轮廓至图纸要求。

检查合格，卸下工件。

选用乳化液进行冷却。

在这里只编写外轮廓的加工程序，工艺卡片也只填写该工步内容。

② 工艺卡片（表 5-7）

表 5-7　工艺卡片

零件编号	零件名称	材料	数控加工工艺卡片	机床型号	夹具名称
	椭圆手柄	45		CAK6140	三爪卡盘

刀具表		量具表		工具表	
T01	90°外圆车刀	1	游标卡尺(0～150mm)	1	油石
T02	90°内孔车刀	2	M20×1.5 螺纹塞规	2	铜皮
T03	4mm 的内切槽刀				
T04	60°内螺纹刀				
	ϕ16mm 麻花钻				
	ϕ2.5mm 中心钻				

序号	工艺内容	主轴转速 /r·min^{-1}	进给速度 /mm·r^{-1}	背吃刀量 /mm	刀具
⋮					
6	调头装夹。车端面，保证总长至尺寸。粗、精车工件右端外轮廓至图纸要求	600	0.2	1.5	T0101

③ 加工程序

```
    O3322；
    M03 S600；                              主轴正转，600r/min
    T0101；                                 换 T0101 外圆车刀
    G00 X50 Z2；                            快速定位到循环起点
    M08；                                   切削液开
    G73 U15 W2 R10；                        G73 仿形切削循环
    G73 P10 Q20 U1 W0.5 F0.2；
N10 G00 X0 Z2；                             精加工程序首段
    G01 Z0 F0.1；                           G01 进给至右端面
    ＃1＝15；                               指定椭圆短半轴
    ＃2＝30；                               指定椭圆长半轴
    ＃3＝0；                                变量（角度）初始值为 0°
    ＃4＝143；                              终止角度为 143°
N1 IF [＃3 GT ＃4] GOTO 2；                 如果＃3＞＃4，转到 N2 程序段
    ＃5＝2 * ＃1 * SIN [＃3]；              椭圆上 X 的坐标值
    ＃6＝＃2 * COS [＃3] － ＃2；            椭圆上 Z 的坐标值
    G01 X [＃5] Z [＃6] F0.1；              拟合椭圆曲线
    ＃3＝＃3＋0.1；                          变量（角度）增加 0.1°
    GOTO 1；                                转到 N1 程序段
N2 G02 X30 Z－58 R16；                      加工圆弧 R16mm
N20 G01 X35；                               精加工程序末段
```

```
G70 P10 Q20;              G70 精车循环
G00 X100 Z50;             退刀
M09;                      切削液关
M30;                      程序结束
```

5.3.2 双曲线轴加工

（1）任务描述

加工如图 5-15 所示的双曲线轴零件，毛坯为 ϕ40mm×96mm 的热扎圆钢，材料为 45 钢，编写加工程序并加工。

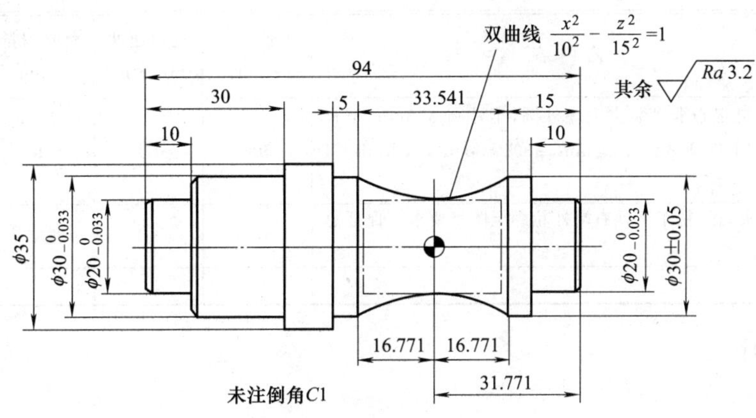

图 5-15　双曲线轴加工

（2）任务分析

该零件重点加工双曲线。首先建立双曲线方程，在这里图纸上已经给定。宏程序可以和 G73 指令结合，也可以调用子程序完成分层切削。在这里将工件坐标系原点设在双曲线的中心上，因此在对刀和计算 Z 轴坐标时需要注意。对刀时，切平右端面并保证长度尺寸，Z 轴不要动，在对刀页面 Z 栏里输入“Z=31.771”，按[测量]软键，Z 轴对刀完成。

（3）数值处理

图纸尺寸 $\phi30_{-0.033}^{0}$ mm 换算成编程尺寸 ϕ(29.984±0.016)mm。尺寸 $\phi20_{-0.033}^{0}$ mm，换算成编程尺寸 ϕ(19.984±0.016)mm。

将工件坐标系原点建在双曲线中心上。已知双曲线方程为$\frac{x^2}{10^2}-\frac{z^2}{15^2}=1$，把 Z 作为自变量，则 $Z=z$，$X=2x=20\times\sqrt{1+\frac{z^2}{15^2}}$。双曲线在 Z 轴上初始值为 16.771，终止值为 −16.771。

（4）任务实施

① 加工步骤

a. 用三爪自定心卡盘装夹毛坯外圆，伸出长度约 60mm。车平端面，车外圆 ϕ35mm 至长度 45mm，车外圆 $\phi20_{-0.033}^{0}$ mm、$\phi30_{-0.033}^{0}$ mm 及倒角 C1 至尺寸。

b. 调头装夹，夹外圆 $\phi30_{-0.033}^{0}$ mm 处，卡爪下垫铜皮。车端面，保证总长至尺寸。粗、精车工件右端外轮廓至图纸要求。

检查合格，卸下工件。

选用乳化液进行冷却。

在这里只编写工件右端外轮廓的加工程序。

② 工艺卡片（表 5-8）

表 5-8 工艺卡片

零件编号	零件名称	材料	数控加工工艺卡片	机床型号	夹具名称
	轴	45		CAK6140	三爪卡盘

刀具表		量具表		工具表	
T01	90°外圆车刀	1	游标卡尺(0～150mm)	1	油石
		2	外径千分尺(25～30mm)	2	铜皮

序号	工艺内容	主轴转速 /r·min^{-1}	进给速度 /mm·r^{-1}	背吃刀量 /mm	刀具
1	用三爪自定心卡盘装夹毛坯外圆，车外圆 $\phi35$mm 至长度 45mm，车外圆 $\phi20_{-0.033}^{0}$mm、$\phi30_{-0.033}^{0}$mm 及倒角 C1 至尺寸	600	0.2	1	T0101
2	调头装夹，粗、精车工件右端外轮廓至图纸要求。保证总长至尺寸	1000	0.1	0.5	T0101

③ 加工程序

```
    O2121;
    M03 S600;                              主轴正转，600r/min
    T0101;                                 换 T0101 外圆车刀
    G00 X50 Z35;                           快速定位到循环起点
    M08;                                   切削液开
    G73 U10 W1 R8;                         G73 仿形切削循环
    G73 P10 Q20 U1 W0.5 F0.2;              G73 仿形切削循环
N10 G00 X18 Z33;                           精加工程序首段
    G01 Z31.771 F0.1 S1000;                G01 进给至右端面
        X19.984 W−1;                       车倒角 C1
        W−9;                               车外圆
        X29.984;                           车端面
        Z16.771;                           车外圆至双曲线开始点
    #1=16.771;                             双曲线 Z 轴初始值
    #2=−16.771;                            双曲线 Z 轴终止值
N1  IF [#1 LT #2] GOTO 2;                  如果#1<#2，转到 N2 程序段
    #3=20*SQRT [1+ [#1*#1] /225];          椭圆上 X 的坐标值
    G01 X [#3] Z [#1] F0.1;                拟合双曲线
    #1=#1−0.1;                             变量递减 0.1mm
    GOTO 1;                                转到 N1 程序段
N2  G01 W−5;                               加工外圆
N20 G01 X40;                               精加工程序末段
    G70 P10 Q20;                           G70 精车循环
    G00 X100 Z100;                         退刀
```

```
M09;                          切削液关
M30;                          程序结束
```

(5) 操作注意事项

由于工件坐标系原点设在双曲线中心而不是在工件右端回转中心上，所以注意起刀点和进、退刀的位置，防止刀具与工件发生碰撞。

5.3.3 抛物线轴加工

(1) 任务描述

加工如图 5-16 所示零件，毛坯为 ϕ60mm×117mm 的圆钢，材料为 45 钢，编写加工程序并加工。

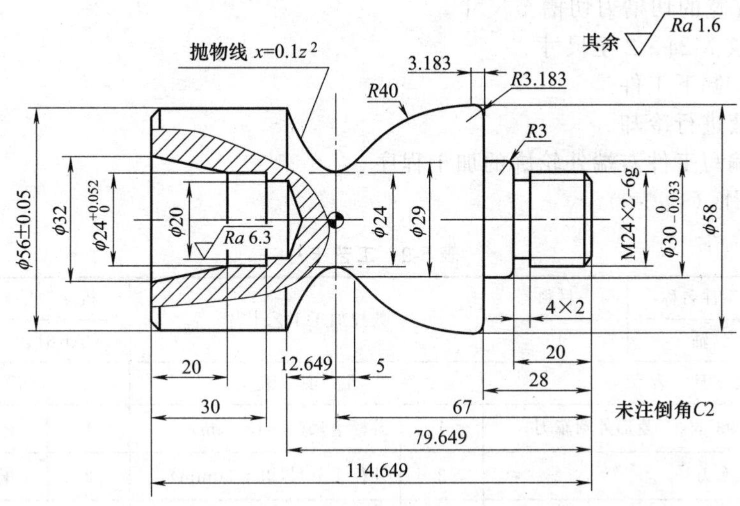

图 5-16　抛物线轴加工

(2) 任务分析

该零件为抛物线轴。在曲线的编程中，有时要计算节点的坐标，在这里图纸上已经给出尺寸。将工件坐标系原点建在图 5-16 所示位置。工件在抛物线顶点处最大加工余量为 18mm。注意起刀点的坐标位置，防止撞刀。

(3) 数值计算

图纸尺寸 $\phi24^{+0.052}_{0}$mm 换算成编程尺寸 $\phi(24.026\pm0.026)$mm，尺寸 $\phi30^{0}_{-0.033}$mm 换算成编程尺寸 $\phi(29.984\pm0.016)$mm。

螺纹 M24×2 的实际外径为 23.8mm，实际小径为 21.546mm。

如图 5-17 所示，根据抛物线方程 $x=0.1z^2$，可以求出 A、B 点的坐标，在这里图纸上已经标出。图纸上给的抛物线方程为 $x=0.1z^2$ 是以抛物线的顶点为直角坐标系原点建立的，因此需要进行坐标转换：

$$\begin{cases}Z=z\\X=2(12+x)=24+0.2z^2\end{cases}$$

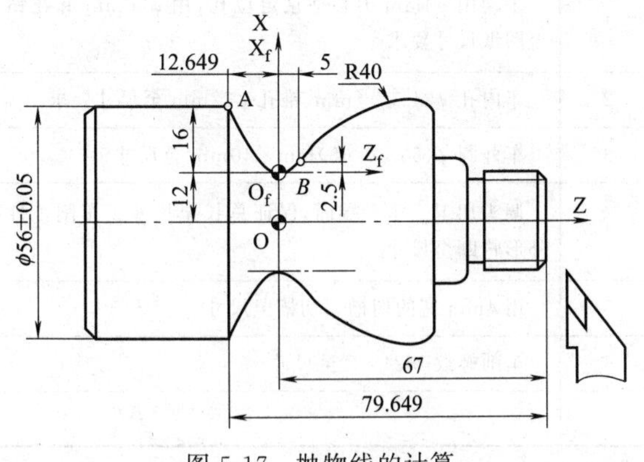

图 5-17　抛物线的计算

(4) 任务实施

① 加工步骤

a. 用三爪自定心卡盘装夹毛坯外圆，伸出长度约60mm，车平端面。手动用ϕ4mm中心钻钻定位孔，用ϕ20mm麻花钻钻孔至图纸尺寸要求。

b. 车内孔$\phi 24^{+0.052}_{0}$mm、锥孔ϕ32mm至尺寸要求。

c. 车外圆ϕ(56±0.05)mm×40mm至尺寸。

d. 调头加工。装夹外圆ϕ(56±0.05)mm处，伸出长度约85mm，车平端面，保证总长至尺寸。车削工件右端外形轮廓至尺寸。由于R40mm圆弧和抛物线曲线部分陡度较大，所以选用主偏角为93°、刀尖角为35°菱形车刀车削。使用该刀时应注意减少切削用量。

e. 用4mm宽的切槽刀切槽至尺寸。

f. 车削螺纹M24×2至尺寸。

检查合格，卸下工件。

选用乳化液进行冷却。

在这里只编写工件右端外轮廓的加工程序。

② 工艺卡片（表5-9）

表5-9 工艺卡片

零件编号		零件名称	材料	数控加工工艺卡片		机床型号		夹具名称
		轴	45			CAK6140		三爪卡盘
刀具表				量具表		工具表		
T01	主偏角93°的35°菱形外圆车刀			1	游标卡尺(0～150mm)	1	油石	
T02	90°内孔车刀			2	外径千分尺(25～30mm)	2	铜皮	
T03	4mm切槽刀			3	内径千分尺(0～25mm)			
T04	60°螺纹车刀			4	M24×2－6g螺纹环规			
	ϕ4mm中心钻							
	ϕ20mm麻花钻							

序号	工艺内容	主轴转速 /r·min^{-1}	进给速度 /mm·r^{-1}	背吃刀量 /mm	刀具
1	手动用ϕ4mm中心钻钻定位孔，用ϕ20mm麻花钻钻孔至图纸尺寸要求	600			ϕ4mm中心钻 ϕ20mm麻花钻
2	车内孔$\phi 24^{+0.052}_{0}$mm、锥孔ϕ32mm至尺寸要求	600	0.1	0.5	T0202
3	车外圆ϕ(56±0.05)mm×40mm至尺寸	600	0.1	1	T0101
4	调头加工。车平端面，保证总长至尺寸。车削工件右端外形轮廓至尺寸	600	0.1	1	T0101
5	用4mm宽的切槽刀切槽至尺寸	300	0.1		T0303
6	车削螺纹M24×2至尺寸	300			T0404

③ 加工程序

```
    O2233；
    M03 S600；                        主轴正转，600r/min
    T0101；                           换 T0101 外圆车刀
    G00 X70 Z70；                     快速定位到循环起点
    M08；切削液开
    G73 U18 W1 R16；                  G73 仿形切削循环
    G73 P10 Q20 U1 W0.5 F0.2；        G73 仿形切削循环
N10 G00 X20；                         精加工程序首段
    G01 Z67 F0.1；                    G01 进给至右端面
        X23.8 W-2；                   车倒角 C2
        Z47；                         车外圆 φ24mm
    G03 X29.984 W-3 R3；              车圆弧 R3mm
    G01 Z39；                         车外圆 φ30(0/-0.033)mm
        X51.634；                     车端面
    G03 X58 W-3.183 R3.183；          车圆弧 R3.183mm
    G03 X29 Z5 R40；                  车圆弧 R40mm 至抛物线起点
    #1=5；                            抛物线 Z 轴初始值
    #2=-12.649；                      抛物线 Z 轴终止值
    WHILE [#1 GE #2] DO1；            如果#1≥#2 时执行 DO1 到 END1 之间的程序段；
                                      如果条件不成立，则执行 END1 之后的程序段
    #3=24+0.2*[#1*#1]；               抛物线上 X 的坐标值
    G01 X [#3] Z [#1] F0.1；          拟合抛物线
    #1=#1-0.1；                       变量递减 0.1mm
    END 1；                           循环指令
N20 G01 X60；                         精加工程序末段
    G70 P10 Q20；                     G70 精车循环
    G00 X100 Z100；                   退刀
    T0303 S300；                      换 T0303 切槽刀，主轴转速 300r/min
    G00 X35；                         X 轴快速定位
        Z47；                         Z 轴快速定位
    G01 X20 F0.1；                    切槽
    G04 X2；                          槽底暂停
    G00 X100；                        X 轴退刀
        Z100；                        Z 轴退刀
    T0404；                           换 T0404 螺纹刀
    G00 X50；                         X 轴快速定位
        Z75；                         Z 轴快速定位
    G92 X23.506 Z49 F2；              G92 固定循环车螺纹第 1 刀
        X23.006；                     第 2 刀
        X22.606；                     第 3 刀
        X22.306；                     第 4 刀
        X22.006；                     第 5 刀
```

```
    X21.806;            第6刀
    X21.666;            第7刀
    X21.546;            第8刀
    X21.546;            走空刀
G00 X100 Z100;          退刀
M09;                    切削液关
M30;                    程序结束
```

(5) 操作注意事项

由于工件坐标系原点设在抛物线中心而不是在工件右端回转中心上，所以注意起刀点和进、退刀的位置，防止刀具与工件发生碰撞。

练习题

一、填空题（请将正确答案填在横线入括号内）

1. 在断电时，局部变量的数值会________。
2. 局部变量的变量号是__________。
3. 自变量赋值Ⅰ使用除去________以外的其他字母作为地址。
4. G65指令调用宏程序时，宏程序用______指令返回到主程序。
5. 循环指令中的DO m，m只能是______。

二、选择题（请将正确答案的代号填入括号内）

1. 宏程序可以进行（　）。
A. 插补运算　B. 逻辑运算　C. 对变量进行赋值　D. 以上都是
2. 宏指令GOTO n，其中n是（　）。
A. 变量　B. 程序号　C. 程序段号
3. 下列指令正确的是（　）。
A. IF [#2 ≥ #3] GOTO 2;　B. IF [#2 GT 0] GOTO 2;
C. G65 P7100 L2 #1=1 #2=2;　D. WHILE [#1 GE #2] DO4;
4. 在变量赋值方法Ⅰ中，自变量B对应的变量是（　）。
A. #1　B. #2　C. #20　D. #100
5. 在运算指令中，形式为#i=SQRT [#j] 代表的意义是（　）。
A. 绝对值　B. 平方　C. 平方根　D. 求和

三、判断题（正确的请在括号内打“√”，错误的打“×”）

1. 宏程序只能用来加工非圆二次曲线。（　）
2. 宏程序可以和G73指令结合编程。（　）
3. 子程序中不能使用宏程序。（　）
4. 当使用宏程序时，数值可以直接指定或用变量指定。（　）
5. 当指定DO没有指定WHILE语句时，将产生从DO到END之间的无限循环（死循环）。（　）

四、简答题

1. 比较条件转移指令和循环指令的使用方法。
2. 简述宏程序使用的变量的分类及功能。

五、综合题

编制下列图形的加工程序并加工，毛坯材料为45钢（图5-18～图5-20）。

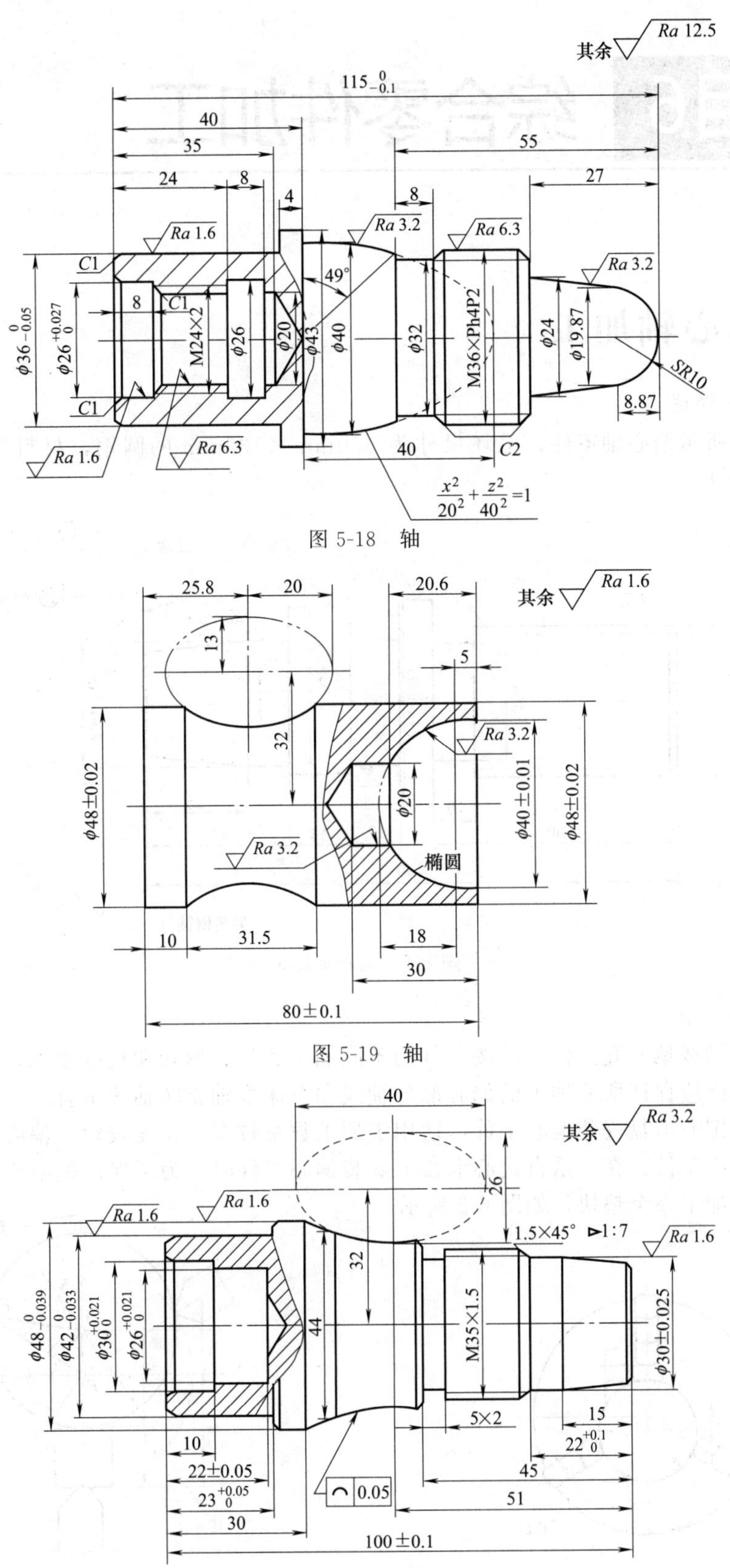

图 5-18 轴

图 5-19 轴

图 5-20 轴

项目6　综合零件加工

6.1　偏心轴加工

（1）任务描述

如图 6-1 所示偏心轴零件，毛坯尺寸为 ϕ50mm×132mm 的圆钢，材料为 45 钢，编写加工程序并加工。

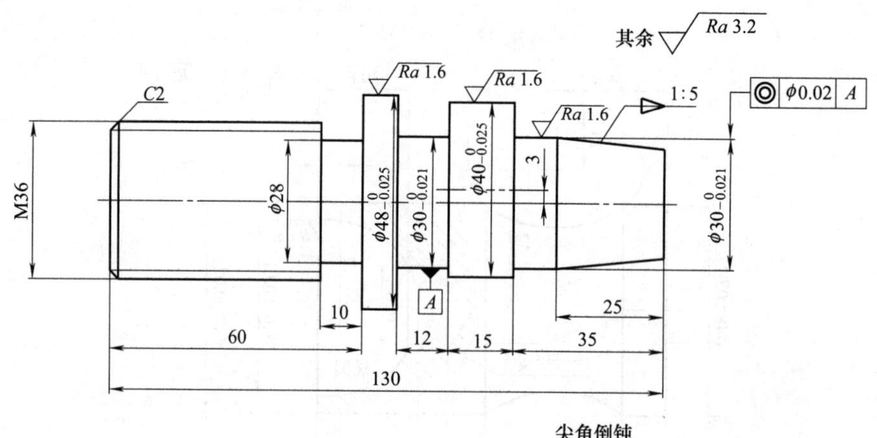

图 6-1　偏心轴加工

（2）任务分析

加工偏心轴或偏心孔工件，应按工件的不同加工数量、形状和精度要求，采用不同的装夹方法。但最终应保证所要加工的偏心部分轴线和车床主轴旋转轴线重合。

用三爪自定心卡盘安装偏心工件，适用于加工数量较多，长度较短，偏心距较小，精度要求不高的偏心工件。在三爪自定心卡盘上安装偏心工件时，为了保证偏心距，需要在卡盘的一个卡爪处加上一个垫块，如图 6-2 所示。

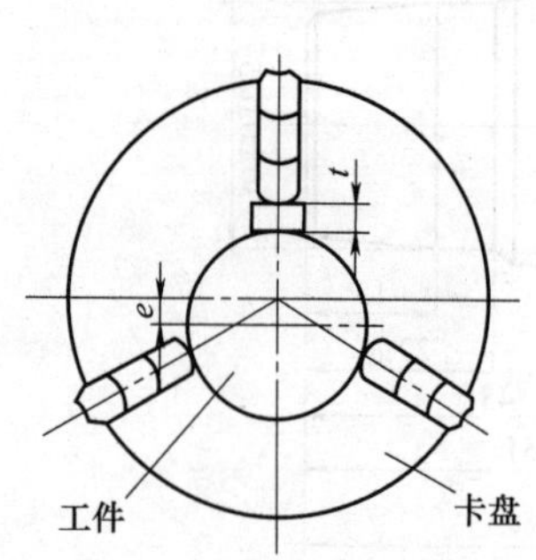

图 6-2　在三爪自定心卡盘上装夹偏心工件

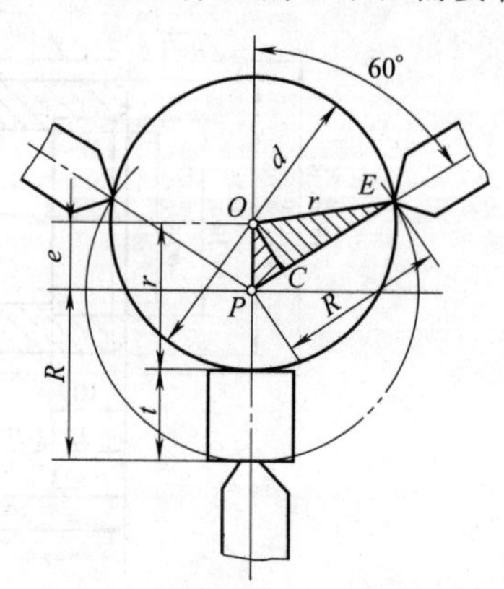

图 6-3　偏心距 e 的计算

垫块的厚度计算公式如下。

如图 6-3 所示，工件毛坯直径 d，中心 O，车床主轴回转中心 P，偏心距 e。r 是工件毛坯半径（$r=d/2$），R 是车床主轴中心（即卡盘中心）到卡爪的距离。垫块厚度 t 为

$$t=\frac{1}{2}\left(3e+\sqrt{d^2-3e^2}-d\right)$$

例如，有一工件，毛坯直径 $d=40$mm，要求钻出偏心距 $e=4$mm 的偏心孔，用三爪自定心卡盘安装工件，其中的一个卡爪处垫块厚度 t 为

$$t=\frac{1}{2}\left(3e+\sqrt{d^2-3e^2}-d\right)=\frac{1}{2}\times\left(3\times4+\sqrt{40^2-3\times4^2}-40\right)\approx5.7\text{mm}$$

该零件为偏心轴零件，工件可以采用三爪自定心卡盘装夹，在一个卡爪处垫上垫块。毛坯外圆直径为 ϕ50mm 的圆钢，工件的最大直径为 ϕ48mm，只有 2mm 的加工余量。因此为了保证加工精度和装夹精度，可以先将毛坯外圆车一刀，为 ϕ49mm。

工件采用三爪卡盘装夹，加工工件右端和偏心部分，外圆 $\phi30_{-0.021}^{\ 0}$ mm 和槽 $\phi30_{-0.021}^{\ 0}$ mm要保证同轴度。车偏心部分时，由于为断续切削，对车刀有一定的冲击，因此要先用外圆粗车刀车削，然后用精车刀加工至尺寸要求。最后调头加工，采用一夹一顶方式，加工工件左端。

(3) 数值处理

图纸尺寸 $\phi30_{-0.021}^{\ 0}$ mm 换算成编程尺寸 $\phi(29.990\pm0.010)$mm，$\phi40_{-0.025}^{\ 0}$ mm 换算成编程尺寸 $\phi(39.988\pm0.012)$mm。$\phi48_{-0.025}^{\ 0}$ mm 换算成编程尺寸 $\phi(47.988\pm0.012)$mm。

螺纹 M36 为粗牙螺纹，螺距为 4mm，实际大径为 35.7mm，实际小径为 30.8mm。

锥面小端直径为 $d=D-CL=30-\frac{1}{5}\times25=25$mm。

毛坯直径 $d=49$mm，偏心距 $e=3$mm。垫块厚度 $t=\frac{1}{2}\left(3e+\sqrt{d^2-3e^2}-d\right)=\frac{1}{2}\times\left(3\times3+\sqrt{49^2-3\times3^2}-49\right)\approx4.36$mm。

(4) 任务实施

① 加工步骤

a. 用三爪自定心卡盘装夹工件毛坯一端，伸出长度约 80mm，找正并夹紧。车外圆至 ϕ49mm×70mm。车平端面，手动钻 ϕ4mm 中心孔。

b. 调头装夹外圆 ϕ49mm 处，伸出长度约 70mm。车端面，保证工件总长 130mm，车削 1∶5 锥面、外圆 $\phi30_{-0.021}^{\ 0}$mm、槽 $\phi30_{-0.021}^{\ 0}$mm 至尺寸。

c. 重新用三爪自定心卡盘装夹，在一个卡爪处垫上厚度 4.36mm 的垫块。找正并夹紧。车偏心部分至尺寸 $\phi40_{-0.025}^{\ 0}$mm 至尺寸。

d. 调头装夹工件，采用一夹一顶方式，卡爪夹持外圆 $\phi30_{-0.021}^{\ 0}$mm 处，卡爪下面垫铜皮。另一端用顶尖顶住。车削外圆 $\phi48_{-0.025}^{\ 0}$mm、槽 ϕ28mm 及螺纹 M36 至尺寸。

选用乳化液进行冷却。

② 工艺卡片（表 6-1）

③ 加工程序

a. 用三爪卡盘装夹，车端面，保证工件总长 130mm，粗、精车 1∶5 锥面、外圆 $\phi30_{-0.021}^{\ 0}$mm、槽 $\phi30_{-0.021}^{\ 0}$mm，如图 6-4 所示。

表 6-1　工艺卡片

零件编号	零件名称	材料	数控加工工艺卡片		机床型号		夹具名称
	偏心轴	45			CAK6140		三爪卡盘
刀具表			量具表		工具表		
T01	90°外圆粗车刀		1	游标卡尺(0～150mm)	1	油石	
T02	90°外圆精车刀		2	外径千分尺(25～50mm)	2	偏心块	
T03	宽 5mm 的切槽刀				3	顶尖	
T04	60°螺纹车刀				4	铜皮	
	ϕ4mm 中心钻						

序号	工艺内容	主轴转速 /r·min^{-1}	进给速度 /mm·r^{-1}	背吃刀量 /mm	刀具
1	车毛坯外圆至 ϕ49mm×70mm。车平端面，手动打 ϕ4mm 中心孔	600			ϕ4mm 中心钻
2	调头装夹外圆 ϕ49mm 处，伸出长度约 70mm。粗车端面，保证工件总长 130mm，粗车 1∶5 锥面、外圆 $\phi30_{-0.021}^{\ 0}$mm，留单边精车余量 0.5mm	600	0.2	1	T0101
3	精车 1∶5 锥面、外圆 $\phi30_{-0.021}^{\ 0}$mm 至图纸要求	1000	0.05	0.5	T0202
4	粗、精车槽 $\phi30_{-0.021}^{\ 0}$mm 至图纸要求	300	0.1		T0303
5	重新用三爪自定心卡盘装夹，在一个卡爪处垫上厚 4.36mm 的垫块。找正并夹紧。粗车偏心部分 $\phi40_{-0.025}^{\ 0}$mm，留单边精车余量 0.5mm	600	0.2	1.5	T0105
6	精车偏心部分 $\phi40_{-0.025}^{\ 0}$mm 至尺寸	1000	0.05	0.5	T0206
7	调头装夹工件，采用一夹一顶方式。粗车外圆 $\phi48_{-0.025}^{\ 0}$mm 至 ϕ49mm，螺纹 M36 外径至 ϕ35.7mm	600	0.2	1.5	T0107
8	精车外圆 $\phi48_{-0.025}^{\ 0}$mm 至尺寸	1000	0.05	0.5	T0208
9	车槽 ϕ28mm 至尺寸	300	0.1		T0309
10	车螺纹 M36 至尺寸	400			T0404

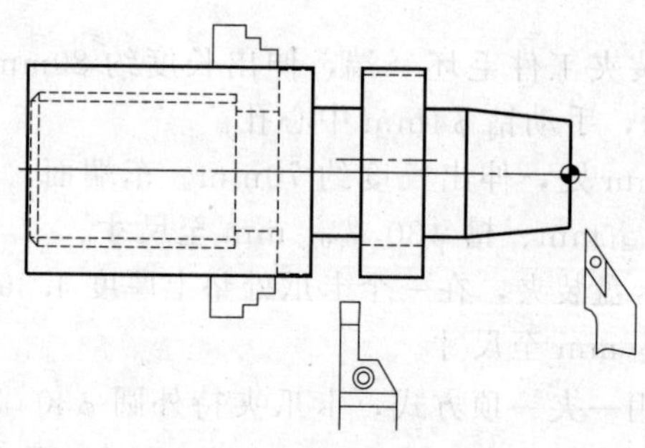

图 6-4　车削工件右端

程序：

O1121;

N10 M03 S600;　　　　主轴正转，600r/min

N20 T0101;　　　　换 T0101 外圆粗车刀

```
N25 M08;                          切削液开
N30 G00 X60 Z4;                   快速定位至循环起点
N40 G71 U1 R1;                    G71外圆粗车循环
N50 G71 P60 Q100 U1 W0.5 F0.2;
N60 G00 X25;
N70 G01 Z0 F0.05;
N80     X29.99 Z-25;
N90     Z-35;
N100    X55;
N110 G00 X100 Z50;                退刀
N120 T0202 S1000;                 换T0202外圆精车刀，1000r/min
N130 G00 X60 Z4;                  快速定位
N140 G70 P60 Q100;                G70精车循环
N150 G00 X100 Z50;                退刀
N160 T0303 S300;                  换T0303切槽刀，300r/min
N170 G00 X60;                     X向快速定位
N180     Z-55;                    Z向快速定位
N190 G01 X30.5 F0.1;              切槽第1刀
N200     X55 F0.5;                X向退刀
N210 G00 Z-60;                    Z向快速定位
N220 G01 X30.5 F0.1;              切槽第2刀
N230 G00 X55;                     X向退刀
N240     Z-62;                    Z向快速定位
N250 G01 X29.99 F0.1;             切槽第3刀
N260 G04 X2;                      槽底暂停
N270 G01 Z-55;                    Z向切槽
N280 G04 X2;                      槽底暂停
N290     X55 F0.5;                X向退刀
N300 G00 X100;                    X向退刀
N310     Z50;                     Z向退刀
N320 M09;                         切削液关
N330 M30;                         程序结束
```

b. 用三爪自定心卡盘装夹，在一个卡爪处垫上厚4.36mm的垫块，找正并夹紧，粗、精车偏心部分至尺寸 $\phi 40_{-0.025}^{0}$ mm，如图6-5所示。

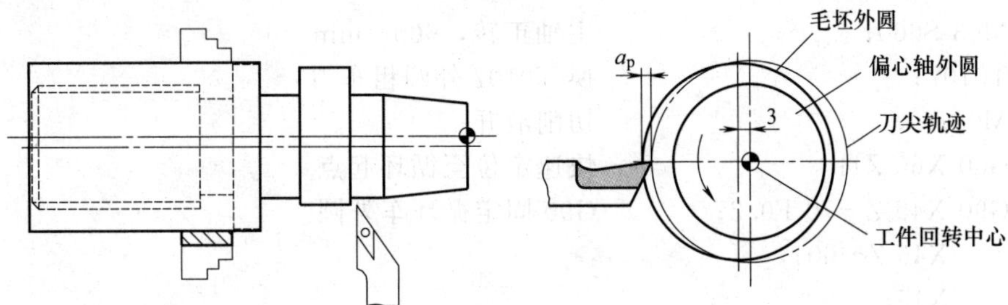

图6-5　车削工件偏心部分

程序：

```
O1122；
N10 M03 S600；                     主轴正转，600r/min
N20 T0105；                        换 T0105 外圆粗车刀
N25 M08；                          切削液开
N30 G00 X60；                      快速定位至循环起点
N40      Z－30；                   Z 向快速定位
N50 G90 X52 Z－55 F0.2；           G90 固定循环车外圆
N60      X49；
N70      X46；
N80      X43；
N90      X41；
N100 G00 X100；                    退刀
N110      Z50；                    退刀
N120 T0206 S1000；                 换 T0206 外圆精车刀，1000r/min
N130 G00 X60；                     快速定位
N140      Z－30；                  快速定位
N150 G90 X39.988 Z－55 F0.05；     G90 固定循环精车外圆
N160 G00 X100；                    快速退刀
N170      Z50；                    快速退刀
N180 M09；                         切削液关
N190 M30；                         程序结束
```

c. 采用一夹一顶方式，车削外圆 $\phi48_{-0.025}^{\ 0}$ mm、槽 $\phi28$mm 及螺纹 M36 至尺寸，如图 6-6 所示。

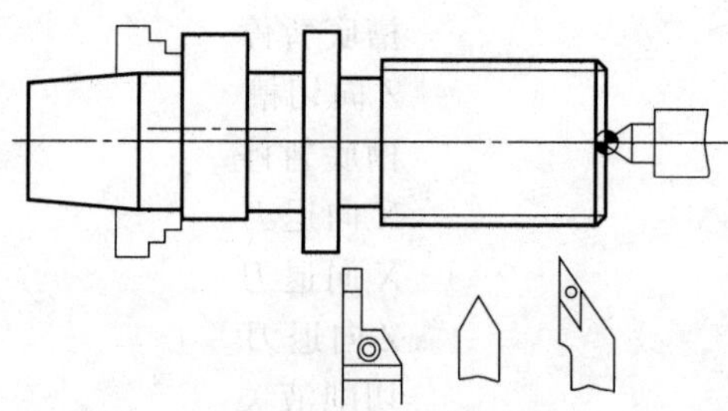

图 6-6　车削工件左端

程序：

```
O1123；
N10 M03 S600；                     主轴正转，600r/min
N20 T0107；                        换 T0107 外圆粗车刀
N30 M08；                          切削液开
N40 G00 X60 Z4；                   快速定位至循环起点
N50 G90 X49 Z－70 F0.2；           G90 固定循环车外圆
N60      X46 Z－60；
N70      X43；
N80      X41；
```

```
N90        X38;
N100       X36;
N110 G00 X32;                 X向进刀
N120       Z2;                Z向快速定位
N130 G01 Z0 F0.1;             Z向进刀
N140       X35.7    Z-2;      车倒角C2
N150       Z-60;              车外圆
N160       X50;               X向退刀
N170 G00 X100;                X向快速退刀
N175       Z10;               Z向快速退刀
N180 T0208 S1000;             换T0208外圆精车刀，1000r/min
N190 G00 X60;                 快速定位
N200       Z-50;              快速定位
N210       X47.988;           快速定位
N220 G01 Z-70 F0.05;          精车外圆
N230 G00 X100;                快速退刀
N240       Z10;               快速退刀
N250 T0309 S300;              换T0309切槽刀，300r/min
N260 G00 X60;                 快速定位
N270       Z-60;              快速定位
N280 G01 X28.4 F0.1;          切槽
N300 G00 X60;                 退刀
N310       Z-55;              快速定位
N320 G01 X28;                 切槽
N330 G04 X2;                  槽底暂停
N340 G01 Z-60;                Z向切槽
N350 G04 X2;                  槽底暂停
N360 G00 X100;                退刀
N370       Z10;               退刀
N380 T0404 S400;              换T0404螺纹刀，400r/min
N390 G00 G00 X60 Z8;          快速定位到循环起点
N400 G76 P1060 Q100 R0.2;     G76螺纹切削循环
N410 G76 X30.8 Z-53 P2598 Q1000 F4;
N420 G00 X100;                退刀
N430       Z10;               退刀
N440 M09;                     切削液关
N450 M30;                     程序停止
```

（5）操作注意事项

采用一夹一顶的装夹方式时，注意车刀进、退刀的位置，避免车刀与顶尖发生碰撞。

6.2 梯形螺纹轴加工

（1）任务描述

如图6-7所示梯形螺纹轴零件，毛坯尺寸为ϕ40mm×180mm的圆钢，材料为45钢，调质处理 220～260HBS，编写加工程序并加工。

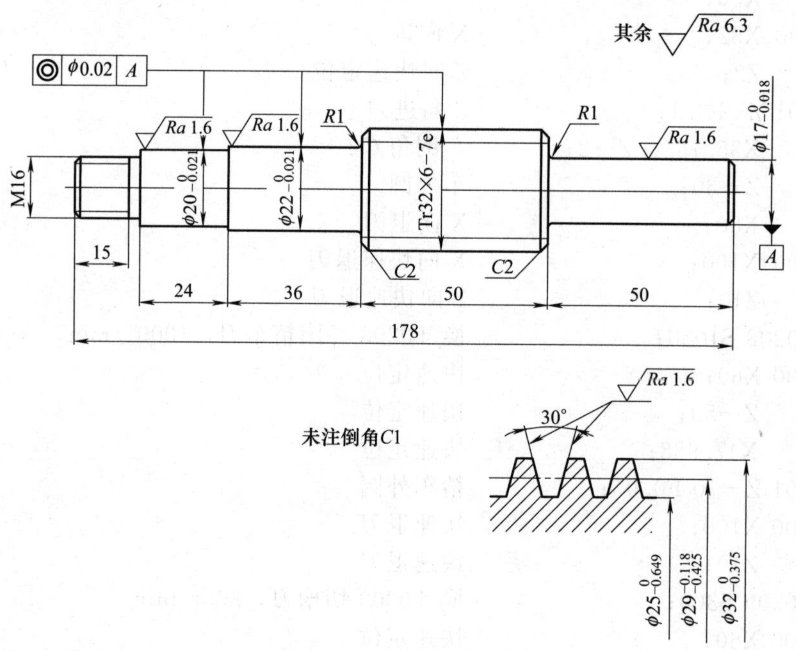

图 6-7　梯形螺纹轴

（2）任务分析

该零件为梯形螺纹轴，工件外圆尺寸精度要求较高，梯形螺纹中径与 $\phi 20_{-0.021}^{\ 0}$ mm 和 $\phi 22_{-0.021}^{\ 0}$ mm 有同轴度要求。由于车削梯形螺纹时切削力较大，工件会产生变形，因此在有同轴度要求之处，留一定的精车余量，加工完梯形螺纹后再精车。工件需要反复调头加工，所以采取双顶法装夹。梯形螺纹用宏程序编程。

（3）数值处理

图纸尺寸 $\phi 20_{-0.021}^{\ 0}$ mm 换算成编程尺寸 $\phi(19.990 \pm 0.010)$mm，尺寸 $\phi 22_{-0.021}^{\ 0}$ mm 换算成编程尺寸 $\phi(21.990 \pm 0.010)$mm，尺寸 $\phi 17_{-0.018}^{\ 0}$ mm 换算成编程尺寸 $\phi(16.991 \pm 0.009)$mm；尺寸 $\phi 32_{-0.375}^{\ 0}$ mm 换算成编程尺寸 $\phi(31.813 \pm 0.187)$mm。

（4）任务实施

① 加工步骤

a. 分别车平两端面，保证总长 178mm，两端钻 $\phi 2.5$mm 中心孔。

b. 用双顶法装夹工件，车外圆 $\phi 22$mm×78mm 至 $\phi 23$mm×76mm。

c. 调头装夹。粗车外圆 $\phi 17$mm × 50mm 至 $\phi 18$mm × 50mm，车削梯形螺纹外径 $\phi 32$mm 至 $\phi 32_{\ 0}^{+0.20}$ mm，倒角 C2。

d. 车梯形螺纹 Tr32×6 至尺寸。用三针测量法测量。

e. 精车梯形螺纹外径 $\phi 32_{-0.375}^{\ 0}$ mm、外圆 $\phi 17_{-0.018}^{\ 0}$ mm×50mm 至尺寸要求。

f. 调头装夹工件。粗、精车外圆 $\phi 22_{-0.021}^{\ 0}$ mm×36mm、$\phi 20_{-0.021}^{\ 0}$ mm×24mm 以及螺纹 M16 至尺寸要求。

测量、检查合格，取下工件。

选用乳化液进行冷却。

② 工艺卡片（表 6-2）

表 6-2 工艺卡片

零件编号	零件名称	材料	数控加工工艺卡片	机床型号	夹具名称
	螺纹轴	45		CAK6140	三爪卡盘
刀具表		量具表		工具表	
T01	90°外圆车刀	1	游标卡尺(0～150mm)	1	油石
T02	30°高速钢梯形螺纹车刀	2	外径千分尺(0～25mm)	2	顶尖
T03	60°螺纹车刀	3	外径千分尺(25～50mm)	3	鸡心夹头
	ϕ2.5mm 中心钻	4	Tr32×6-7e 螺纹环规		

序号	工艺内容	主轴转速 /r·min^{-1}	进给速度 /r·min^{-1}	背吃刀量 /mm	刀具
1	分别车平两端面，保证总长 178mm，两端钻 ϕ2.5mm 中心孔	600			ϕ2.5mm 中心钻
2	用双顶法装夹工件，车外圆 ϕ22mm×78mm 至 ϕ23mm×76mm	600	0.2	1.5	T0101
3	调头装夹。粗车外圆 ϕ17mm × 50mm 至 ϕ18mm × 50mm，车削梯形螺纹外径 ϕ32mm 至 $\phi 32^{+0.20}_{0}$mm，倒角 C2	600	0.2	1.5	T0105
4	车梯形螺纹 Tr32×6 至尺寸	300			T0202
5	精车梯形螺纹外径 $\phi 32^{0}_{-0.375}$ mm、外圆 $\phi 17^{0}_{-0.018}$ mm×50mm 至尺寸要求	1000	0.05	0.5	T0105
6	调头装夹工件。粗、精车外圆 $\phi 22^{0}_{-0.021}$ mm × 36mm、$\phi 20^{0}_{-0.021}$ mm×24mm 至尺寸要求	1000	0.05	0.5	T0101
7	车螺纹 M16 至尺寸要求	300			T0303

③ 加工程序

本例只编写工件右端的加工程序。

a. 粗车外圆 ϕ17mm×50mm 至 ϕ18mm×50mm，车梯形螺纹外径 ϕ32mm 至 $\phi 32^{+0.20}_{0}$ mm，倒角 $C2$。

程序：

```
O2233；
N10 M03 S600；                  主轴正转，600r/min
N20 T0105；                     换 T0105 外圆车刀
N30 M08；                       切削液开
N40 G00  X50 Z2；               快速定位至循环起点
N50 G90  X37 Z－105 F0.2；      G90 固定循环车外圆
N60      X34；
N70      X31；
N90      X28 Z－49；
N100     X25；
N110     X22；
N120     X19；
N130 G00 X18 Z2；               快速定位
N140 G01 Z－49；                车外圆 φ18mm
N150 G02 X20 Z－50 R1；         车圆角 R1
N160 G01 X28；                  车螺纹处右端面
N170     X30.2 Z－52 F0.1；     车倒角 C2
```

N180　　Z－105；　　　　　　　车梯形螺纹外径至 $\phi 32^{+0.20}_{0}$ mm
N190 G00 X100 Z10；　　　　退刀
N200 M09；　　　　　　　　　切削液关
N210 M30；　　　　　　　　　程序结束

b. 车梯形螺纹 Tr32×6。以梯形螺纹车刀的右刀尖（A 点）作为刀位点进行 Z 轴对刀，X 轴以螺纹大径外圆对刀。如图 6-8、图 6-9 所示。

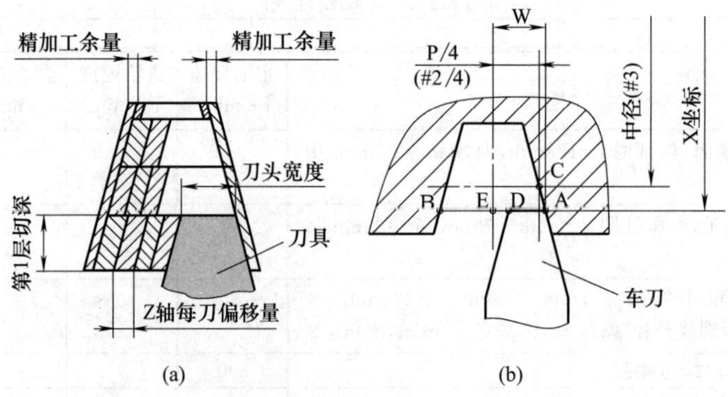

图 6-8　分层切削法及数学处理

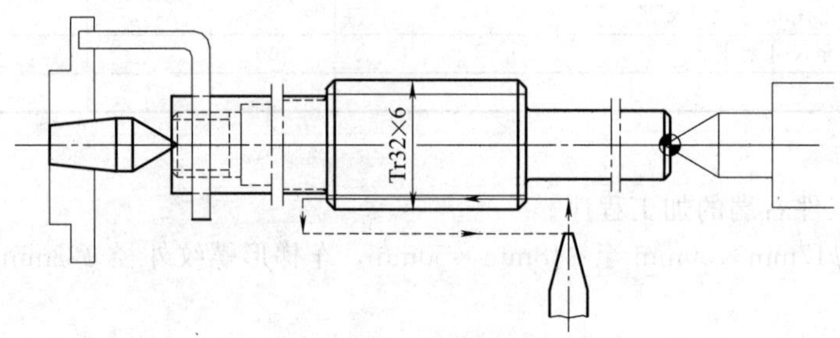

图 6-9　梯形螺纹加工

梯形螺纹参数设置见表 6-3。

表 6-3　梯形螺纹参数设置

参数名称	变量名及计算	初始值	参数名称	变量名及计算	初始值
公称直径 d	＃1	32	刀头宽度	＃6	1.5
螺距 P	＃2	6	牙槽底宽	＃7＝0.366 ＊＃2－0.536 ＊＃4	
中径 d_2	＃3＝＃1－＃2/2		起刀点 Z 轴偏移量	＃8＝＃2/4＋TAN[15]＊[＃1－＃3]/2－0.1	
牙顶间隙 a_c	＃4	0.5	每层 Z 轴切削余量	＃9＝＃2/2＋TAN[15]＊[＃1－＃3]－＃6－0.1	
小径 d_3	＃5＝＃1－＃2－2 ＊＃4				

程序：

O2234；
M03 S300；　　　　　　　　　主轴正转，300r/min
T0202；　　　　　　　　　　换 T0202 梯形螺纹车刀
M08；　　　　　　　　　　　切削液开
G00 X50 Z－35；　　　　　　快速定位到起刀点
＃1＝32；　　　　　　　　　螺纹公称直径

```
    #2=6;                                      螺距(单线螺纹螺距=导程)
    #3=#1-#2/2;                                螺纹中径
    #4=0.5;                                    牙顶间隙
    #5=#1-#2-2*#4;                             螺纹小径
    #6=1.5;                                    刀头宽度
    #7=0.366*#2-0.536*#4;                      牙底槽宽
    #8=#2/4+TAN[15]*[#1-#3]/2-0.1;             起刀点Z轴偏移量
    #9=#2/2+TAN[15]*[#1-#3]-#6-0.1;            每层Z轴切削余量
N1 IF[#1 LE #5] GOTO 4;                        如果切削直径X值≤小径,执行N4程序段
N2 IF[#9 LE 0.1] GOTO 3;                       如果每层Z轴切削余量≤0.1mm,执行N3程序段
    G00 Z[#8-35];                              快速定位到Z轴起刀点
    G92 X[#1] Z-110 F#2;                       切削螺纹
    #8=#8-0.5;                                 起刀点Z轴偏移量递减0.5mm
    #9=#9-0.5;                                 每层Z轴切削余量递减0.5mm
    GOTO 2;                                    执行N2程序段
N3 #1=#1-1;                                    切削直径X值递减1mm(直径值),切削下一层
    #8=#2/4+TAN[15]*[#1-#3]/2-0.1;             重新计算起刀点Z轴偏移量
    #9=#2/2+TAN[15]*[#1-#3]-#6-0.1;            重新计算每层Z轴切削余量
    GOTO 1;                                    执行N1程序段
N4 G00 Z[#6/2-35];                             车刀快速定位到起刀点,准备在槽中心切削
    G92 X[#5] Z-110 F#2;                       在槽中心切削螺纹到小径
    G00 Z[#7/2-35];                            车刀快速定位到起刀点,准备精车槽右侧面
    G92 X[#5] Z-110 F#2;                       精车螺纹槽右侧面
    G00 Z[#6-#7/2-35];                         车刀快速定位到起刀点,准备精车槽左侧面
    G92 X[#5] Z-110 F#2;                       精车螺纹槽左侧面
    M09;                                       切削液关
    G00 X100;                                  退刀
        Z10;                                   退刀
    M30;                                       程序结束
```

c. 精车梯形螺纹外径 $\phi 32_{-0.375}^{\ 0}$ mm、外圆 $\phi 17_{-0.018}^{\ 0}$ mm×50mm 至尺寸要求。

程序：

```
O2235;
N10 M03 S1000;              主轴正转,1000r/min
N20 T0105;                  换T0105外圆车刀
N30 M08;                    切削液开
N40 G00 X16 Z2;             快速定位
N50 G01 Z0 F0.2;            进给至轴端面
```

N60　　X16.991 Z－1 F0.05；　车倒角 $C1$

N70　　Z－49；　　　　　　车外圆 $\phi 17_{-0.018}^{\ 0}$ mm

N80 G02 X18.991 Z－50 R1；　车圆角 $R1$

N90 G01 X28；　　　　　　车螺纹处右端面

N100　　X31.813 Z－52；　　车倒角 $C2$

N110　　Z－105；　　　　　车螺纹外径 $\phi 32_{-0.375}^{\ 0}$ mm

N120 G00 X100；　　　　　退刀

N130　　Z10；　　　　　　退刀

N140 M09；　　　　　　　切削液关

N150 M30；　　　　　　　程序结束

（5）操作注意事项

采用双顶的装夹方式时，注意车刀进、退刀的位置，避免车刀与顶尖发生碰撞。

6.3 密封座加工

（1）任务描述

如图 6-10 所示密封座零件，毛坯尺寸为 ϕ50mm 棒料，材料为铝合金 LF2，编写加工程序并加工。

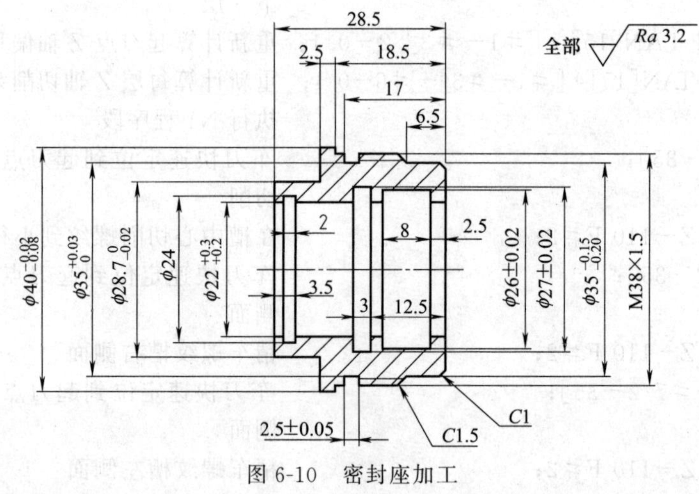

图 6-10　密封座加工

（2）任务分析

该零件为密封座。毛坯材料为铝合金，材料硬度低，切削性能好。但加工铝合金工件时容易在刀具上产生积屑瘤。毛坯为圆棒料，因此需要先用麻花钻钻出内孔，然后车内孔和内沟槽，最后加工外圆及螺纹，切断。加工中需要外圆车刀、内孔车刀、内切槽刀、外切槽刀、螺纹车刀和麻花钻 6 把刀具，而四工位刀架只能一次安装 4 把刀，麻花钻安装在尾座上，用手动钻孔；由于铝合金材料硬度较低，内孔的加工余量也不大，所以可以把内切槽刀代替内孔车刀，既切内沟槽，又车内孔。车内孔时适当减小切削用量。

（3）数值处理

图纸尺寸 $\phi 40_{-0.08}^{-0.02}$ mm 换算成编程尺寸 $\phi(39.95\pm0.03)$mm，尺寸 $\phi 35_{\ 0}^{+0.03}$ mm 换算成编程尺寸 $\phi(35.015\pm0.015)$mm；尺寸 $\phi 28.7_{-0.02}^{\ 0}$ mm 换算成编程尺寸 $\phi(28.69\pm0.01)$mm，尺寸 $\phi 22_{+0.2}^{+0.3}$ mm 换算成编程尺寸 $\phi(22.25\pm0.05)$mm；尺寸 $\phi 35_{-0.20}^{-0.15}$ mm 换算成编程尺

寸ϕ(34.825±0.025)mm。

螺纹 M38×1.5，实际大径为 37.8mm，实际小径为 36.16mm。

(4) 任务实施

① 加工步骤

a. 用三爪自定心卡盘装夹毛坯外圆，伸出长度约 50mm。车平端面，用 ϕ20mm 麻花钻钻孔深 40mm。

b. 车内孔 $\phi22^{+0.3}_{+0.2}$mm 至尺寸。

c. 车内沟槽 3 处至尺寸。

d. 车外圆 $\phi40^{-0.02}_{-0.08}$mm、螺纹大径 ϕ37.8mm、外圆 $\phi35^{-0.15}_{-0.20}$mm、倒角 $C1$ 和 $C1.5$ 至尺寸。

e. 车外沟槽 $\phi35^{+0.03}_{0}$mm、外圆 $\phi28.7^{0}_{-0.02}$mm 至尺寸。

f. 车 M38×1.5 至尺寸。

g. 切断，保证总长。

选用乳化液进行冷却。

② 工艺卡片（表 6-4）

表 6-4 工艺卡片

零件编号	零件名称	材料	数控加工工艺卡片	机床型号	夹具名称
	螺纹轴	LF2		CAK6140	三爪卡盘

刀具表		量具表		工具表	
T01	90°外圆车刀	1	游标卡尺(0～150mm)	1	油石
T02	2mm 硬质合金内切槽刀	2	外径千分尺(25～50mm)		
T03	2.5mm 外切槽刀	3	内径千分尺(0～25mm)		
T04	60°螺纹车刀	4	M38×1.5 螺纹环规		
	ϕ20mm 麻花钻	5	弹簧内卡钳		
		6	钩形游标深度尺		

序号	工艺内容	主轴转速 /r·min^{-1}	进给速度 /r·min^{-1}	背吃刀量 /mm	刀具
1	车平端面，用 ϕ20mm 麻花钻钻孔深 40mm	600			ϕ20mm 麻花钻
2	车内孔 $\phi22^{+0.3}_{+0.2}$mm 至尺寸	800	0.1	1	T0202
3	车内沟槽 3 处至尺寸	400	0.1		T0202
4	车外圆 $\phi40^{-0.02}_{-0.08}$mm、螺纹大径 ϕ37.8mm、外圆 $\phi35^{-0.15}_{-0.20}$mm、倒角 $C1$ 和 $C1.5$ 至尺寸	1000	0.1	2	T0101
5	车外沟槽 $\phi35^{+0.03}_{0}$mm、外圆 $\phi28.7^{0}_{-0.02}$mm 至尺寸	400	0.1		T0303
6	车 M38×1.5 至尺寸	400			T0404
7	切断，保证总长	400			T0303

③ 加工程序

O4231;	
N10 M03 S800;	主轴正转，800r/min
N20 T0202;	换 T0202 内切槽刀
N30 M08;	切削液开
N40 G00 X18 Z4;	快速定位至循环起点
N50 G90 X21 Z－30 F0.1;	G90 固定循环车内孔
N55 　　X21.6;	车内孔

```
N60      X22.25 F0.05;            车内孔
N65 S400;                         主轴转速400r/min
N70 G00 X18;                      X向退刀
N80      Z-27;                    Z向快速定位
N90 G01 X24 F0.1;                 车内沟槽
N100 G04 X2;                      槽底暂停
N110 G01 X18;                     X向退刀
N120 G00 Z-15.5;                  快速定位
N130 G01 X26.5 F0.1;              车内沟槽
N140      X18;                    X向退刀
N150      Z-14.5;                 Z向定位
N160      X27;                    车内沟槽
N170 G04 X2;                      槽底暂停
N180 G01 Z-15.5;                  Z向进给车槽
N190 G04 X2;                      槽底暂停
N200 G01 X18;                     X向退刀
N210      Z-10.5;                 Z向定位
N220      X25.5;                  车内沟槽
N230      X18;                    X向退刀
N240      Z-8.5;                  Z向定位
N250      X25.5;                  车内沟槽
N260      X18;                    X向退刀
N210      Z-6.5;                  Z向定位
N220      X25.5;                  车内沟槽
N230      X18;                    X向退刀
N240      Z-4.5;                  Z向定位
N250      X26;                    车内沟槽
N260 G04 X2;                      槽底暂停
N270 G01 Z-10.5;                  Z向进给切槽
N280 G04 X2;                      槽底暂停
N290 G01 X18;                     X向退刀
N300 G00 Z50;                     Z向退刀
N310      X100;                   X向退刀
N320 T0101 S1000;                 换T0101外圆刀,1000r/min
N330 G00 X60 Z4;                  快速定位
N340 G90 X47 Z-32 F0.2;           G90固定循环粗车外圆
N350      X44;
N360      X41;
N370      X38.5 Z-18.5;
N380      X36 Z6.5;
N390 G00 X33 Z2;                  快速定位
N400 G01 Z0 F0.1;                 进给至Z0
N410      X34.825 Z-1;            车倒角C1
```

```
N420       Z－6.5；                 车外圆
N430       X37.8 Z－8.5；           车倒角 C2
N440       Z－18.5；                车外圆
N450       X39.95；
N460       Z－32；                  车外圆
N470 G00 X100 Z50；                 退刀
N480 T0303 S400；                   换切槽刀，400r/min
N490 G00 X50；                      快速定位
N500       Z－17；                  快速定位
N510 G01 X35.015 F0.1；             车槽
N520 G04 X2；                       槽底暂停
N530 G01 X40；                      退刀
N540 G00 X100；                     退刀
N550       Z50；                    退刀
N560 T0404；                        换 T0404 螺纹刀
N570 G00 X55 Z4；                   快速定位
N580 G92 X37.4 Z－16 F1.5；         G92 固定循环车螺纹
N590       X36.8；
N600       X36.4；
N610       X36.16；
N620       X36.16；
N630 G00 X100 Z50；                 退刀
N640 T0303；                        换 T0303 切槽刀
N650 G00 X60；                      快速定位
N660       Z－23.5；                快速定位
N670 G01 X29 F0.1；                 车槽
N680 G00 X55；                      退刀
N690       Z－26；                  Z 向定位
N700 G01 X29；                      车槽
N710 G00 X55；                      退刀
N720       Z－28.5；                Z 向定位
N730 G01 X29；                      车槽
N740 G00 X55；                      退刀
N750       Z－31；                  Z 向定位
N760 G01 X28.69；                   车槽
N770 G04 X2；                       槽底暂停
N780 G01 Z－23.5；                  Z 向进给车槽
N790 G04 X2；                       槽底暂停
N800 G01 X40；                      退刀
N810 G00 X60；                      退刀
N820       Z－31；                  Z 向定位
N830 G01 X10；                      切断
N840 G00 X100；                     退刀
```

```
N850    Z50;              退刀
N860 M09;                 切削液关
N870 M30;                 程序结束
```

6.4 配合件加工

(1) 任务描述

如图 6-11 配合件，毛坯为 ϕ40mm×160mm 的圆钢，材料为 45 钢。

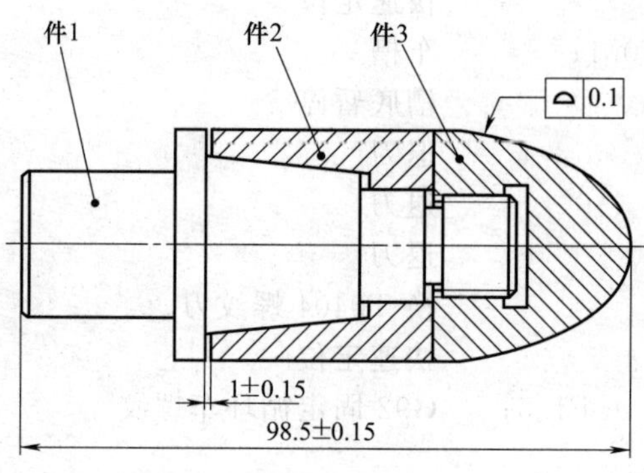

(a) 装配图

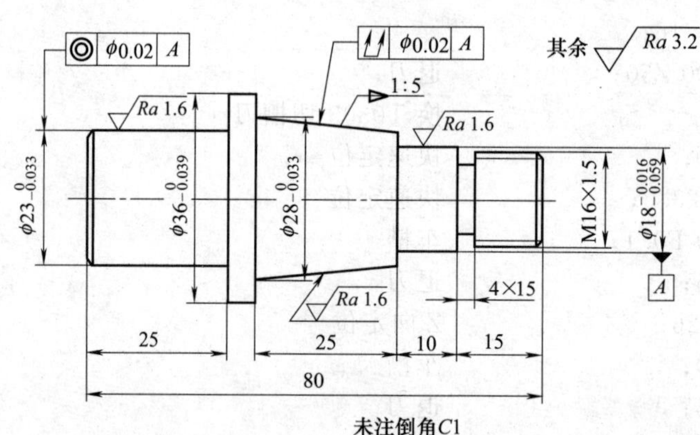

(b) 件1

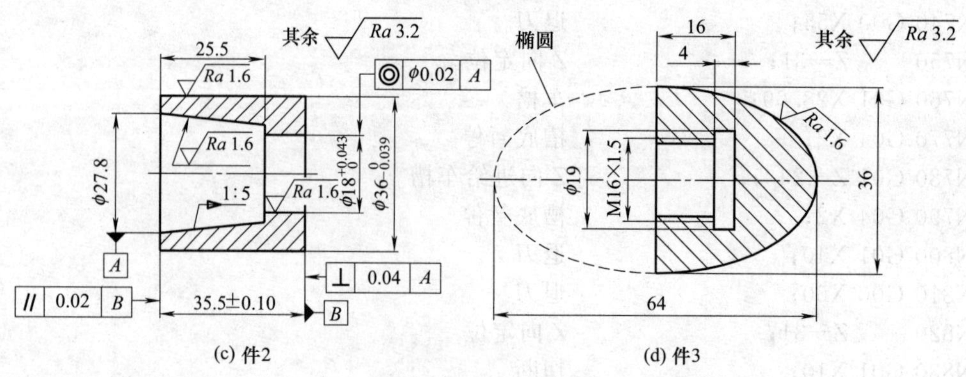

(c) 件2　　(d) 件3

图 6-11　配合件加工

（2）任务分析

该任务是用一根圆钢加工三个零件，加工完后装配在一起，并且满足装配要求。加工配合件时，一是要注意合理分配毛坯长度，有时切断刀过宽，去除的材料过多，会使毛坯长度不够，不能完成三个工件的加工；二是要考虑装夹和加工问题，有的零件如果先切断，然后加工，会造成无法装夹而报废，因此可以先用一个整棒料加工某些尺寸，然后切断，重新装夹后继续加工；三是要考虑配合关系，例如本任务中，件 1 与件 2 的锥面、圆柱面之间需要配合，同轴度要求很重要，件 2 如果先切断下料再加工内、外表面，外圆表面也难以加工，件 3 的椭圆表面，如果先加工出椭圆表面后车内螺纹，则外表面难以装夹，所以要综合考虑图样及技术要求，合理安排加工路线。

（3）数值处理

图纸中各零件的尺寸按照中值尺寸处理成编程尺寸。

（4）任务实施

① 计算总长，选择切断刀。

毛坯总长减去三个零件的长度之和，剩余长度为 160－80－35.5－32＝12.5mm。毛坯两端不平整，每端需要切除约 0.5mm，共 1mm。毛坯需要切断为三段，切两刀，选择切断刀宽度为 4mm（切断刀宽度太小，刀头强度弱，容易产生振动，不利于切削），两刀需要 8mm。这样还余 12.5－1－8＝3.5mm，因此每个零件长度上加工余量可以分配 1mm 左右，这样在长度上分配刚好合适。

② 制定加工工艺路线。

a. 用三爪自定心卡盘装夹毛坯外圆，伸出长度约 90mm。用 ϕ4mm 中心钻钻中心孔定位，用 ϕ12mm 麻花钻钻孔，钻尖深度为 61.5mm。钻孔深度为件 2 长度、件 3 孔深、切断刀 2 次切削宽度以及两个零件各 1mm 的加工余量之和（35.5＋16＋4＋4＋1＋1＝61.5mm）。先钻孔的目的，主要是为了方便切断工件。

b. 用 90°外圆车刀车工件外圆至 ϕ36.5mm×80mm，外圆直径留 0.5mm 加工余量。

c. 用宽 4mm 的切断刀切下件 2，长 36.5mm；然后切下件 3，长 33mm。

d. 重新装夹工件毛坯，伸出长度 50mm。加工件 1 左端外圆 $\phi 23_{-0.033}^{\ 0}$mm、端面及倒角 $C1$ 至图纸尺寸。

e. 调头装夹外圆 $\phi 23_{-0.033}^{\ 0}$mm 处，伸出长度 60mm，卡爪下垫铜皮。车削件 1 右端外圆、1∶5 锥面、槽、倒角及螺纹至图纸要求。保证总长 80mm。注意由于锥面精度要求较高，在编程时采用刀尖圆弧半径补偿功能。测量检查合格，卸下件 1。

f. 装夹件 2 外圆，车 1∶5 锥孔和内孔 $\phi 18_{\ 0}^{+0.043}$mm 至图纸尺寸。机床停车，不要卸下工件，用件 1 配合检查轴向间隙（1±0.15）mm。如果间隙小，则修配件 2，用车刀将锥孔端面车去一些。最后保证总长（35.5±0.10）mm。锥面精度要求较高，在编程时采用刀尖圆弧半径补偿功能。检查合格，卸下件 2。

g. 装夹件 3 毛坯，车内孔、内沟槽及内螺纹至图纸尺寸。内螺纹 M16×1.5 与件 1 配作。卸下件 3。

h. 装配工件，螺纹拧紧，防止在车削过程中松动。装夹配合件外圆 $\phi 23_{-0.033}^{\ 0}$mm 处，夹持长度 20mm，卡爪下垫铜皮。车削配合件椭圆面、外圆至图纸要求。加工中，背吃刀量适当减小，在以上加工中尖角处用油石倒钝。

选用乳化液进行冷却。

为了节省篇幅，在这里只编写件 1 右端的加工程序和配合件的加工程序。工艺卡片也只填写这两个工步的内容。

③ 工艺卡片（表 6-5）。

表 6-5　工艺卡片

<table>
<tr><td>零件编号</td><td colspan="2">零件名称</td><td>材料</td><td colspan="3" rowspan="2">数控加工工艺卡片</td><td colspan="2">机床型号</td><td>夹具名称</td></tr>
<tr><td></td><td colspan="2">配合件</td><td>45</td><td colspan="2">CAK6140</td><td>三爪卡盘</td></tr>
<tr><td colspan="4">刀具表</td><td colspan="3">量具表</td><td colspan="3">工具表</td></tr>
<tr><td>T01</td><td colspan="3">90°外圆车刀</td><td>1</td><td colspan="2">游标卡尺(0～150mm)</td><td>1</td><td colspan="2">油石</td></tr>
<tr><td>T02</td><td colspan="3">4mm 切断(槽)刀</td><td>2</td><td colspan="2">外径千分尺(0～25mm)</td><td>2</td><td colspan="2">铜皮</td></tr>
<tr><td>T03</td><td colspan="3">4mm 内切槽刀</td><td>3</td><td colspan="2">外径千分尺(25～50mm)</td><td></td><td colspan="2"></td></tr>
<tr><td>T04</td><td colspan="3">60°螺纹车刀</td><td>4</td><td colspan="2">内径千分尺(0～25mm)</td><td></td><td colspan="2"></td></tr>
<tr><td></td><td colspan="3">90°内孔车刀</td><td>5</td><td colspan="2">M16×1.5 螺纹环规</td><td></td><td colspan="2"></td></tr>
<tr><td></td><td colspan="3">ϕ12mm 麻花钻</td><td>6</td><td colspan="2">塞尺</td><td></td><td colspan="2"></td></tr>
<tr><td></td><td colspan="3">ϕ4mm 中心钻</td><td>7</td><td colspan="2">椭圆样板</td><td></td><td colspan="2"></td></tr>
</table>

序号	工艺内容	主轴转速 /r·min^{-1}	进给速度 /r·min^{-1}	背吃刀量 /mm	刀具
5	调头装夹外圆 $\phi23_{-0.033}^{\ 0}$mm 处，伸出长度 60mm，卡爪下垫铜皮。车削件 1 右端外圆、1∶5 锥面、槽、倒角及螺纹至图纸要求。保证总长 80mm	600 1000	0.2 0.05	1 0.5	T0101 T0202 T0404
⋮					
8	装夹配合件外圆 $\phi23_{-0.033}^{\ 0}$mm 处，夹持长度 20mm，卡爪下垫铜皮。车削配合件椭圆面、外圆至图纸要求	600	0.1	0.5	T0101

④ 加工程序。

a. 车削件 1 右端至图纸尺寸，如图 6-12 所示。

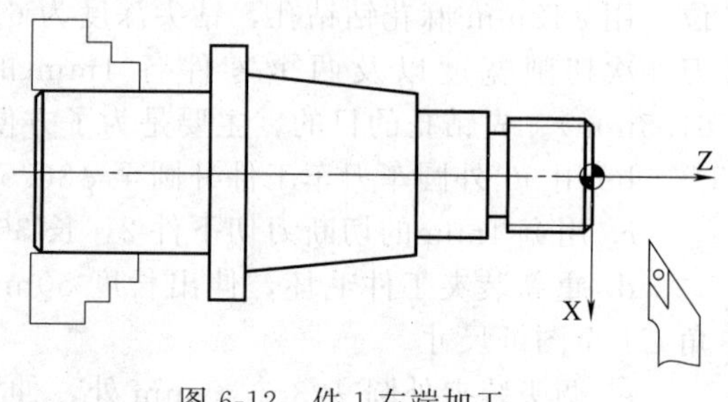

图 6-12　件 1 右端加工

程序：

```
O3211;
N10 M03 S600;              主轴正转,600r/min
N20 T0101;                 换 T0101 外圆车刀
N30 G00 X50 Z2 M08;        快速定位,切削液开
N40 G71 U1 R1;             粗车循环
N50 G71 P60 Q170 U1 W0.5 F0.2;
                           粗车循环
N60 G00 X14;                       精加工程序首段
N70 G01 Z0;
N80     X15.8 Z-1 F0.05;
N90     Z-15;
N100    X17.963;
N120    Z-25;
N130    X23;
N140    X27.984 Z-50;
N150    X35.981;
N160    Z-56;
N170    X40;                       精加工程序末段
N180 G00 X60 Z4;                   退刀
N190 G42 G00 X50 Z2 S1000;         刀尖圆弧半径右补偿 G42,1000r/min
N200 G70 P60 Q170;                 精车循环
N210 G40 G00 X100 Z50;             退刀,取消刀具补偿
```

```
N220 T0202 S300;              换切槽刀 T0202,1000r/min
N230 G00 X50;                 快速定位
N240     Z-15;                快速定位
N250 G01 X13 F0.1;            切槽
N260 G04 X2;                  槽底暂停
N270 G00 X100;                X 向退刀
N280     Z50;                 Z 向退刀
N290 T0404;                   换 T0404 螺纹刀
N300 G00 X50 Z5;              快速定位至循环起点
N310 G92 X15.2 Z-13 F1.5;     G92 固定循环车螺纹
N320     X14.6;
N330     X14.2;
N340     X14.05;
N350     X14.05;
N360 G00 X100 Z50;            退刀
N370 M09;                     切削液关
N380 M30;                     程序结束
```

b. 车削配合件外形至图纸尺寸。将椭圆的宏程序与 G73 指令结合编程，如图6-13所示。最大单边加工余量为 10mm，粗车次数为 8。从图 6-13 中看出，该件加工余量不均匀，用 G73 指令效率较低，如果想要提高加工效率，可以采用车锥法切除大部分余量，然后用 G73 指令加工。

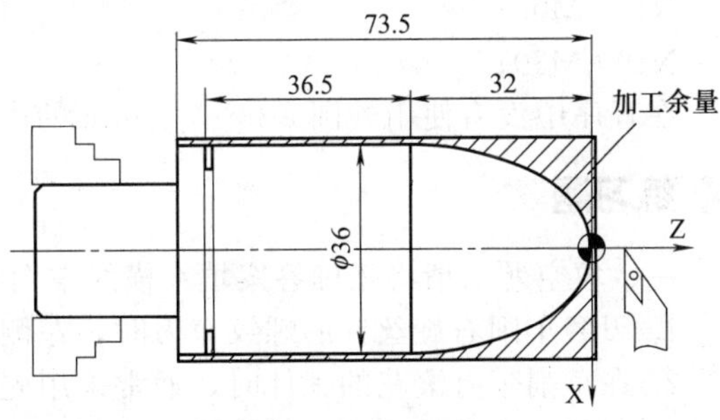

图 6-13　配合件加工

根据图纸尺寸，椭圆方程为

$$\frac{z^2}{32^2}+\frac{x^2}{18^2}=1$$

转化为

$$x=18\times\sqrt{1-\frac{z^2}{1024}}$$

由于工件坐标系原点在工件的右端面回转中心，该点与椭圆的中心偏离 32mm，所以在计算 Z 轴坐标值时要减去 32mm。X 的值由于是直径编程，所以要乘以 2。X 与 Z 的坐标值为

$$Z=z-32$$

$$X=2x=36\sqrt{1-\frac{z^2}{1024}}$$

程序：

```
O3212;
N10 M03 S600;                 主轴正转,600r/min
N20 T0101;                    换 T0101 外圆车刀
```

```
N30 G00 X50 Z2;                              快速定位到循环起点
N35 M08;                                     切削液开
N40 G73 U10 W2 R8;                           G73 仿形切削循环
N50 G73 P60 Q150 U0.5 W0.5 F0.2;
N60 G00 X0;                                  精加工程序首段
N70 G01 Z0 F0.1;                             G01 进给至右端面
N80 #1=32;                                   Z 轴变量初始值
N90 #2=#1-32;                                曲线上点的 Z 轴坐标值
N100 #3=36*SQRT[1-[#1*#1]/1024];             曲线上点的 X 轴坐标值
N110 G01 X[#3] Z[#2] F0.1;                   拟合曲线
N120 #1=#1-0.1;                              Z 轴变量减去 0.1mm
N130 IF[#1 GE 0] GOTO 90;                    如果#1≥0,执行 N90 程序段;如果条件不
                                             成立,则执行下面的程序段
N140      Z-75;                              切削进给至 Z-75
N150      X40;                               精加工程序末段
N160 G70 P60 Q150;                           G70 精车循环
N170 G00 X100 Z50;                           退刀
N180 M09;                                    切削液关
N190 M30;                                    程序结束
```

在程序中没有使用外圆 $\phi36_{-0.039}^{0}$ mm 的中值尺寸编程，可以通过修改磨耗处理。

练习题

一、填空题（请将正确答案填在横线空白处）

1. 刃磨车削右旋丝杠的螺纹车刀时，左侧工作后角应________右侧工作后角。
2. 在车削带有滚花的工件时，通常采用先________，再找正工件，然后进行精车。
3. 切断实心工件时，工件半径应________切断刀刀头长度。
4. 一旦指定永远有效，直到被同组代码取代的代码是模态代码________。
5. 为减小工件变形，薄壁工件应尽可能采用________夹紧的方法。
6. 数控机床常用编码有两种，即________代码和________代码。
7. 数控机床标准直角坐标系中，都是假定________不动，________相对________而运动，且规定某一坐标轴的正方向为________的运动方向。
8. 加工偏心零件时，应保证偏心的中心与机床主轴的回转中心________。

二、选择题（请将正确答案的代号填入括号内）

1. 轴类零件的淬火热处理工序一般安排在（　　）。

A. 粗加工前　　B. 粗加工后，精加工前　　C. 精加工后

2. 45 钢的含碳量为（　　）。

A. 45%　　B. 4.5%　　C. 0.45%　　D. 0.045

3. 下列钢号中，塑性和焊接性最好的是（　　）。

A. 20　　B. 45　　C. T10　　D. 65

4. 切削用量中，对刀具磨损影响最小的是（　　）。

A. 切削速度　　B. 进给速度　　C. 背吃刀量

5. 车刀角度中，控制切屑流向的是（　　）。

A. 前角　　B. 后角　　C. 主偏角　　D. 刃倾角

6. 精车时加工余量较小，为提高生产率应选用较大的（　　）。

A. 切削速度　　B. 进给速度　　　　　　C. 背吃刀量

7. 一般而言，增大工艺系统的（　　）才能有效地降低振动强度。

A. 刚度　　　　B. 强度　　　　　　　　C. 精度　　　　　D. 硬度

8. 在下面几种钢的牌号中，属于合金调质钢的是（　　）。

A. Q235　　　　B. T8　　　　　　　　　C. 45　　　　　　D. 40Cr

9. H7/k6 属于（　　）配合。

A. 过渡配合　　B. 过盈配合　　　　　　C. 间隙配合　　　D. 大间隙配合

10. 45 钢铰孔时常用（　　）作切削液。

A. 水　　　　　B. 乳化液　　　　　　　C. 煤油　　　　　D. 机油

三、判断题（正确的请在括号内打“√”，错误的打“×”）

1. 在切削时，车刀出现溅火星属正常现象，可以继续切削。（　　）

2. 如果在数控车床上车削螺纹，该数控车床必须有主轴脉冲编码器。（　　）

3. 套类工件因受刀体强度、排屑状况的影响，所以每次切削深度要少一些，进给速度要慢一点。（　　）

4. 数控车床刀具的刀尖有九种假想刀尖位置。（　　）

5. 工件定位时，被消除的自由度少于六个，但完全能满足加工要求的定位称不完全定位。（　　）

6. 硬质合金是用粉末冶金法制造的合金材料，由硬度和熔点很高的碳化物和金属黏结剂组成。（　　）

7. 为提高生产率，应尽量在一次装夹中车削尽可能多的表面。（　　）

8. 高速钢螺纹车刀主要用于低速车削精度较高的梯形螺纹。（　　）

9. 用百分表检查偏心轴时，应防止偏心外圆突然撞击百分表。（　　）

10. 最终热处理主要用来提高材料的强度和硬度。（　　）

四、简答题

1. 简述滚花的加工方法。

2. 简述偏心工件的装夹方法及应用场合。

五、综合题

1. 编制下列图形的加工程序并加工，毛坯材料为 45 钢（图 6-14～图 6-29）。

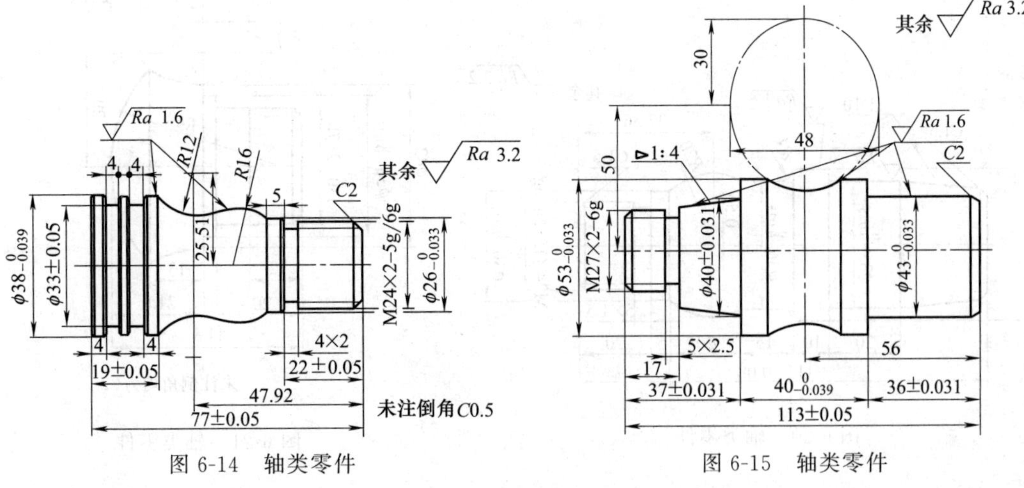

图 6-14　轴类零件　　　　图 6-15　轴类零件

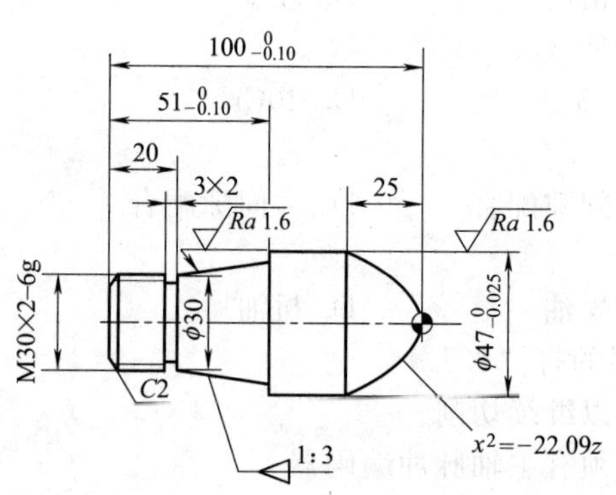

图 6-16　轴类零件

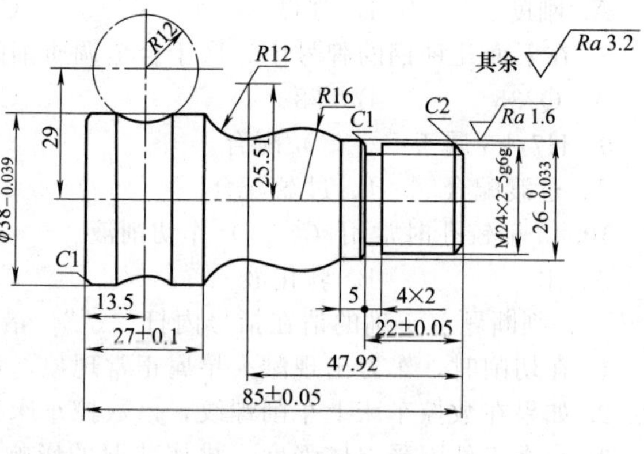

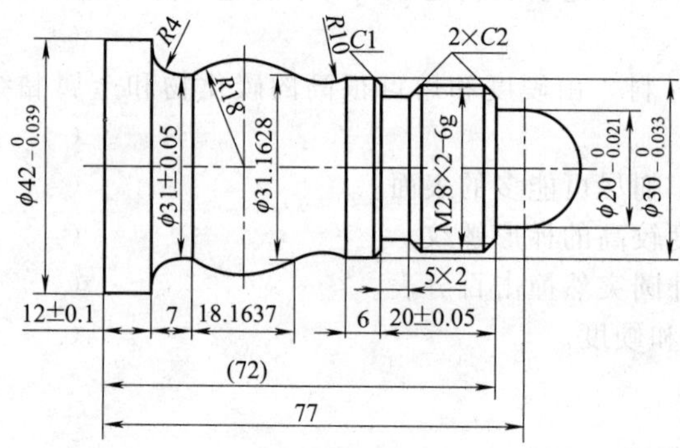

图 6-18　轴类零件

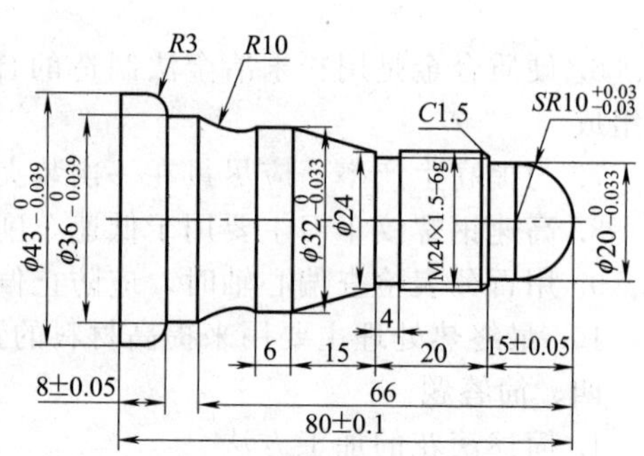

图 6-19　轴类零件

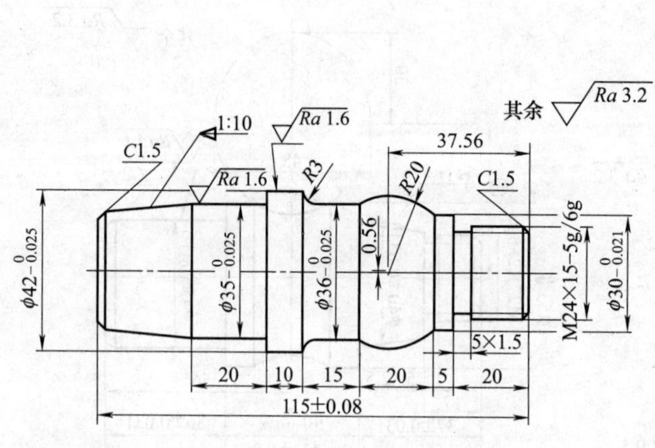

图 6-20　轴类零件

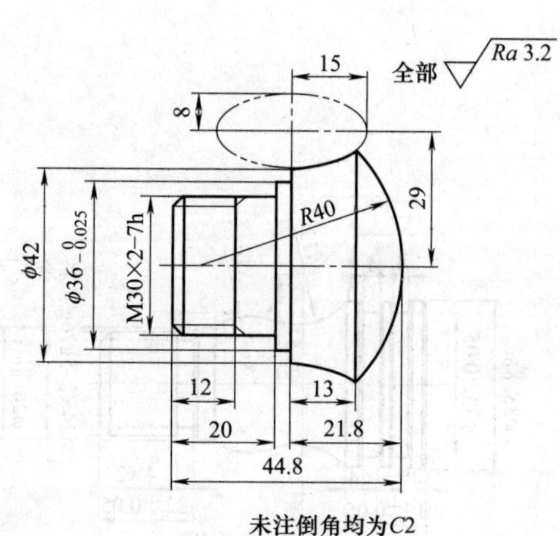

图 6-21　轴类零件

图 6-17　轴类零件

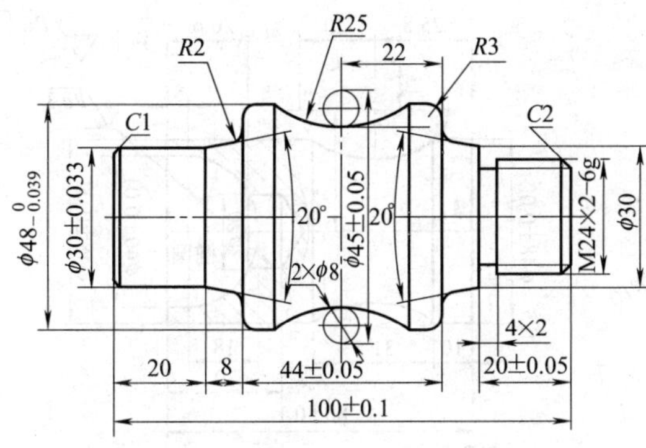
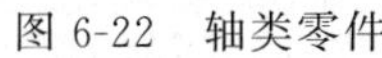

图 6-22　轴类零件

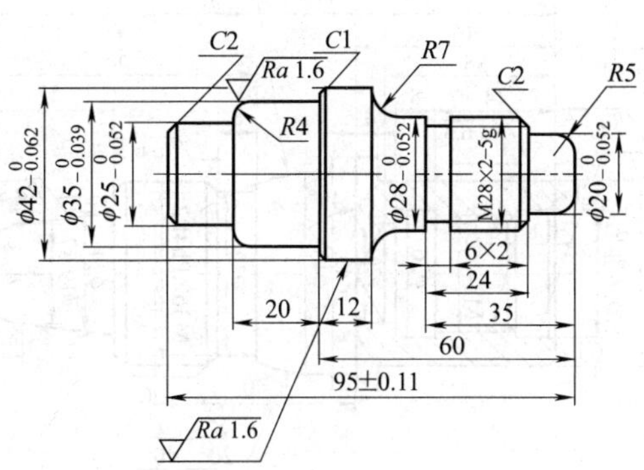

图 6-23　轴类零件

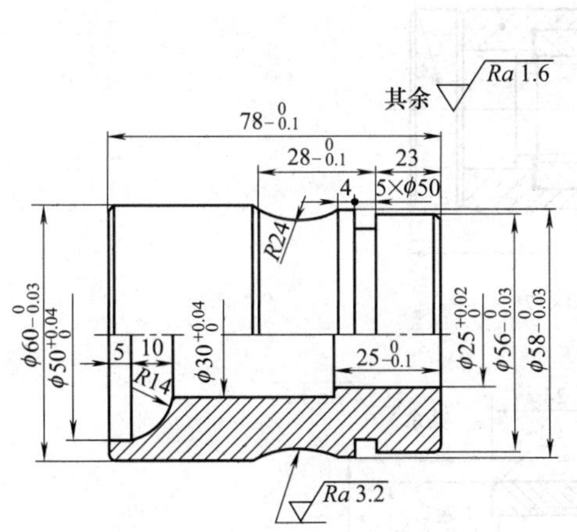

图 6-24　套类零件

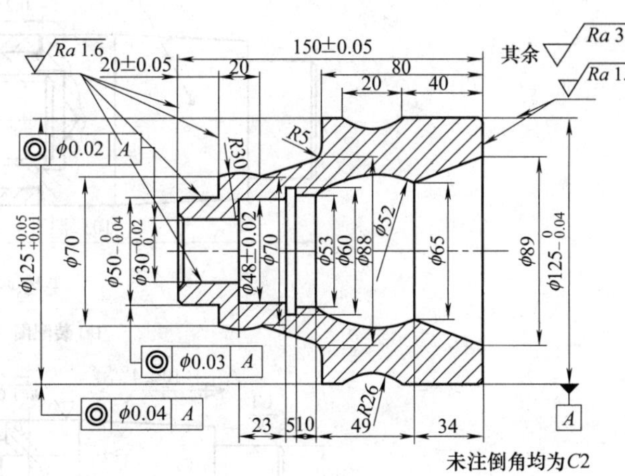

图 6-25　套类零件

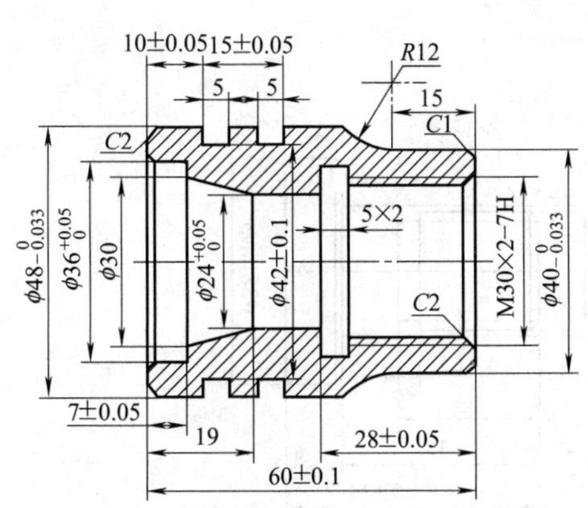

图 6-26　套类零件

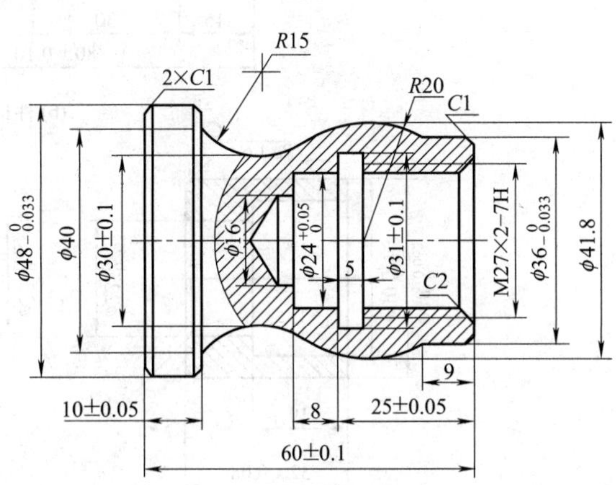

图 6-27　套类零件

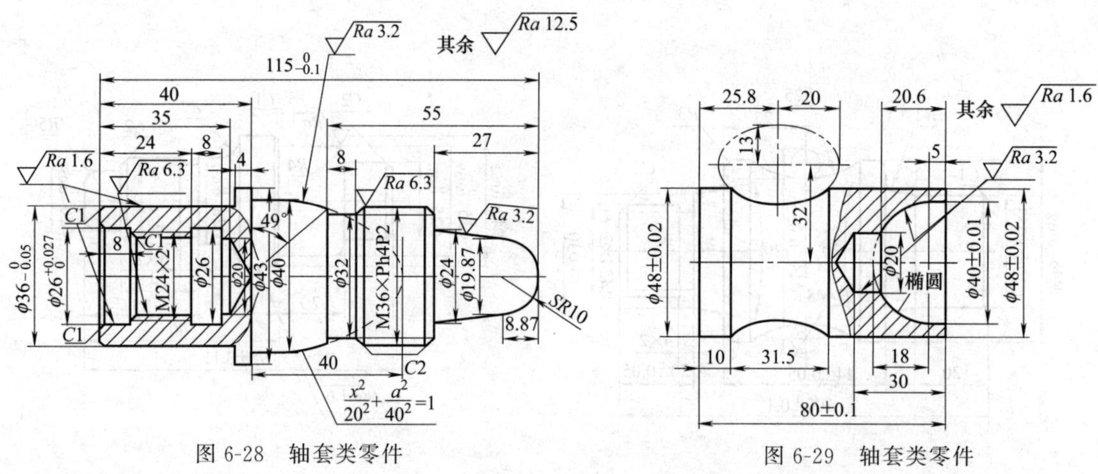

图 6-28 轴套类零件

图 6-29 轴套类零件

2. 如图 6-30 所示配合件，毛坯为 ϕ40mm 棒料，材料为 45 钢，编制加工程序并加工。

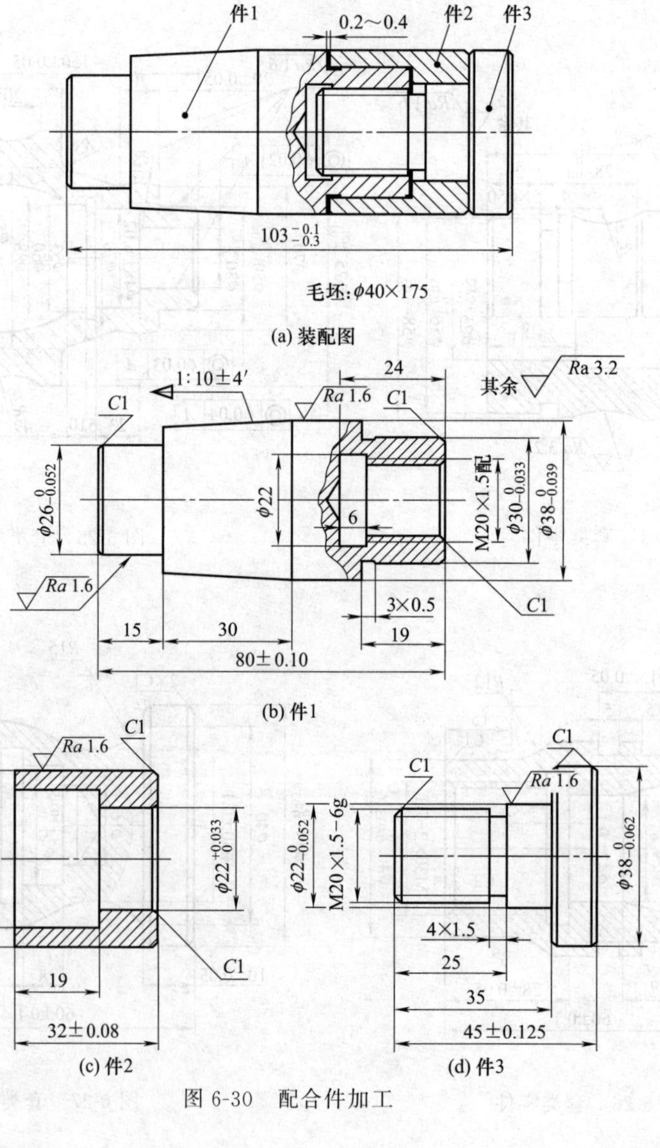

毛坯：ϕ40×175

(a) 装配图

(b) 件1

(c) 件2

(d) 件3

图 6-30 配合件加工

3. 如图 6-31 所示配合件，毛坯分别为 ϕ75mm×135mm、ϕ70mm×55mm 棒料，材料为 45 钢，编制加工程序并加工。

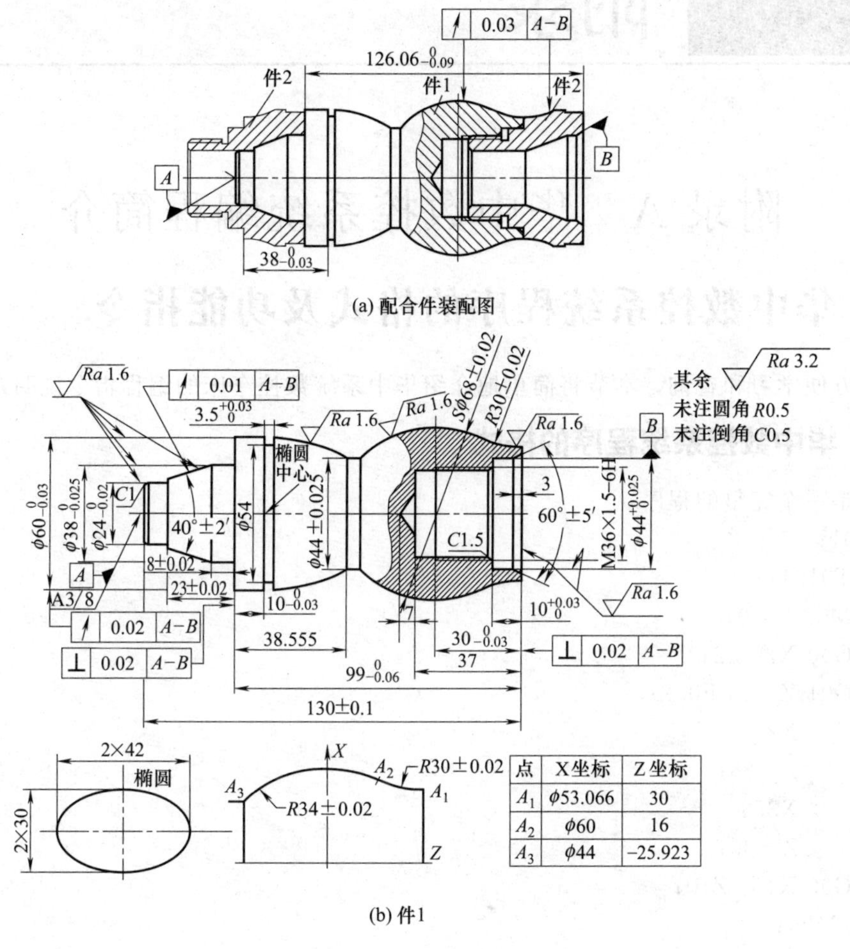

点	X坐标	Z坐标
A_1	ϕ53.066	30
A_2	ϕ60	16
A_3	ϕ44	−25.923

(b) 件1

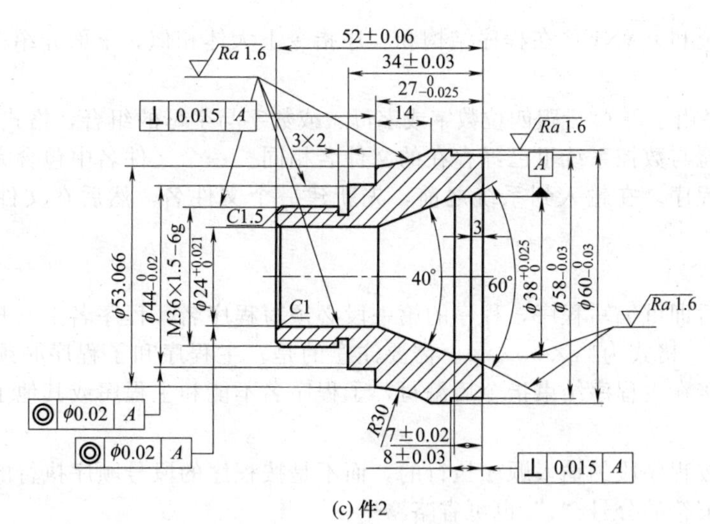

(c) 件2

图 6-31　配合件加工

附录

附录 A　华中数控系统编程简介

A.1　华中数控系统程序的格式及功能指令

为了方便学习和查询，本节将简单地介绍华中系统数控车床的编程指令说明及用法。

A.1.1　华中数控系统程序的格式

下面是一个完整的程序：

```
%0001;
N10 T0101;
N20 M03 S800;
N30 G00 X20 Z2;
N40 G01 Z-10 F0.2;
N50     X25;
N60     Z-25;
N70     X35;
N80     Z-30;
N90 G00 X100 Z10;
N100 M05;
N110 M30;
```

华中数控系统和 FANUC 在程序结构和程序指令上大体相似，下面介绍一下程序结构。

（1）文件名

程序文件名是由字母 O 后跟四位数字或字母、或数字与字母的组合，格式为 O××××，新建的文件名不能与数控系统里已经存在的文件名相同。一个文件名中包含完整程序，即主程序和所有的子程序。在输入到系统之前，先新建一个文件名，然后在文件名下面输入程序名。

（2）程序名

文件名建立后即可编写程序，程序的第一段必须写程序名，程序名由%开头，后跟程序号（必须是数字），格式为%××××。需要注意的是，主程序和子程序必须写在同一个文件名下，子程序接在主程序结束指令后编写，子程序名不能和主程序或其他子程序同名。

（3）程序段

一个程序是按程序段的输入顺序执行的，而不是按程序的段号顺序执行的，程序段号可以不写，后面结束符的分号“；”也可省略。

（4）程序的结束

一个程序最后要用 M02 或 M30 结束。M02 和 M30 编写在主程序的最后一个程序段中，当 CNC 执行到 M02 时，机床的进给停止，加工结束。如果要重新执行该程序，必须在“程序”菜单下按“重新运行”软键，然后再按操作面板上的“循环启动”按钮。

M02 与 M30 的功能基本相同，区别是 M30 指令还兼有控制返回到程序起始段（%）的作用。使用 M30 指令结束程序后，如果要重新执行该程序，只需再次按操作面板上的循环启动按钮。

A.1.2　华中数控系统辅助功能指令

辅助功能由字母 M 后跟一位或两位数字组成，主要用于控制零件程序的走向，以及机床各种辅助功能的开关动作。M 指令在同一段中不能出现两个或多个，否则后面的 M 代码有效。

表 A-1 为华中数控系统常用辅助功能 M 代码。

表 A-1　华中系统常用辅助功能 M 代码

M 代码	模态	功能	M 代码	模态	功能
M00	非模态	程序停止	M07/M08	非模态	切削液开
M02	非模态	程序结束	M09	非模态	切削液关
M03	模态	主轴正转	M30	非模态	程序结束并返回程序起点
M04	模态	主轴反转	M98	非模态	调用子程序
M05	模态	主轴停止	M99	非模态	子程序结束并返回

A.1.3　华中数控系统准备功能指令

华中数控系统的准备功能 G 指令由字母 G 后一位或二位数值组成，根据功能的不同分为若干组，其中 00 组为非模态代码，其余组为模态代码。带☆的代码为缺省值。

G 功能指令见表 A-2。

表 A-2　华中系统准备功能 G 代码

代码	组别	功能	代码	组别	功能
G00	01	快速定位	G57	11	第 4 工件坐标系设置
G01		直线插补	G58		第 5 工件坐标系设置
G02		顺时针圆弧插补	G59		第 6 工件坐标系设置
G03		逆时针圆弧插补	G65	00	宏程序调用
G04	00	暂停	G71	06	外圆/内孔粗车复合循环
G20	08	英制输入	G72		端面车削复合循环
G21		米制输入	G73		闭环车削复合循环
G28	00	参考点返回检查	G76		螺纹车削复合循环
G29		参考点返回	G80		外圆/内孔车削固定循环
G32	01	螺纹切削	G81		端面车削固定循环
G36	17	直径编程	G82		螺纹车削固定循环
G37		半径编程	G90	13	绝对编程
G40	09	刀具补偿取消	G91		相对编程
G41		左刀具补偿	G92	00	工件坐标系设定
G42		右刀具补偿	G94	14	每分钟进给速度
G54	11	第 1 工件坐标系设置	G95		每转进给速度
G55		第 2 工件坐标系设置	G96	16	恒线速度有效
G56		第 3 工件坐标系设置	G97		取消恒线速度

A.1.4 华中数控系统 S、F、T 功能

（1）主轴功能（S 功能）

主轴功能又称 S 功能，指令主轴转速，它由地址符 S 及其后面的数字表示，对具有无级调速功能的数控机床，用地址符 S 及其后面的数字直接指令主轴的转速（r/min）。

（2）进给功能（F 功能）

进给功能也称 F 功能，在切削零件时，用以指定切削进给速度，其进给的方式可以分为每分钟进给和每转进给两种。G94 为每分钟进给（mm/min），G95 为每转进给（mm/r）。

（3）刀具功能（T 功能）

刀具功能也称 T 功能，用于指令加工中所用刀具号及自动补偿编组号的地址字，其自动补偿内容主要指刀具的刀位偏差及刀具半径补偿。

在数控车床中，其地址符 T 的后续数字由四位组成，前两位为刀具号，后两位为刀具补偿的编组号，同时为刀尖圆弧半径补偿的编组号。

A.2 华中数控系统切削功能指令

A.2.1 插补功能指令

（1）快速定位 G00

G00 指令是以快速移动速度移动刀具到达指定的位置。

编程格式：

G00 X __ Z __；绝对值编程

G00 U __ W __；增量值编程

式中，X、Z 为目标点的绝对坐标；U、W 为目标点的增量坐标。

（2）直线插补 G01

G01 指令是使刀具以 F 指定的进给速度沿直线移动到指定的位置。

编程格式：

G01 X __ Z __ F __；绝对值编程

G01 U __ W __ F __；增量值编程

式中，X、Z 为目标点的绝对坐标；U、W 为目标点的增量坐标；F 为进给速度。

进给速度 F 有两种方式：G94（每分钟进给 mm/min）和 G95（每转进给 mm/r）。G94 和 G95 都是模态代码，两者可以互相注销。G94 为缺省值。

（3）倒角 C 和圆角 R

在两个相交成直角的程序段之间（零件的拐角处）可以插入一个倒角 C 或圆角 *R* 指令。

编程格式：

G01 X（U）__ Z（W）__ C __；倒角

G01 X（U）__ Z（W）__ R __；圆角

（4）圆弧切削指令 G02/G03

G02、G03 指令用于圆弧切削，刀具从圆弧起点沿着圆弧移动到终点。G02 为顺时针圆弧，G03 为逆时针圆弧。

编程格式：

G02 X(U)__ Z(W)__ R __ F __；

G03 X(U)__ Z(W)__ R __ F __;

式中，X、Z 为圆弧终点的绝对坐标；U、W 为圆弧终点的增量坐标；R 为圆弧半径，也可以用 I、K 指定，I、K 为圆心相对于圆弧起点的增量值，当同时编入 R 与 I、K 时，R 有效，当圆弧圆心角小于 180°时，R 为正值，否则为负值；F 为进给速度。

【例 A-1】 如图 A-1 所示，编写工件精加工程序。

加工程序如下：

```
%1234;
N10 T0101;
N20 M03 S500;
N30 G00 X0 Z2;
N40 G01 Z0 F100;
N50 G03 X30 Z－15 R15;
N60 G01 Z－35;
N70     X40;
N80 G00 X100 Z10;
N90 M05;
N100 M30;
```

图 A-1 圆弧加工

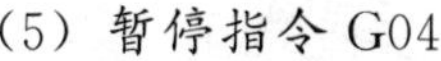

(5) 暂停指令 G04

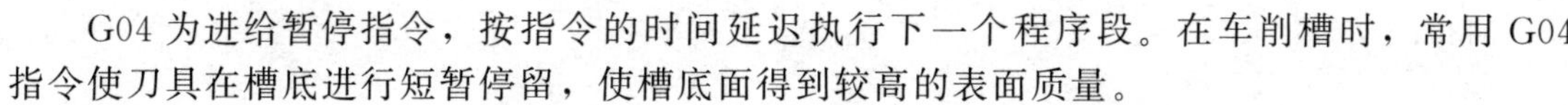

G04 为进给暂停指令，按指令的时间延迟执行下一个程序段。在车削槽时，常用 G04 指令使刀具在槽底进行短暂停留，使槽底面得到较高的表面质量。

编程格式：

G04P __;

式中，P 为暂停时间，单位为 s。

(6) 螺纹切削 G32

使用 G32 指令可以加工圆柱螺纹、锥螺纹和端面螺纹。

编程格式：

G32 X(U)__ Z(W)__ R __ E __ P __ F/I __;

式中，X、Z 为螺纹终点的绝对坐标；U、W 为螺纹终点的增量坐标；I 为英制螺纹导程，单位为牙/in；R、E 为螺纹切削的回退量，R 为 Z 向回退量，E 为 X 向回退量，R、E 在绝对方式或增量方式编程时都以增量方式指定，其为正表示沿 Z、X 正向回退，为负表示沿 Z、X 负向回退，使用 R、E 可免去退刀槽，R、E 可以省略，表示不用回退功能，根据螺纹标准 R 一般取 2 倍的螺距，E 取螺纹的牙型高，若要使用回退功能，R、E 必须同时指定；P 为主轴基准脉冲处距离螺纹切削起始点的主轴转角；F 为螺纹导程。

说明：

- 从螺纹粗加工到精加工，主轴转速必须保持一致。
- 螺纹切削时进给保持功能无效。
- 在螺纹加工中不使用恒线速度控制功能。
- 在螺纹加工中应设置足够的升速进刀段和降速退刀段。

【例 A-2】 如图 A-2 所示，编写螺纹加工程序。

加工程序如下：

```
%1235;
T0101;
G00 X50 Z5;
```

```
M03 S300;
G00 X29.2 Z5;
G32 Z-32 F1.5;
G00 X40;
    Z5;
    X28.6;
G32 Z-32 F1.5;
G00 X40;
    Z5;
    X28.2;
G32 Z-32 F1.5;
G00 X40;
    Z5;
    X28.05;
G32 Z-32 F1.5;
G00 X50;
    Z100;
M05;
M30;
```

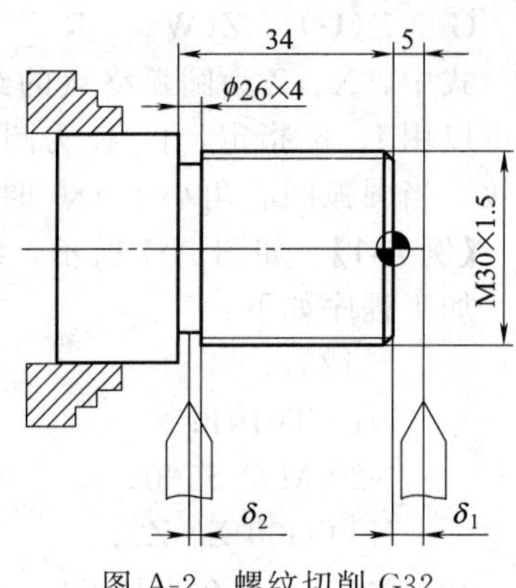

图 A-2 螺纹切削 G32

A. 2. 2 恒线速度功能

在主轴转速一定，加工锥面或端面时，因外径大小发生变化，所以切削速度产生变化，引起粗糙度变化。若零件要求锥面或端面的粗糙度一致，则必须用恒线速功能 G96 来进行切削。

编程格式：

G96 S＿；恒线速度有效，S 为指定的切削线速度，单位是 m/min。

G46 X＿ P＿；极限转速限定，X 为恒线速度时主轴最低转速限定，P 为主轴最高转速限定，单位都是 r/min。

G97 S＿；取消恒线速度功能，S 为取消恒线速度后指定的主轴转速单位是 r/min，如果缺省，则为执行 G9 指令前的主轴转速。

说明：

- 使用恒线速度功能，主轴必须能自动变速。
- 在系统参数中设定主轴最高限速。
- G46 指令功能只在恒线速度功能有效时有效。

A. 2. 3 简单循环指令

(1) 内（外）径切削循环 G80

切削循环是用一个含 G 代码的程序段完成用多个程序段指令的加工操作，使程序得以简化。内（外）径切削循环 G80 循环路径如图 A-3 所示。

编程格式：

G80 X (U)＿ Z (W)＿ F＿；

式中，X、Z 为目标点的绝对坐标；U、W 为目标点的增量坐标；F 为进给速度。

（2）圆锥面内（外）径切削循环 G80

圆锥面内（外）径切削循环 G80 循环路径如图 A-4 所示。

编程格式：

G80 X（U）__ Z（W）__ I __ F __；

式中，X、Z 为目标点的绝对坐标；U、W 为目标点的增量坐标；F 为进给速度；I 为切削起点与切削终点的半径差。

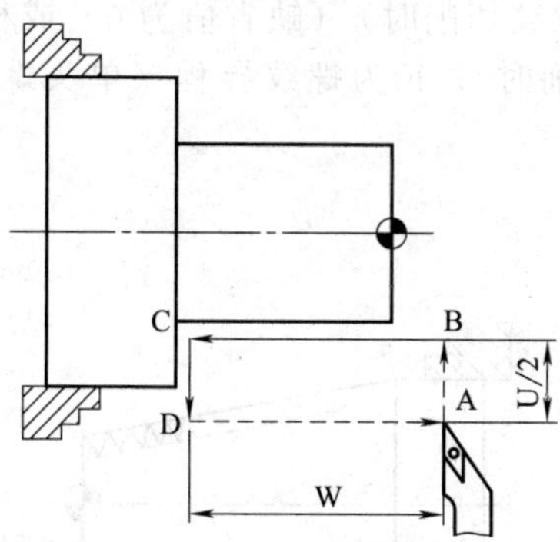

图 A-3 内（外）径切削循环 G80

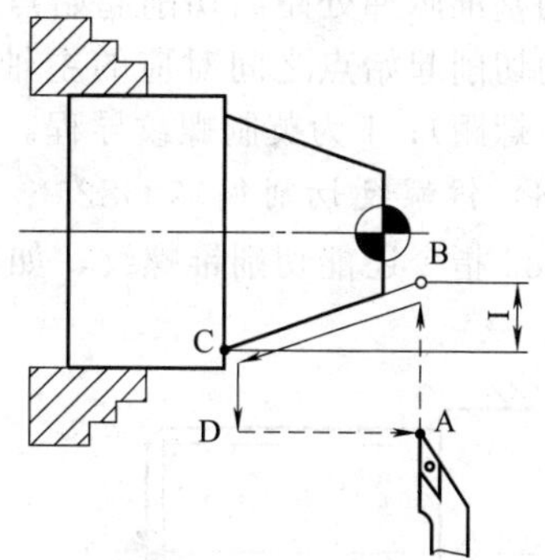

图 A-4 圆锥面内（外）径切削循环 G80

（3）端面切削循环 G81

端面切削循环 G81 循环路径如图 A-5 所示。

编程格式：

G81 X（U）__ Z（W）__ F __；

式中，X、Z 为目标点的绝对坐标；U、W 为目标点的增量坐标；F 为进给速度。

（4）圆锥端面切削循环 G81

圆锥端面切削循环 G81 循环路径如图 A-6 所示。

编程格式：

G81 X（U）__ Z（W）__ K __ F __；

式中，X、Z 为目标点的绝对坐标；U、W 为目标点的增量坐标；F 为进给速度；K 为切削起点相对于切削终点的有向距离。

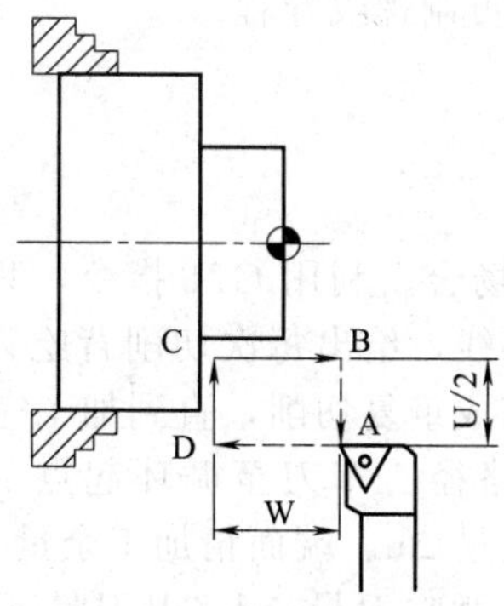

图 A-5 端面切削循环 G81

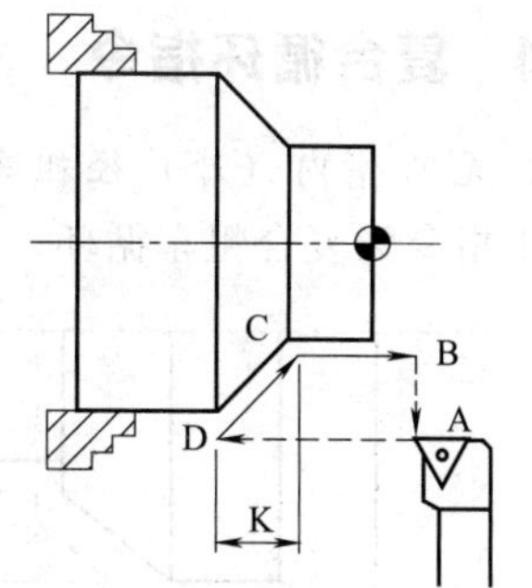

图 A-6 圆锥端面切削循环 G81

（5）螺纹切削循环 G82

G82 指令把“快速进刀→螺纹切削→快速退刀→返回起点”四个动作作为一个循环，循环路径为 A→B→C→D→A，如图 A-7 所示。

G82 能在螺纹车削结束时，按要求有规则退出（称为螺纹退尾倒角功能）。

编程格式：

G82 X(U)__ Z(W)__ R__ E__ C__ P__ F/J__;

式中，X、Z 为每刀切削终点的绝对坐标；U、W 为每刀切削终点的增量坐标；R、E 为螺纹切削的回退量，R 为 Z 向回退量，E 为 X 向回退量，R、E 可以省略，表示不用回退功能；若用回退功能，R、E 必须同时设定；C 为螺纹头数，为 0 或 1 时切削单头螺纹；P 为主轴基准脉冲处距离切削起始点的主轴转角（单头螺纹切削时）（缺省值为 0）或相邻螺纹头的切削起始点之间对应的主轴转角（多头螺纹切削时）；F 为螺纹导程（单头螺纹时，导程＝螺距）；J 为英制螺纹导程。

（6）锥螺纹切削循环 G82

G82 指令还能切削锥螺纹，如图 A-8 所示。

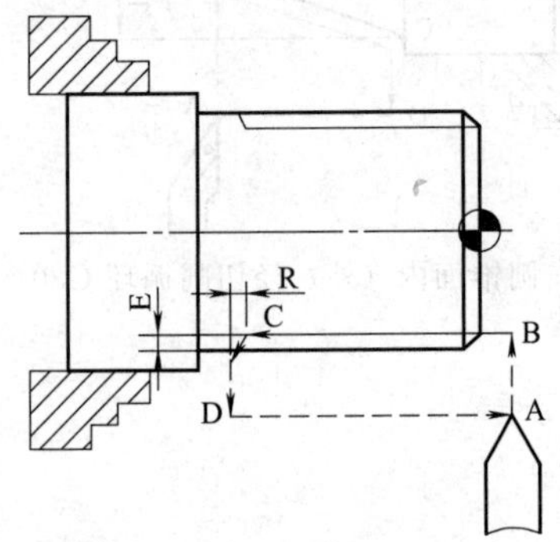

图 A-7　螺纹切削循环 G82

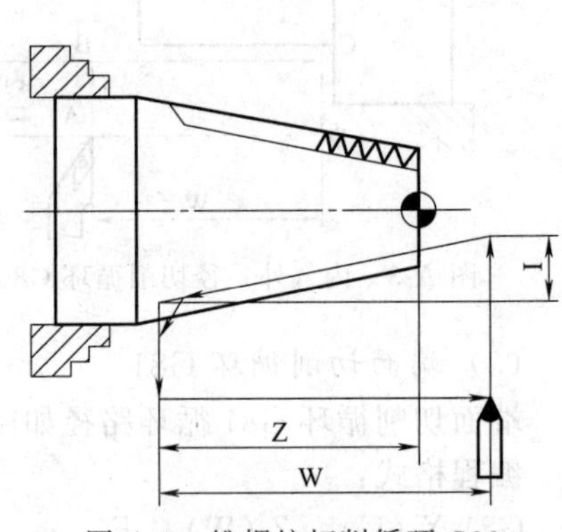

图 A-8　锥螺纹切削循环 G82

编程格式：

G82 X(U)__ Z(W)__ I__ R__ E__ C__ P__ F/J__;

式中，X、Z 为每刀切削终点的绝对坐标；U、W 为每刀切削终点的增量坐标；I 为螺纹切削起点与切削终点的半径差；R、E 为螺纹切削的回退量，R 为 Z 向回退量，E 为 X 向回退量，R、E 可以省略，表示不用回退功能，若用回退功能，R、E 必须同时设定；C 为螺纹头数，为 0 或 1 时切削单头螺纹；P 为主轴基准脉冲处距离切削起始点的主轴转角（单头螺纹切削时）（缺省值为 0）或相邻螺纹头的切削起始点之间对应的主轴转角（多头螺纹切削时）；F 为螺纹导程（单头螺纹时，导程＝螺距）；J 为英制螺纹导程。

A.2.4　复合循环指令

（1）无凹槽内（外）径粗车复合循环 G71

G71 指令为复合粗车循环，用于多次走刀完成加工的场合。利用 G71 指令，只要编写出最终走刀路线，给出每次切削背吃刀量，机床即可自动完成重复切削，直到加工完毕。

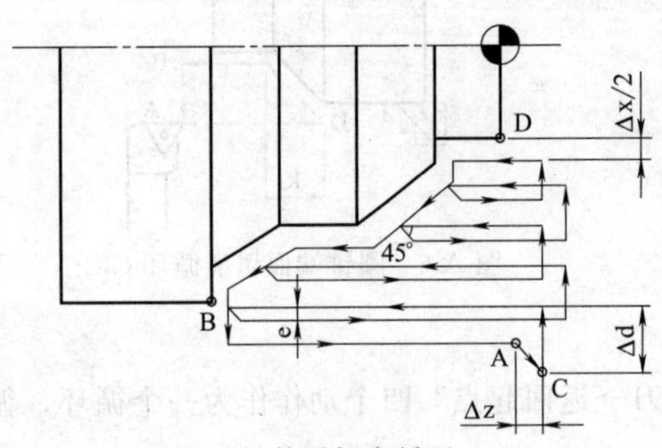

图 A-9　外圆粗车循环 G71

① 进刀路径　车刀至循环起点 A，后退外圆精加工余量 Δu、端面精加工余量 Δw 至 C 点，然后每次背吃刀量 Δd，退刀量 e（以 45°退刀），进行多次循环切削，至外圆留精加工余量 Δu 结束，如图 A-9 所示。

② 编程格式　从 D 到 B 的精加工形状由轮廓精加工程序给出，在指定的区域每次进刀

切去 Δd 深（切深），单边精加工余量 Δx/2，端面精加工余量 Δz。

G71 U(Δd) R(r) P(ns) Q(nf) X(Δx) Z(Δz) F __ S __ T __；

N(ns)
⋮ 零件的轮廓精加工程序
N(nf)

式中，Δd 为切削深度，半径值，无符号指定，模态值；r 为退刀量，模态值；ns 为轮廓精加工程序段中第一段的顺序号；nf 为轮廓精加工程序段中最后一段的顺序号；Δx 为 X 方向精加工余量及方向，直径值，车外圆时为正值，车内孔时为负值；Δz 为 Z 方向精加工余量及方向；F 为进给速度；S 为主轴转速；T 为车刀选择。在 ns～nf 的程序段中 F、S、T 功能对粗车无效，对精车有效。

说明：

G71、G72、G73 复合循环中，ns 段应有 G00 或 G01 指令；在 ns～nf 段中不能使用 M98、M99 子程序指令。

(2) 有凹槽内（外）径粗车复合循环 G71

编程格式：

G71 U(Δd) R(r) P(ns) Q(nf) E(e) F __ S __ T __；

N(ns)
⋮ 零件的轮廓精加工程序
N(nf)

式中，Δd 为切削深度，半径值，无符号指定，模态值；r 为退刀量，模态值；ns 为轮廓精加工程序段中第一段的顺序号；nf 为轮廓精加工程序段中最后一段的顺序号；e 为精加工余量，其为 X 方向的等高距离，车外圆时为正值，车内孔时为负值；F 为进给速度；S 为主轴转速；T 为车刀选择。在 ns～nf 的程序段中 F、S、T 功能对粗车无效，对精车有效。

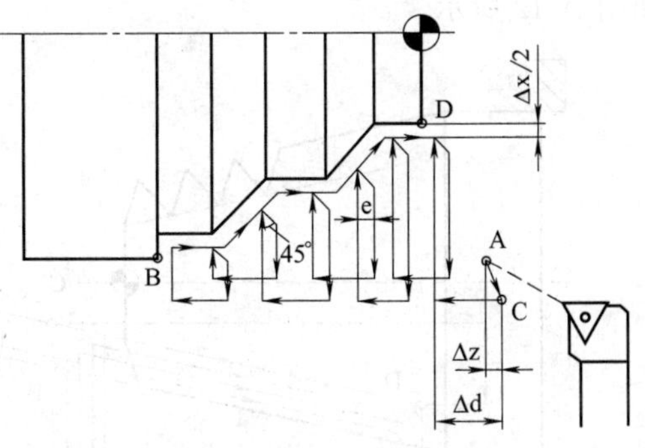

图 A-10 端面粗车循环 G72

(3) 端面粗车复合循环 G72

端面粗车循环 G72 是一种复合循环，它平行于 X 轴进行多次分层切削，如图 A-10 所示。

编程格式：

G72 W(Δd) R(r) P(ns) Q (nf) X(Δx) Z(Δz) F __ S __ T __；

N(ns)
⋮ 零件的轮廓精加工程序
N(nf)

式中，Δd 为每刀吃刀量，无符号指定，模态值；r 为每刀退刀量，模态值；ns 为精加工程序段中第一段程序段的顺序号；nf 为精加工程序段中最后一段程序段的顺序号；Δx 为 X 方向精加工余量及方向，直径值；Δz 为 Z 方向精加工余量及方向；F 为进给速度；S 为主轴转速；T 为刀具选择。在 ns～nf 的程序段中 F、S、T 功能对粗车无效，对精车有效。

说明：

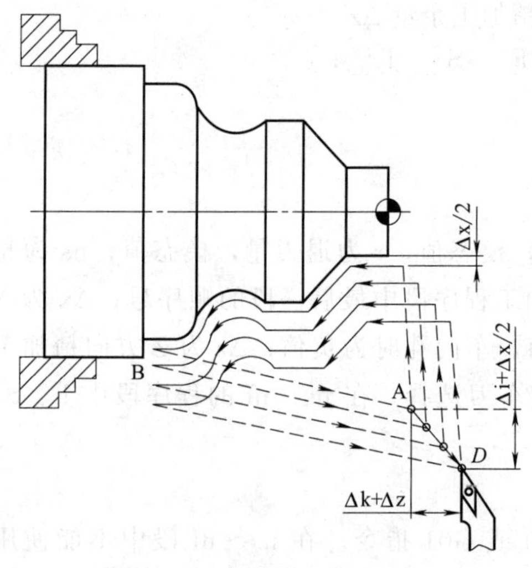

图 A-11 仿形粗车循环 G73

从顺序号 ns 到 nf 的程序段，指定 B 至 D 间的移动指令。

(4) 闭环车削复合循环 G73

G73 指令是按照一定的切削形状经过多次切削逐渐地靠近最终形状，即每一次切削都按照零件的最终切削形状进行，最后只留下精加工余量。G73 指令可以有效地切削铸造成形、锻造成形或已粗车成形的工件，如图 A-11 所示。

编程格式：

G73 U(Δi) W(Δk) R(r) P(ns) Q(nf) X(Δx) Z(Δz) F_ S_ T_；

N(ns)

⋮ 零件的轮廓精加工程序

N(nf)

式中，Δi 为 X 方向的粗加工总余量；Δk 为 Z 方向的粗加工总余量；r 为粗车次数；ns 为精加工程序段中第一段程序段的顺序号；nf 为精加工程序段中最后一段程序段的顺序号；Δx 为 X 方向精加工余量及方向，直径值；Δz 为 Z 方向精加工余量及方向；F 为进给速度；S 为主轴转速；T 为刀具选择。在 ns～nf 的程序段中 F、S、T 功能对粗车无效，对精车有效。

(5) 螺纹切削复合循环 G76

螺纹切削复合循环 G76 是多次自动循环切削螺纹的一种加工方式，使编程进一步简化，如图 A-12 所示。

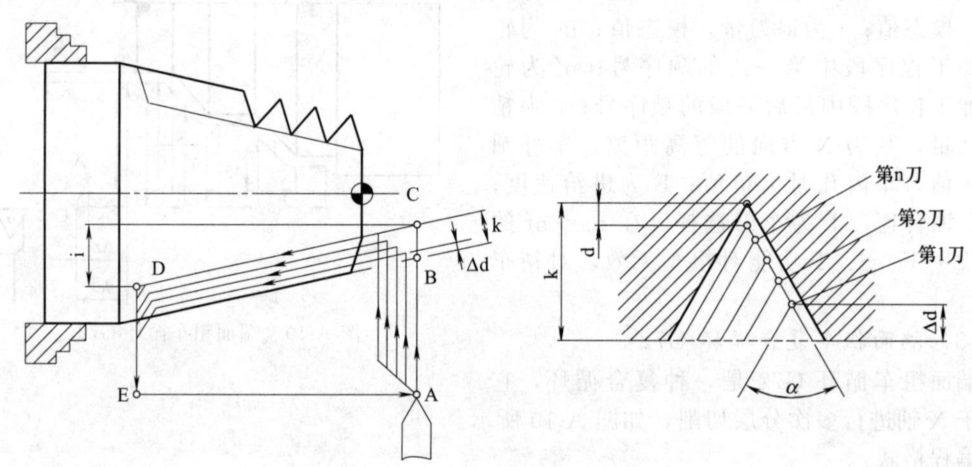

图 A-12 螺纹切削复合循环 G76

编程格式：

G76 C(c) R(r) E(e) A(a) X_ Z_ I(i) K(k) U(d) V(Δd_{min}) Q(Δd) P(p) F(L)；

式中，c 为精车次数（1～99），模态值；r 为螺纹 Z 向回退长度（00～99），模态值；e 为螺纹 X 向回退长度（00～99），模态值；a 为刀尖角度，模态值；可以选择 80°、60°、55°、30°、29°和 0°六种中的一种，普通螺纹为 60°，英制螺纹为 55°，梯形螺纹为 30°，用两位数指定；X、Z 为螺纹终点坐标；i 为螺纹切削起点与切削终点的半径差，如果 i＝0，即为直螺纹切削；k 为螺纹高度，由 X 方向上的半径值指定；d 为精加工余量，半径值；Δd_{min}为最小切削深度，半径值，模态值；Δd 为螺纹第 1 刀切深，半径值；p 为主轴基准脉冲处距离切削起始点的主轴转角；L 为螺纹导程。

A.2.5 刀尖圆弧半径补偿指令

编程格式：

$$\begin{Bmatrix}G41\\G42\end{Bmatrix}\begin{Bmatrix}G00\\G01\end{Bmatrix}X(U)\_\_\ Z(W)\_\_(F\_\_);$$

$$G40\begin{Bmatrix}G00\\G01\end{Bmatrix}X(U)\_\_\ Z(W)\_\_(F\_\_);$$

式中，X（U）、Z（W）为建立或取消刀具半径补偿程序段中刀具移动的终点坐标；G40 为取消刀尖半径补偿；G41 为左刀补；G42 为右刀补。

G40、G41、G42 都是模态代码，可以互相注销。

说明：

• G41/G42 不带参数，其补偿号由 T 代码指定，即其刀尖圆弧补偿号与刀具偏置补偿号对应。

• 刀尖圆弧补偿的建立与取消只能用 G00 或 G01 指令。

A.2.6 回参考点控制指令

（1）自动返回参考点 G28

G28 指令首先使所有的编程轴都快速定位到中间点，然后再从中间点返回到参考点。

编程格式：

G28 X __ Z __；

式中，X、Z 为中间点的坐标。

说明：

• G28 指令不仅产生坐标轴的移动，而且记忆了中间点的坐标值，供 G29 使用。

• 电源接通后，在没有手动返回参考点的状态下，指定 G28 时，从中间点自动返回参考点，与手动返回参考点相同。

• G28 指令仅在其被规定的程序段中有效。

（2）自动从参考点返回 G29

编程格式：

G29 X __ Z __；

式中，X、Z 为定位终点的坐标。

说明：

• G29 指令可使所有编程轴以快速定位经过由 G28 指令定义的中间点，然后再到达指定点。通常 G29 紧跟在 G28 指令之后。

• G29 指令仅在其被规定的程序段中有效。

A.2.7 子程序指令

M98 用来调用子程序。

编程格式：

M98 P __ L __；

式中，P 为被调用的子程序号；L 为重复调用次数。

M99 为子程序返回指令

子程序格式：

%××××

⋮

M99

在子程序的开头，必须规定子程序号，在子程序的结尾用 M99，以控制执行完子程序后返回主程序。

在华中数控系统中，子程序要接在主程序结束指令（M02 或 M30）后面写，和主程序在同一个文件名下，程序名不能和主程序名或其他子程序名相同。

【例 A-3】 如图 A-13 所示，编写手柄的加工程序。

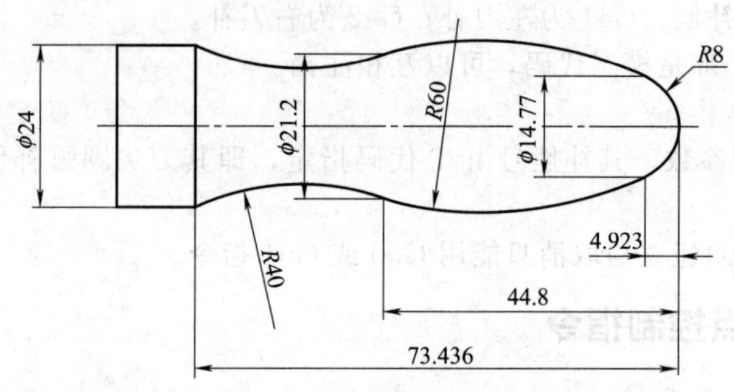

图 A-13 手柄

在文件名 O1234 下，建立主程序 %2015 和子程序 %0001：

```
%2015;                 主程序名
G94;                   每分钟进给
T0101;                 换 1 号刀
M03 S500;              主轴正转
G00 X32 Z1;            指定起点
G37 G00 Z0;            半径编程，移到切削起点处
M98 P0001 L6;          调用子程序%0001，调用 6 次
G00 X16 Z1;
G36;                   直径编程
M05;
M30;                   程序结束

%0001;                 子程序名
G01 U-12 F100;
G03 U7.385 W-4.923 R8;
G03 U3.215 W-39.997 R60;
G02 U1.4 W-28.636 R40;
G00 U4;
W73.436;
G01 U-4.8 F100;
```

M99；　　　　　　子程序结束并返回到主程序

A.3 华中数控系统宏程序

A.3.1 宏变量及常量

（1）宏变量

华中数控系统的宏变量用变量符号＃后跟变量号指定，如＃1；变量号也可以用变量或表达式来代替，此时变量或表达式必须写在中括号内，如＃[＃8]，＃[＃1＋＃2]。

华中数控系统变量类型见表 A-3。

表 A-3　华中数控系统变量类型

变量号	变量类型	变量号	变量类型
＃0～＃49	当前局部变量	＃450～＃499	5 层局部变量
＃50～＃199	全局变量	＃500～＃549	6 层局部变量
＃200～＃249	0 层局部变量	＃550～＃599	7 层局部变量
＃250～＃299	1 层局部变量	＃600～＃699	刀具长度寄存器 H0～H99
＃300～＃349	2 层局部变量	＃700～＃799	刀具半径寄存器 D0～D99
＃350～＃399	3 层局部变量	＃800～＃899	刀具寿命寄存器
＃400～＃449	4 层局部变量	＃1000～＃1199	200 个具体意义宏变量

华中数控系统变量类型中，＃599 以后用户不得使用。＃599 以后的变量仅供系统程序编辑人员参考。

（2）常量

PI 为圆周率 π；TRUE 为条件成立（真）；FALSE 为条件不成立（假）。

A.3.2 运算符与表达式

华中数控系统变量的各种运算见表 A-4。

表 A-4　华中数控系统变量的各种运算

类别	表示符号
算术运算符	＋(加)，－(减)，*(乘)，/(除)
条件运算符	EQ(＝)，NE(≠)，GT(＞)，GE(≥)，LT(＜)，LE(≤)
逻辑运算符	AND(与)，OR(或)，NOT(非)
函数	SIN(正弦)，COS(余弦)，TAN(正切)，ATAN(反正切)，ABS(绝对值)，INT(取整)，SIGN(取符号)，SQRT(平方根)，EXP(指数) 华中数控系统中角度计算时以弧度为单位，例如 SIN[PI/2]
表达式	用运算符连接起来的常数、宏变量构成表达式，例如＃3＊6GT14； 175/SQRT[2]＊COS[55＊PI/180]

A.3.3 赋值语句

把常数或表达式的值送给一个宏变量称为赋值。

格式：

宏变量＝常数或表达式

例如：＃3＝124，＃2＝[175/SQRT [20]] * COS [55 * PI/180]。

A.3.4 条件判别语句 IF，ELSE，ENDIF

格式 1：

IF 条件表达式

⋮（满足条件时执行的程序段）

ELSE

⋮（不满足条件时执行的程序段）

ENDIF

当条件成立时，执行 IF 与 ELSE 之间的程序段；当条件不成立时，执行 ELSE 后面的程序段，ENDIF 表示条件判断结束。

格式 2：

IF 条件表达式

⋮（满足条件时执行的程序段）

ENDIF

当条件成立时，执行 IF 与 ENDIF 之间的程序段；当条件不成立时，执行 ENDIF 后面的程序段。

格式 3：

无条件转向语句：GOTO n

n 为指定的程序段号。

A.3.5 循环语句 WHILE，ENDW

格式：

WHILE 条件表达式

⋮

ENDW

在 WHILE 后指定一个条件表达式。若条件式成立时，程序执行从 WHILE 到 ENDW 之间的程序段；如果条件不成立，则执行 ENDW 之后的程序段。

附录 B 数控系统的数据备份与恢复

B.1 用计算机进行系统数据的备份与恢复

B.1.1 数据分区与分类

(1) 数据的分区

FANUC 0i-TC 数控系统，通过不同的存储空间存放不同的数据文件。数据存储空间主要分为以下两种。

① ROM——FLASH-ROM，只读存储器，在数控系统中作为系统存储空间，用于存储系统文件和机床制造厂（MTB）文件。

② SRAM——静态随机存储器，在数控系统中用于存储用户数据，断电后需要电池保护，所以有易失性，电池电压过低、断电、S-RAM损坏都可以导致数据的丢失。

(2) 数据的分类

数据文件主要分为系统文件、MTB（机床制造厂）文件和用户文件。

① 系统文件——FANUC提供的CNC和伺服控制软件。

② MTB文件——PMC程序、机床制造厂编辑的宏程序执行器（Manual Guide、CAP程序等）。

③ 用户文件——系统参数、螺距误差补偿值、加工程序、宏程序、刀具补偿值、工件坐标系数据、PMC参数等。

(3) 数据的备份与恢复

由于用户数据存储于SRAM中，SRAM是依靠电池进行数据保护的，因此一旦电池电压过低、电池失效，或者在更换电池时操作不当，存储器中保存的数据就会丢失，机床坐标数据的丢失会使机床不能工作；其他数据的丢失也会造成极大的损失。因此有必要对系统数据进行备份，一旦遇到上述情况，则可以对机床进行数据恢复。

数据的备份与恢复一般常用两种方法：一是使用外接计算机进行数据备份和恢复；二是用存储卡在引导系统屏幕画面进行数据的备份和恢复。

首先介绍用计算机进行系统数据的备份与恢复。

B.1.2 用计算机进行系统数据的备份

用计算机进行系统数据的备份：数控机床至计算机。

用RS232通信电缆将机床与计算机连接，将机床和计算机的传输参数设置正确。

开启计算机，开启机床，然后进行如下操作。

① 计算机——打开传输软件WinPCIN，首先点击“Text Formet”，传输软件准备工作，然后点“Receive Data”（接收），给定一个文件名（例如“backup”）以及保存位置，点击“确定”，计算机等待接收。

② 机床——数控机床操作面板，将机床[方式选择]旋钮置于“编辑”方式，然后进行如下操作：按[System]键→[参数]软键→[操作]软键→[扩展]软键→[PUNCH]软键→[EXEC]软键，这时所要传输的参数就传输到计算机中，文件名和保存地址是第①步给定的。

在按［PUNCH］之后，有两个选项：一个是非零参数；另一个是全部参数。如果选择全部参数，则内容较多，传输需要的时间较长。

B.1.3 用计算机进行系统数据的恢复

用计算机进行系统数据的恢复：计算机至数控机床。

开启计算机，开启机床，然后进行如下操作。

① 机床——数控机床操作面板，将机床[方式选择]旋钮置于“编辑”方式：按[System]键→[参数]软键→[操作]软键→[扩展]软键→[READ]软键→[EXEC]软键，这时机床进入接收状态，等待计算机传输数据。

② 计算机——打开传输软件WinPCIN，每次开启首先点击“Text Formet”，传输软件准备工作，然后点“Send Data”（发送），找到电脑上备份的参数文件，点“打开”，数据发送成功，数控机床上的参数恢复。

B.2 用存储卡进行系统数据的备份与恢复

B.2.1 存储卡的准备

FANUC 系统可以用 C-F 卡（Compact Flash 卡）进行数据的备份与恢复，如图 B-1 所示。C-F 卡的容量不要太大，因为一些较老的数控机床不支持超过 1GB 容量的存储卡，备一个 16～64MB 容量的 C-F 卡是比较合适的。

C-F 卡要插在卡座上，C-F 卡和卡座的两侧有宽度不同的槽，在插卡时位置要对正确，方向反了插不进去；另外在插卡时要对准针、孔，用力要适当，否则会损坏卡座。

C-F 卡上的数据可以通过读卡器接到计算机上进行读取和备份。将 C-F 卡从卡座上取出，插在读卡器相应的插座里，然后将读卡器的 USB 接口连接到计算机的 USB 接口上，就可以实现卡与计算机之间的数据传输。

C-F 备份的系统参数是一种特殊的压缩格式，一般计算机是不能查看和编辑其数据的。C-F 卡除了可以备份和恢复数控系统参数外，还可以进行程序的传输和保存。

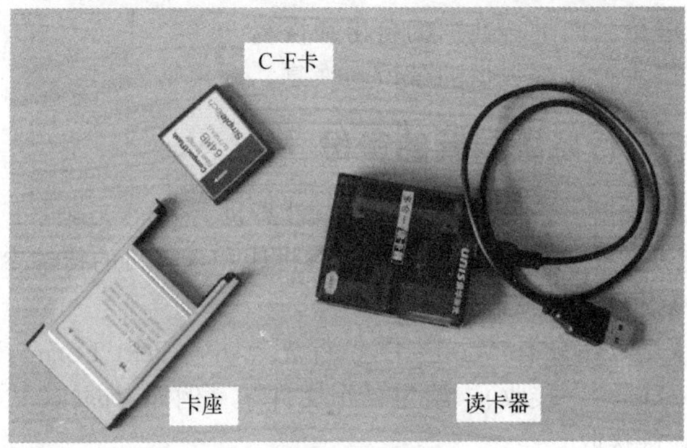

图 B-1　C-F 卡、卡座及读卡器

B.2.2 将数控机床的参数备份到 C-F 卡

① 将 C-F 卡插在卡座上，然后将卡座连同 C-F 卡一起插在数控机床操作面板左边的插槽中，如图 B-2 所示。

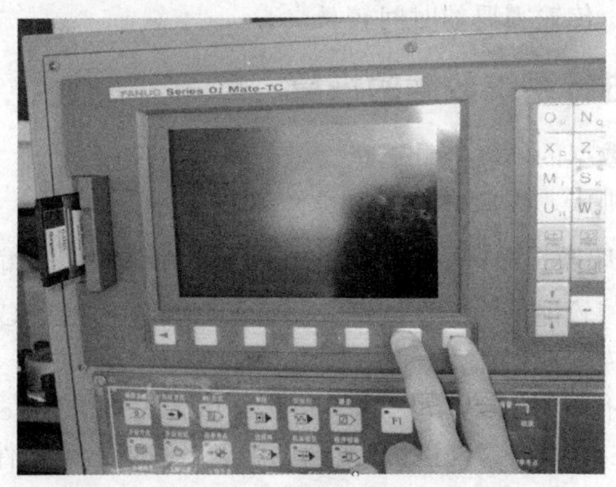

图 B-2　将 C-F 卡和卡座插在数控机床上

② 同时按住最右边两个键不放，然后打开数控机床电源开关，系统上电。数控机床通电以后，数控系统就会开始执行 NC 软件，首先要进到系统，将 NC 软件从存储卡中读到 SDRAM 中，然后启动 NC 软件。继续按住最右边 2 个键不放开，直到进入系统引导屏幕画面，如图 B-3 所示。

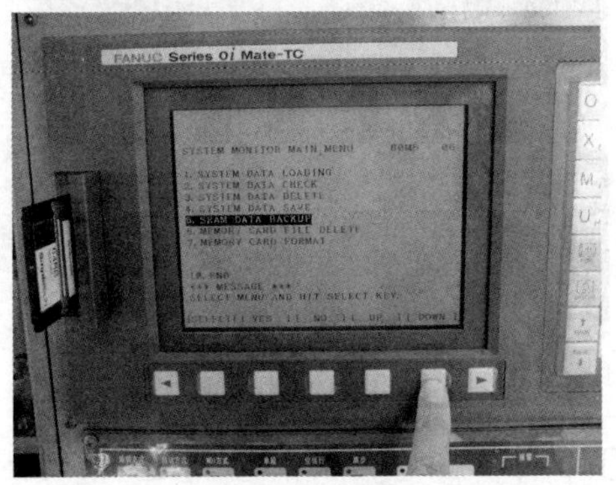

图 B-3　系统引导屏幕画面

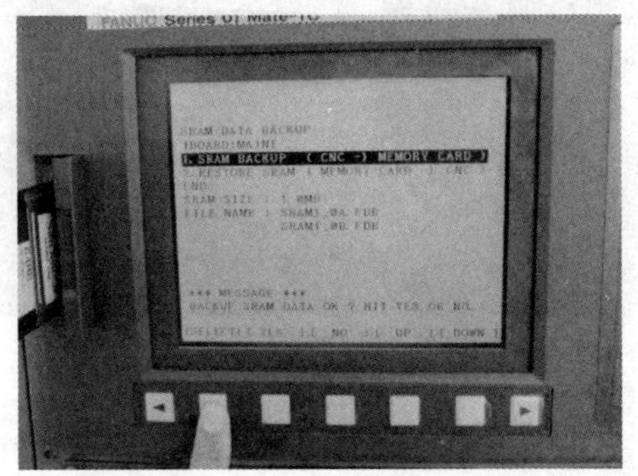

图 B-4　SRAM 数据备份画面

③ 图 B-3 所示系统引导屏幕画面上的英文含义如下：

1. SYSTEM DATA LOADING——装载数据到机床系统的快闪存储器（C-F 卡→机床 F-ROM0）
2. SYSTEM DATA CHECK——系统文件列表
3. SYSTEM DATA DELETE——机床系统存储器（机床内置 F-ROM）文件的删除
4. SYSTEM DATA SAVE——对机床系统存储器（机床内置 F-ROM）中的数据拷贝
5. SRAM DATA BACKUP——对 SRAM 区域的备份与恢复
6. MEMORY CARD FILE DELETE——C-F 卡文件的删除
7. MEMORY CARD FILE——C-F 卡格式化
8. END——结束引导系统，启动 CNC

用软键［UP］或［DOWN］选择第 5 项：“5. SRAM DATA BACKUP”，按［SELECT］软键，进入 SRAM 数据备份画面，如图 B-4 所示。

④ 图 B-4 所示 SRAM 数据备份画面上的英文含义如下：

1. SRAM BACKUP（CNC→MEMORY CARD）——SRAM 数据备份（CNC→C-F 卡）
2. RESTORE SRAM（MEMORY CARD→CNC）——SRAM 数据恢复备份（C-F 卡→CNC）

END

SRAM SIZE：1.0MB——SRAM 容量

FILE NAME：SRAM1_0A. FDB——数据容量，2 个文件
　　　　　SRAM1_0B. FDB

选择第 1 项“1. SRAM BACKUP（CNC→MEMORY CARD)”，按［SELECT］软键，按［YES］软键。如果画面上出现闪烁的提示语言，操作不能继续往下进行，这时插拔 C-F 卡一次，然后继续第④步操作，继续选择第 1 项“1. SRAM BACKUP（CNC→MEMORY CARD)”，按［SELECT］软键，按［YES］软键，此时画面显示“SRAM DATA WRITING TO MEMORY CARD”（参数正在写入）提示，等待片刻，系统参数备份到 C-F

卡中，如图 B-5 所示。

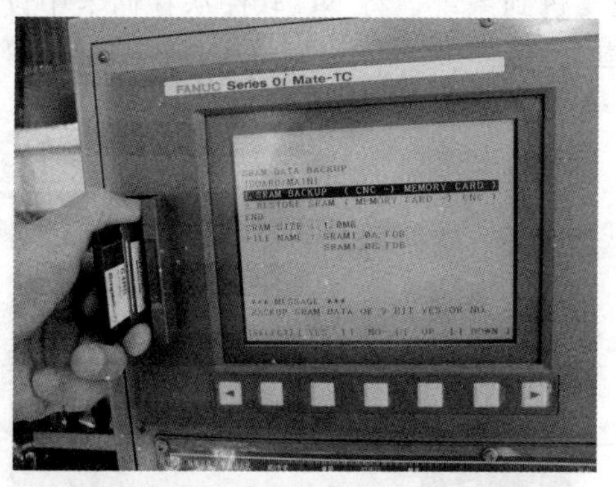

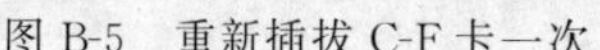

图 B-5　重新插拔 C-F 卡一次

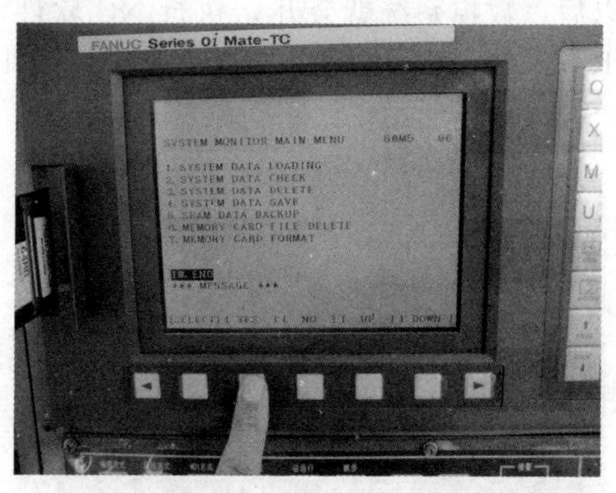

图 B-6　退出系统

⑤ 写入完成，用［DOWN］软键选择［END］软键，按［SELECT］软键，回到上层画面，继续用［DOWN］软键选择［END］软键，按［SELECT］软键，按［YES］软键，退出，如图 B-6 所示。系统重新启动。

B.2.3　将 C-F 卡的参数恢复到数控机床

按上述步骤，一直进行到图 B-4 所示 SRAM 数据备份画面，然后选择第 2 项"2. RESTORE SRAM（MEMORY CARD→CNC）"，按［SELECT］软键，按［YES］软键。此时屏幕上显示 C-F 卡中的数据，然后用［UP］、［DOWN］软键，选择参数备份文件，继续选择操作，执行参数恢复。完成恢复后，退出系统。

参考文献

[1] 何建民. 车工操作技术与窍门 [M]. 北京：机械工业出版社，2007.
[2] 林岩. 数控车工技能实训 [M]. 北京：化学工业出版社，2007.
[3] 黄如林. 切削加工简明使用手册 [M]. 北京：化学工业出版社，2004.
[4] 王先奎. 机械加工工艺手册. 加工技术卷 [M]. 第 2 版. 北京：机械工业出版社，2007.